广东技术师范大学资助出版

智慧建筑集成技术

主编　伍银波　岑　健

西南交通大学出版社
·成　都·

图书在版编目（CIP）数据

智慧建筑集成技术 / 伍银波，岑健主编. —成都：西南交通大学出版社，2019.7
ISBN 978-7-5643-6971-2

Ⅰ. ①智… Ⅱ. ①伍… ②岑… Ⅲ. ①智能化建筑 Ⅳ. ①TU18

中国版本图书馆 CIP 数据核字（2019）第 136830 号

Zhihui Jianzhu Jicheng Jishu

智慧建筑集成技术

主　编 / 伍银波　岑　健

责任编辑 / 李华宇
封面设计 / 原谋书装

西南交通大学出版社出版发行
（四川省成都市金牛区二环路北一段 111 号西南交通大学创新大厦 21 楼　610031）
发行部电话：028-87600564　028-87600533
网址：http://www.xnjdcbs.com
印刷：成都蜀雅印务有限公司

成品尺寸　170 mm × 230 mm
印张　15.5　字数　288 千
版次　2019 年 7 月第 1 版
印次　2019 年 7 月第 1 次

书号　ISBN 978-7-5643-6971-2
定价　46.00 元

课件咨询电话：028-87600533

前　言

随着云计算、边缘计算、工业互联网的发展，OICT（Operational Information Communication Technology，运营、信息、通信技术）的融合趋势更加明显。而智能手机的普及，促使用户对建筑智能化系统的使用方式发生变化，对建筑集成技术提出了更高的要求和挑战。

智慧建筑本质是电气自动化技术在建筑领域的应用，因此其发展历程离不开自动化技术的发展。所用技术同样经历了数字化、智能化，进而发展到智慧化阶段。智慧化是高度智能化，是智能化技术的深入应用的必然阶段。

"互联网+"时代的智慧建筑集成呈现出了很多新的特征，OBIX（Open Building Information Exchange，开放楼宇信息交换）标准的出现不仅为智慧建筑的发展带来契机，而且对所有需要与信息系统融合的自控系统而言都是很大的机遇。

工程上对基于云服务器的分布式测控系统需求日益增加，而且用户端不再是传统的 Web 监控，而是基于移动端的微信小程序或者其他 APP（应用程序）。尤其是微信小程序，其别具一格的菊花二维码配合微信生态的公众号、朋友圈，在推广、运行、吸粉（增加粉丝数量）等方面具有先天优势。编者负责招商局集团委托的支持移动应用的智慧社区综合服务云平台项目，其中招宝仓子项目经过技术创新和实践，已经成功在深圳 5 个招商物业小区试点推广。

本书以技术应用为主线，精选获得广受好评的案例为读者展示智慧建筑集成技术的应用。本书适合从事建筑弱电系统集成的工程人员阅读，也可供相关专业从业人员参考。本书由广东技术师范大学伍银波、岑健主编，其中伍银波编写第 3～7 章，岑健编写第 1、2 和 8 章。在编写过程中得到了郑州轻工业大学孙玉胜教授、重庆科技学院伍培教授、广东技术师范大学周卫高工和深圳招商建筑科技有限公司陈玉龍的大力支持，在此深表感谢！本书为广东省科技计划项目（2017A070713031）和广东高校优秀青年创新人才培养计划项目（2013LYM_0051）的研究成果之一，其出版得到了广东技术师范大学出版基金的资助，感谢出版基金制度和科研处老师们的帮助。

由于编者知识和水平所限，加上智慧建筑系统集成技术本身具有多学科交叉、新技术交融更替变换快等特点，书中有不妥之处在所难免，恳请广大读者批评指正（Email：gdin_wyb@gpnu.edu.cn）。真诚期望通过大家的共同努力，不断推动智慧建筑系统集成产业的综合与长足发展。

编　者

2019 年 4 月

目　录

第 1 章　信息时代的智慧建筑

随着信息技术的发展，互联网技术的应用催生了很多了不起的成果。2015 年 7 月 4 日，国务院印发《国务院关于积极推进“互联网+”行动的指导意见》（以下简称《指导意见》）。

《指导意见》提出，“互联网+”是把互联网的创新成果与经济社会各领域深度融合，推动技术进步、效率提升和组织变革，提升实体经济创新力和生产力，形成更广泛的以互联网为基础设施和创新要素的经济社会发展新形态。在全球新一轮科技革命和产业变革中，互联网与各领域的融合发展具有广阔前景和无限潜力，已成为不可阻挡的时代潮流。

互联网与智能建筑结合，则是智能化程度更高、更加便捷的智慧建筑。本章介绍智慧建筑的概念和特征、信息时代的特征及智慧建筑集成的发展趋势。

1.1　智慧建筑的定义

智能建筑的概念，首次出现于 1984 年。当时，由美国联合技术公司（UTC，United Technology Corp.）的一家子公司——联合技术建筑系统公司（United Technology Building System Corp.）在美国康涅狄格州的哈特福德市改建完成了一座名叫 City Place（城市广场）的大楼，“智能建筑”出现在其宣传词中。

该大楼以当时最先进的技术来控制空调设备、照明设备、防火和防盗系统、电梯设备、通信和办公自动化设备等，除可实现舒适性、安全性的办公环境外，还具有高效、经济的特点，从此诞生了公认的第一座智能建筑。大楼用户可获得语音、文字、数据等各类信息服务，而大楼内的空调、供水、防火防盗、供配电系统均为计算机控制，实现了自动化综合管理，使用户感到舒适、方便和安全，引起了世人的注目。

1990 年，由北京建筑设计院主持设计的北京发展大厦是我国第一座智能建筑，从而标志着我国智能建筑时代的到来。智能建筑经过 20 余年的发展，其理论和技术逐渐形成，并已形成了巨大的市场和产业。随着社会和科技的进步，智能建筑不断采用高新技术，并不断发展，系统集成技术也从基于协议的集成、基于平台的集成发展到一种开放式的基于 Web 的集成。这种不断发展的特性使智能建筑在不同的时期具有不同的技术特性，当物联网和云计算技术成为突出技术特性时，可以认为建筑步入智慧化时代。智慧建筑是绿色建筑智能化技术的发展趋势，是在原有的智能建筑和绿色建筑基础上结合先进的BIM（Building Information Modeling）、物联网、云计算等技术发展而来。业内人士认为，智慧建筑是以建筑物为平台，兼具建筑设备、办公自动化及通信网络系统，集结构、系统、服务管理于一体，并使它们之间达到最优组合，向人们提供一个安全、舒适、便利的建筑环境。

智慧建筑充分体现出了多学科交叉融合的特性，不仅利用相关基础学科的原理发展其规划、设计、施工和运行管理等技术，而且自身也具有明确的基本科学问题和特点，综合特征明显。这些特性给系统集成带来了不少困难，系统迫切需求一种标准化的信息交换技术。XML/Web Services技术以其开放性、标准性和简便性成为一种很好的选择，利用XML/Web Services技术进行智慧建筑自控系统集成正是这种发展趋势的具体表现，代表着智慧建筑自控系统集成技术的发展方向。

1.2 智慧建筑的特征

智慧建筑本质是电气自动化技术在建筑领域的应用，因此其发展历程离不开自动化技术的发展。所用技术同样经历了数字化、智能化，进而发展到智慧化阶段。智慧化是高度智能化，是智能化技术的深入应用的必然阶段。智慧建筑本身也是数字建筑、智能建筑，不同称呼表达的侧重点有所不同，表1-1给出了这3个常见概念的侧重点。

表1-1 智慧建筑相关概念

数字建筑	智能建筑	智慧建筑
是以三维数字技术为基础，集成了建筑工程项目各种相关信息的工程数据模型，是对工程项目设施实体与功能特性的数字化表达，侧重建筑设计阶段的信息化	是信息技术与传统建筑的完美结合，将设备、设施、通信、安保、消防等管理系统的动态数据接入并管理，侧重用户的智能化使用体验	依托通信、控制和计算机等领域的最新技术，使建筑实现在更高层次上的信息化、服务化、智慧化，它不仅是功能的拓展，更是服务的延伸，侧重建筑整个生命周期的管控

智慧建筑从功能上具有鲜明特征，首先一点就是必须以服务对象为核心。所有的智慧化体现都必须围绕其功能和服务对象开展，使其功能和服务更加人

性化，具体如图 1-1 所示。智慧建筑除了为客户提供人性化服务以外，为管理者提供服务也非常重要。例如，为系统提供智能决策支持，为技术人员提供可视化管理操作，为管理人员提供节能降耗策略等。建筑的智能化程度通常用其自动化程度来衡量，常见的有 3A 建筑和 5A 建筑的说法。5A 建筑智能化程度很高，在 5A 基础上进行子系统功能和服务的延伸，就形成了智慧建筑。图 1-2 所示是 5A 智能建筑的构成，5A 体系中的子系统根据建筑类型有所不同，而随着建筑服务的提升，子系统会不断根据需求而增加。

图 1-1　智慧建筑的主要特征

图 1-2　智能建筑的 5A 系统

随着人工智能的发展，设备也变得越来越智慧化。人脸识别已经走入了人们的日常生活，如支付宝提供的刷脸支付。而在建筑安全防范技术中，诸如指纹识别、人脸识别、步态识别、姿势识别等生物特征识别技术应用更加广泛。图 1-3 所示的示例中，就是人脸识别技术在安防中的典型应用，其原理是通过高清摄像头捕捉动态图像，实现用户人员进出相关图片、时间信息的实时上传，识别特定人员并能进行提示或报警。建立在人工智能基础上的视频内容分析技术有着非常广阔的前景，除了基本的人脸识别、车辆识别之外，还能进行人群聚集事件检测、异常行为检测。通过视频内容分析能对抢劫、追逐、聚众斗殴等异常事件实现自动检测，并及时进行警告并报警。

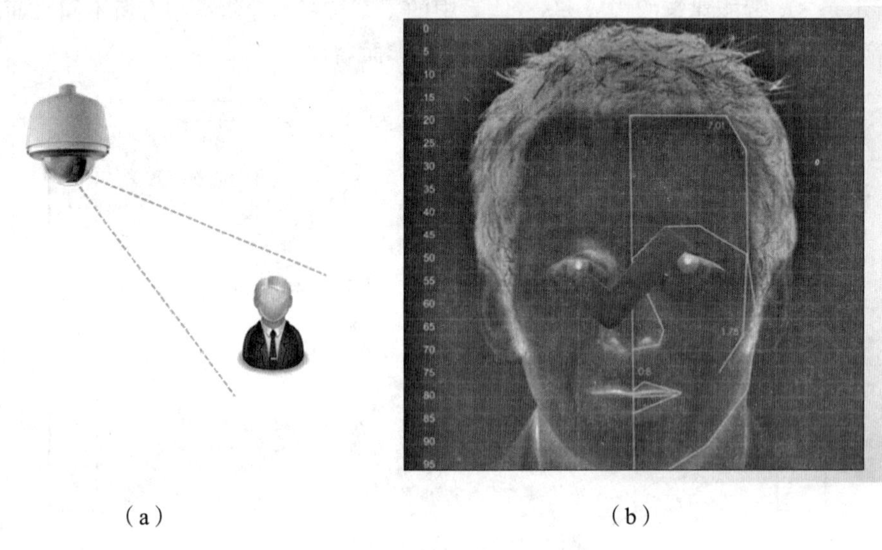

（a）　　　　　　　　　　　　（b）

图 1-3　人脸识别技术用于人员分析

1.3　信息时代的特征

信息时代最大的特点就是一波又一波的技术创新出现，而这些新的信息技术不断为各行各业发展带来新趋势、新变化，以及形成新的行业格局。

一般认为“互联网+”就是“互联网+各个传统行业”，但这并不是简单的两者相加，而是利用信息通信技术及互联网平台，让互联网与传统行业进行深度融合，创造新的发展生态。2015 年 3 月 5 日上午第十二届全国人民代表大会第三次会议上，李克强总理在政府工作报告中首次提出“互联网+”行动计划。李克强总理在政府工作报告中提出，“制定‘互联网+’行动计划，推动移动互联网、云计算、大数据、物联网等与现代制造业结合，促进电子商务、工业互联网和互联网金融健康发展，引导互联网企业拓展国际市场。”

由此可见，信息技术对“互联网+”理念的重要意义，在于它正是“+”的实现手段。可以毫不夸张地说，自动化技术目前已经渗透到各行各业。如何实现传统自动化系统与互联网系统融合，是这个“+”要解决的核心问题。因此，从本质上讲，“互联网+”其实是要实现传统行业与互联网的融合，通俗点讲就是集成。互联网是信息技术的主阵地，传统行业则是自动化技术的主阵地，要实现二者融合，其核心就是解决自控系统与信息系统的集成问题。

1.4　OBIX 与智慧建筑

OBIX（Open Building Information Exchange，开放楼宇信息交换）标准正是由 CABA（北美大陆楼宇自动化）发起的，包括来自安全、HVAC（Heating，Ventilation and Air Conditioning）、楼宇自动化、开放协议和 IT（信息技术）领域的众多专业人士，共有 100 多家公司参与了 OBIX 的制订工作。委员会的目标是开发出一种通用的、标准化的方法来管理智能楼宇，推动企业应用程序集成，并促进各种系统集成。为了使 OBIX 标准更具影响力和权威性，CABA 加入国际电子商务开放标准联盟组织 OASIS（Organization for the Advancement of Structured Information Standards。结构化信息标准促进组织），成立了 OBIX 技术分会，并于 2006 年 12 月 5 日正式发布了 OBIX 标准（V1.0）。OBIX 能够实现 BACnet 和 LonMark 协议系统的互操作，同时也能够支持其他一切提供操作接口的专有协议系统。

OBIX 从根本上解决的智慧建筑信息集成中数据交换标准和格式问题，对于智慧建筑系统集成、智能化程度提升及与智慧城市信息系统交互等方面具有里程碑式的意义。国内早期的智能建筑基本采用的都是国外的技术，近 20 多年智能建筑技术发生了很多变化，同时市场竞争格局也发生了不少变化，这些都会给后期升级和维护带来不少隐患。我们碰到过一个非常典型的案例，广州某广场为 20 世纪 90 年代中期建立的大型建筑，智能化部分采用了艾顿的楼控系统，系统投入运营 10 年后软件出现了故障。从技术角度来讲，这只是一个很小的问题，操作站还是可以进行设备的远程开关控制，只是定时控制失效了，从而给管理人员在操作上带来不便。由于艾顿公司在 2005 年并入霍尼韦尔及原楼控系统施工单位人事变动等各种原因，在技术上看似不复杂的问题，现在想处理变得十分棘手。现有霍尼韦尔-艾顿集成商都只是提供全面升级方案，而不愿意提供局部升级改造方案。而全面升级，单设备费用一项就接近 200 万元，对业主来说，系统还是可以用，只是在操作上有些不便，且原有控制器还有大量冗余，要花这么高的费用来升级确实也有点难以接受。如果当初系统采用的是开放式系统，或者采用了标准化的控制协议，现在开发一套替代系统也不是一件很难的事情。相信这样的案例在国内不在少数，系统缺乏开放性，只能处处受制于人。OBIX 的出现，可以彻底打破技术垄断的格局，给业内提供一个公平的竞争环境。

1.5 OBIX 与其他自控系统

OBIX 是一个国际化的、开放的信息交换标准，主要用于控制系统和企业应用系统之间的信息交互和集成。该技术可应用于任何有信息集成需求的控制系统，标准化的集成方式，使得不同系统可以进行 M2M（Machine to Machine）通信。

2014 年 1 月 17 日，OBIX 委员会开始讨论 2.0 版本中点对点交互和广播交互。OBIX 2.0 标准的目标是在自控系统与企业应用之间建立一个通用接口（抽象仪表级接口），使所有企业应用以同一方式与自控系统进行系统集成和互操作。OBIX 标准以其面向企业应用和独立于控制协议的特点逐渐成为自控系统与企业应用集成和互操作的主要标准。

OBIX 是为互联网而设计，与物联网理念不谋而合，当控制系统能够使用类似 Web 服务的 IT 标准时，对企业最大的优势就在于所有的设施对企业管理都是完全可用的。而对用户来讲，服务会更加便捷、高效、优质。

第2章　智慧建筑系统集成概述

建筑智能化系统集成（Systems Integration，SI）是将建筑智能化系统中的不同智能化子系统有机地连接合成，实现信息综合、资源共享，以及效率较高的协同运作。系统集成管理环节具有开放性、可靠性、容错性和可维护性等特点。智慧建筑的系统集成设计就是根据用户的需求，优化选择所需的各种产品、技术并有机地合成为一个完整的相互关联和协调运行的解决方案的过程。

智能化系统中有若干个功能特点显著的子系统，如计算机网络系统、综合布线系统、通信自动化系统、楼宇自动化系统、安全防范自动化系统、消防自动化系统、办公自动化系统、供配电系统等子系统等，建筑物内个别局部地区没有实施布线的区域还可以引入无线局域网（WLAN）系统，将这些子系统合成为一个大系统，要让该大系统高效运作，并使智慧建筑在运行时有较高的智能性（智商系数），就必须使各个子系统进行优化的智能连接，就需要系统集成，系统集成不是诸子系统的简单堆叠合成，而是通过许多“智能接口”彼此“嵌入”的智能化连接，经过系统集成后的智慧建筑是一个优化、高效运作、具有较高“智商”的系统。

本章简要介绍智慧建筑集成的概念，集成的必要性、发展趋势和关键技术，重点介绍西门子、霍尼韦尔、江森自控等国际知名品牌的建筑集成技术及系统。

2.1　系统集成的概念

所谓系统集成，就是通过结构化的综合布线系统和计算机网络技术，将各个分离的设备（如个人计算机）、功能和信息等集成到相互关联的、统一和协调的系统之中，使资源达到充分共享，实现集中、高效、便利的管理。系统集成应采用功能集成、网络集成、软件界面集成等多种集成技术。系统集成实现的关键在于解决系统之间的互联和互操作性问题，它是一个多厂商、多协议和面向各种应用的体系结构，需要解决各类设备、子系统间的接口、协议、系统平台、应用软件等与子系统、建筑环境、施工配合、组织管理和人员配备相关的一切面向集成的问题。

系统集成作为一种新兴的服务方式，是近年来国际信息服务业中发展势头最猛的一个行业。系统集成的本质就是最优化的综合统筹设计，一个大型的综合计算机网络系统，系统集成包括计算机软件、硬件、操作系统技术、数据库技术、网络通信技术等的集成，以及不同厂家产品选型、搭配的集成。系统集成所要达到的目标——整体性能最优，即所有部件和成分合在一起后不但能工作，而且全系统是低成本的、高效率的、性能匀称的、可扩充和可维护的系统，为了达到此目标，系统集成商的优劣是至关重要的。

显然不同领域的系统集成内涵是有区别的，在建筑智能化领域，我国国家标准《智能建筑设计标准》（GB/T 50314—2015）中定义：智能化集成系统（IIS, Intelligent Integration System）为实现建筑物的运营及管理目标，基于统一的信息平台，以多种类智能化信息集成方式，形成的具有信息汇聚、资源共享、协同运行、优化管理等综合应用功能的系统。从广义角度看，系统集成既不是一套系统，也不是一套计算机硬件，更不是一套软件，也不仅仅是开放系统和标准化，而是一种思想、观念和哲理，是一种指导信息系统的总体规划、分步实施的方法和策略，提供整体解决方案和全方位服务。

2.2　集成的必要性

2.2.1　智慧建筑系统集成的必要性

信息的集成为数据挖掘提供基础，通过对数据分析和利用，可以产生意想不到的价值。随着智慧建筑子系统的增加，系统集成需求随之增加。图 2-1 展示了智慧建筑内部信息采集涵盖的方面，在信息采集集成基础上可以进行数据清洗、整理、分析和展示等处理，从而挖掘新的有用信息。

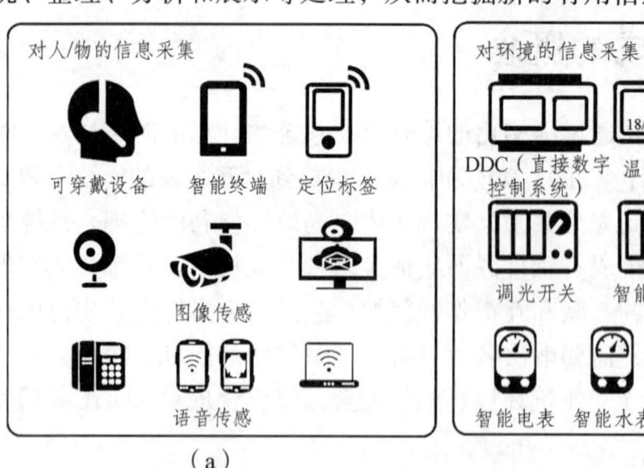

（a）

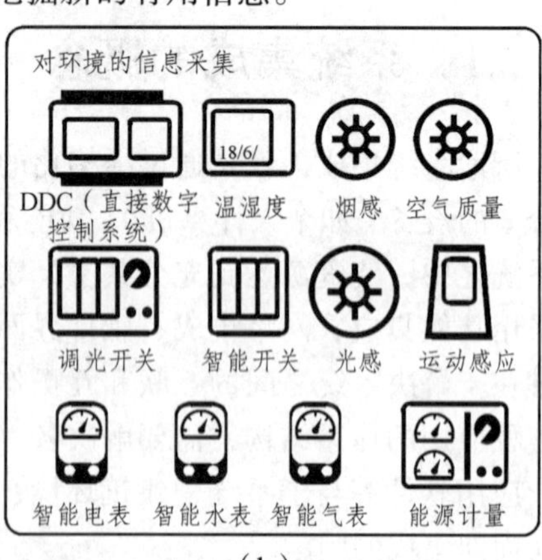

（b）

图 2-1　建筑内部信息的采集

除了必要的内部信息，建筑还需要采集一些必要的外部信息。智慧建筑追求更好的服务，更低的能耗。节能降耗是系统集成主要的目的之一，一些系统的节能控制策略是离不开外部信息的。例如，空调系统运行，离不开温度、日照、风速等室外气候因素。

智慧建筑集成是必不可少的，这是因为不使用系统集成技术，就无法实现很多智能化的功能。建筑的智慧化程度，也反映了其本身的集成技术水平。集成必要性主要体现在以下几个方面：

（1）通过系统集成能够实现许多人性化的便捷功能。例如，智慧课室用电管理实现了课程表和作息时间的联动；消防系统发现火情后与视频监控、门禁系统的联动；视频监控系统与照明、空调等系统联动控制；电梯系统与人员信息结合实现优化调度等。

（2）系统集成技术能实现许多管控测一体化功能。例如，对设备运行数据进行统计分析，并结合设备性能数据，可以对该设备状态和生命周期进行评估，预先给出保养计划，提高系统稳定性。

（3）系统集成技术能够实现集中管理功能，提高用户和管理者工作效率。秉承集散控制系统的宗旨，建筑集成管理系统也按照集中管理、分散控制的思想设计和运行。这样能够在保障可靠性的前提下，节省大量管理资源。

（4）系统集成技术能够在软件层面进行功能开发，实现“硬件软化”，优化系统方案，降低系统成本。特别是随着视频内容分析技术的出现，能够实现很多智慧化的功能。随着物联网、云计算等新兴技术的出现，硬件系统性能和运算水平对系统的影响几乎可以忽略，而软件水平则起决定性作用。2013 年麦肯锡全球研究所发布了《颠覆技术：即将变革生活、商业和全球经济的进展》报告，预测了 12 项可能在 2025 年之前决定未来经济的颠覆性技术，智能软件系统列于“移动互联网”之后位居第二。

2.2.2　智慧化实现的复杂性

让系统具有更高的智慧绝不是一句空话，而是建立在大量的基础研究和样本信息的基础上。这里以舒适性空调设计和电梯优化控制为例来说明实现智慧系统的复杂性和进行系统集成的必要性。

1. 舒适性空调系统

对于舒适性空调而言，其设计目的就是营造舒适的环境。舒适环境本身就是一个复杂且主观性很强的问题，因为代谢率不同，男女两性对温度的感受有异，甚至出现了空调性别战。影响个体热感觉的因素主要有冷热刺激、冷热刺激持续时间和人体原有的状态等。图 2-2 所示是人体冷热感受阈值和温度变化率的关系，图 2-3 所示是冷热感觉受原有状态的影响案例。

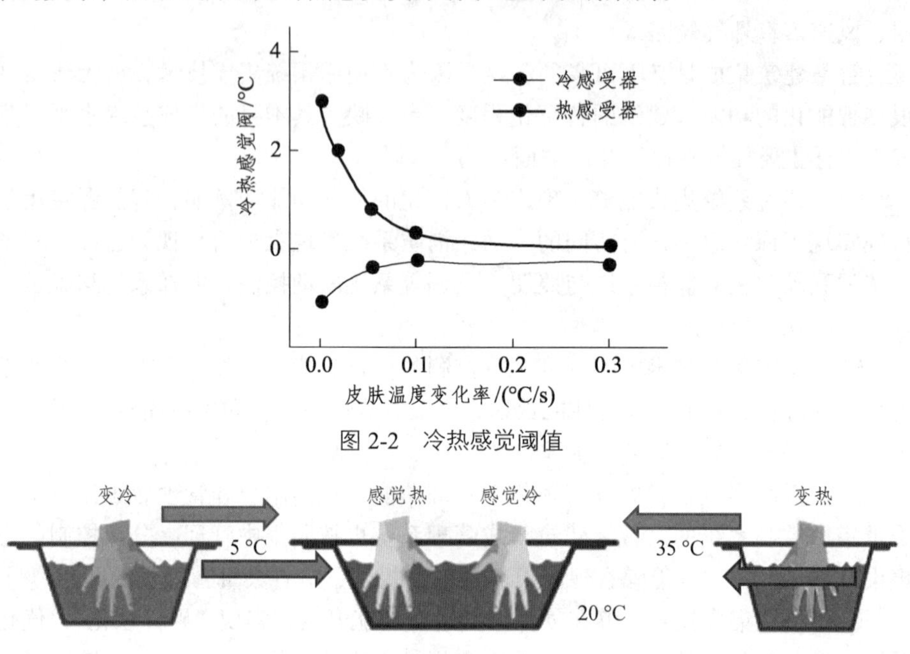

图 2-2　冷热感觉阈值

图 2-3　冷热感觉变化

热感觉主要受环境温度、人体状态、垂直温差、气流和吹风感、辐射的对称性及均匀度等影响。美国 ASHRAE（American Society of Heating，Refrigerating and Air-Conditioning Engineers）研究表明，地板温度低于 15 °C 或高于 35 °C 不满意率均会超过 20%。丹麦学者 P.O.Fanger（范格尔）教授研究表明，所有人的热感觉是一样的，对于相同环境的不同感受往往和个体生活习惯有关。例如，热带人对热环境有较强适应力，寒带人对冷环境有较强适应力；而女性喜欢穿较轻薄的衣服，则对冷环境的敏感度高于男性；老年人活动量小，因而对冷环境敏感，相对少年人而言更喜欢热环境。

人体热量时刻处于一种动态的平衡状态，其能量交换如图 2-4 所示。由图 2-4 可知，人体与环境的热量交换是通过皮肤进行的。人运动时由于人体与空气之间存在相对流速，会降低服装的热阻，服装的存在增加了皮肤的蒸发换热热阻。人体出汗时，服装吸收部分汗液，只有剩余部分汗液蒸发冷却皮肤，使得需要更大蒸发量才能在皮肤表面上形成同样的散热量，服装被汗湿润后热阻会下降，显热换热加强，又增加了潜热换热。

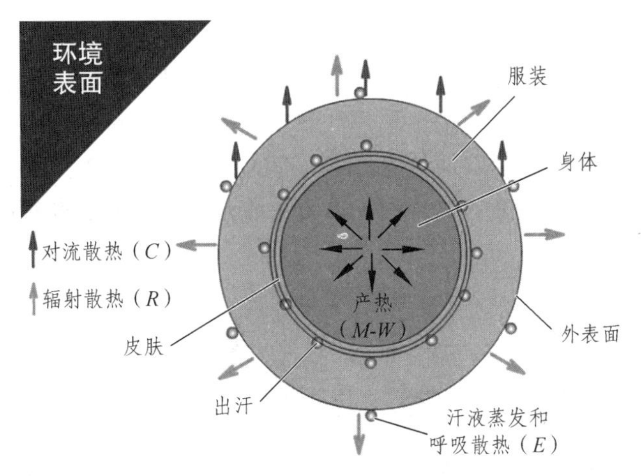

图 2-4　人体热平衡

ASHRAE 把热舒适环境定义为：人在心理状态上感到满意的热环境。很多学者对热舒适的评价方法进行了研究，并根据各种不同的评价方法先后提出了一系列的评价指标。如有效温度（ET）、新有效温度（ET*）、标准有效温度（SET）、热应力指标（H.S.I）、预测平均评价（PMV）等，为建筑热工设计和室内热环境的评价提供了重要的设计依据和评价方法。PMV 表示大量人对服装和环境热感觉的预测平均表决票数。现在已经被 ASHEAR 改进后采用，作为热舒适性的推荐评价指标。P. O. Fanger 教授将 PMV 与给定环境下人体实际热流量与实际活动量下最佳热流量间的不平衡联系起来。由于 PMV 计算式子非常复杂，通常用表 2-1 中的值来直接预测人们在各种情况下的热感觉。同时，也可以用表来评价服装的隔热值和环境微小气候是否符合舒适标准。研究表明，湿度在一定范围内时，对热感觉影响很小，这就使得 PMV 的应用范围大大扩大了，但在有辐射热和相对湿度大于 50%的环境条件下，要慎重使用表内数值。

表 2-1　PMV 热感觉标尺

热感觉	冷	凉	稍凉	舒适	稍暖	暖	热
对应标度	−3	−2	−1	0	1	2	3

ASHRAE 55 中舒适标准温度下限从 1974 年的 21.8 °C，到 1981 年的 22.2 °C，再到 1992 年的 23 °C，近 20 年来，下限值约上升了 1 °C。现在亚洲很多学者认为由于该图中的舒适区域是以欧美国家的青年为研究对象，而亚洲人和欧美人的新陈代谢不同，地区气候不同，对于热环境的适应性和心理期望值不同，这些都导致对于该舒适区范围的质疑，所以很多专家推荐制定地区舒适区标准。

标准有效温度 SET*，是综合考虑了不同的活动水平和衣服热阻后提出的。

其具体定义为：某个空气温度等于平均辐射温度的等温环境中的温度，其相对湿度为 50%，空气静止不动，在该环境中身着标准热阻服装的人若与他在实际环境和实际服装热阻条件下的平均皮肤温度和皮肤湿润度相同时，则必将具有相同的热损失，这个温度就是上述实际环境的标准有效温度。图 2-5 展示了几种不同设计情况的标准有效温度情况，可见着装和环境温湿度对标准有效温度影响之大。

（a）SET*=24 °C：环境温度 24 °C，相对湿度 50%，工装静坐阅读

（b）SET*=24 °C：环境温度 22.5 °C，相对湿度 100%，工装静坐阅读

（c）SET*=20°C：环境温度 24 °C，相对湿度 50%，上身静坐饮茶

图 2-5　标准有效温度

空调系统控制得好，不仅可以保证舒适性，还能够有效节能。以某五星级酒店为例，星级酒店空调能耗一般占酒店夏季用电的 40%以上，人们在夏季中习惯使用空调时，将温度降得过低，而事实上，室内温度调节至 24 ~ 28 °C，湿度 40% ~ 60%，人体感觉最为适宜。经专家测算，每当空调温度升高 1 °C，可降低耗电量 8%，仅该酒店夏天即可节电 25.4×10^4 kW·h，折合人民币 172 700 元，而每节约 1 kW·h 电，相当于节约 4 L 水，减少污染排放相当于 0.272 kg 碳粉尘，0.997 kg 二氧化碳，0.03 kg 二氧化硫。

我们假设系统已经知道了入住乘客的人种、身高、体重、着装、性别和年龄，则可根据这些信息估算环境的标准有效温度，从而调整空调的送风温度和风速，实现智慧调节。在用户做了不合理设定时，也能够进行提醒并增加一个确认操作。因为空调不当使用，造成的感冒等病症，可谓屡见不鲜。环境的温湿度信息属于空调控制的基本信息，而用户的性别、年龄段、着装、身高、活动量等信息，借助监控系统的视频内容分析技术也是能够实现的。视频监控系统的人员流量分析，同样可以为照明系统、电梯等系统优化控制提供参考。视频内容分析技术的发展，使得智能化系统具有了不属于人类的眼睛的洞察力和不属于大脑的分析能力。由此提供的信息，几乎可为智慧建筑中的所有子系统服务。

2. 电梯优化控制

电梯是高层建筑内不可缺少的运输工具，随着人们对安全意识的增强，刷卡电梯应用日益广泛。一些酒店、住宅小区、商业建筑等都采用了这种电梯，从技术上讲，这样做好处非常多。对电梯系统本身而言，因为预先知道乘客目的地，特殊场合甚至不需要用户按下内呼按钮，增加便捷性、减少误操作；对于群控场合，调度可以更加智能化，从而减少浪费，节约公共资源。

在现代高层建筑中，电梯的选用与配置是否得当，直接影响建筑效用的发挥，只有合理的设置与选用电梯（特别是高速电梯），才能使现代高层建筑发挥其巨大的优越性。配置和选用电梯时，必须考虑到电梯所服务的环境，是写字楼、购物中心，还是饭店宾馆、娱乐中心或是住宅，换句话说就是要考虑到建筑物内人员的流通情况及不同时间段人流的变化情况，综合分析上述情况，经过客流分析才能提出满足服务环境所要求的电梯系统的数量及其电梯在高层建筑内的布置方案。当选用电梯时，还必须考虑到电梯系统本身的特点，如梯速、主要参数、控制方法，以及控制的是群梯还是单梯等。如果实现系统已经有用户数据库，则对电梯系统设计和控制都能够更加优化和准确。

刷卡电梯在电梯的轿厢内设置读卡器，电梯的使用人员刷卡后，电梯可以开放对 IC 卡预先设定层楼的轿内指令，提供给使用者登记；无卡或者卡未授权的楼层，则不能登记，开放的公共区域则无须 IC 卡可以登记。可以限制无关人员进入 IC 卡权限区域。IC 卡发卡中心对每一张 IC 卡进行权限设定后，发出的卡才可以使用，不同的卡可以设置不同的权限，对应不同的使用人员；管理者持有的管理 IC 卡通常设置成可以使用电梯的全部权限；对于丢失的卡，IC 卡发卡中心可以挂失，对丢失的 IC 卡禁用，阻止非法持有者继续使用。智能 IC 卡控制电梯管理系统在电梯处于消防、检修等特殊状态时自动退出管理，也可以通过手动开关退出管理，电梯可以实现无 IC 卡登记，方便电梯在特殊情况下使用。智能 IC 卡控制电梯管理系统加强了传统安全管理系统中管理的薄弱一面，极大地提高了楼宇的安全等级。

2.3　争议和趋势

如果以 1984 年美国康涅狄格州的哈特福德市建造的城市广场（City Place）作为全世界公认的第一栋智能建筑为标帜的话，那么，我国智能建筑的起步并不晚。在 1986 年，由国家计委与科委共同立项，由中国科学院计算技术研究所承担的软课题“智能化办公大楼可行性研究”已开始立项并进行工作，并在 1991 年提出报告，同一年，北京市建筑设计院设计的具有高智能性的北京发展大厦随即投入建造。在我国，智能建筑真正形成规模的发展，是在 1992 年之后，各地兴建了若干开发区，建设规模空前扩大。同时，建设标准和设施规格，在经过一系列对国外情况的调查之后，要求提高水平并逐步与国外接轨。在此背景下，加上当时一些国际上有关智能建筑的先进产品和品牌已先后进入我国，带来了最新的技术。于是，大环境的需求与技术上的可能结合起来，便一发而不可收地发展起来。

中国建筑智能化是逐步发展起来的，人们对工作和生活环境越来越高的需求，以及影响建筑智能化的信息技术的不断进步，构成了推动建筑智能化不断发展的主要动力，中国建筑智能化的发展历程大体可以分为三个阶段。可以把它们分别称为：起始阶段、普及阶段和发展阶段。而在智能化初期是存在争议的，作为一个行业和一个时代的标识，还没有在社会上得到广泛的认可，只是在一些个别建筑物上采用了较为完善的设备体系，体系之间只能做到一些必要的联动，还谈不上集成，只有有限的通信功能和计算机应用。

一种观点认为智能化是可有可无，并非那么重要的“奢侈品”，没有了智能化系统建筑照样可以完成基本功能、满足基本需求。另一种观点则认为“智能大厦的核心是系统集成”（后有人修正为“智能大厦的核心技术方法是系统集成”），经过 20 多年的实践证明，第一种观点已经逐渐消散在历史长河中。社会经济水平高了，人们对所处的环境必然有更高的要求。例如，住宅建筑领域，其智能化的典型代表就是智能家居，其发展过程中也经历了坎坷。曾经智能家居很难推广，仅在一些别墅、豪宅中出现，而现在很多住宅小区也都已有配套。

2.4　集成关键技术

在建筑智能化发展的过程中，发展阶段划分的依据主要是智能化技术的应用水平。技术的应用水平，也可以理解为系统集成的水平。从最早的单一设备，到单功能系统、多功能系统、集成系统、智能管理、建筑智能化环境集成。每个阶段主要特征如图 2-6 所示，这是行业的比较权威的一个划分方法，时间节点截至 2000 年。而智慧建筑概念是伴随着智慧地球的出现，在 2010 年以后出现频率很高，几乎代替了原来的智能建筑，而这一阶段的代表技术是智能建筑物联网，也标志建筑智能化进入物联网时代（或智慧化时代）。

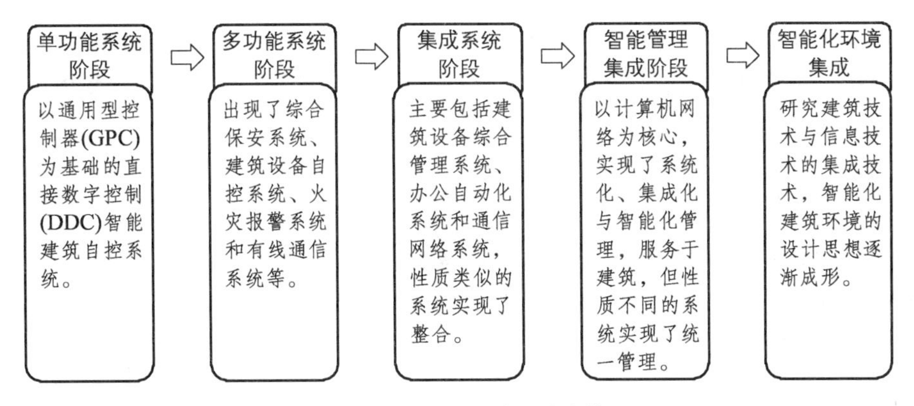

图 2-6　建筑智能化阶段技术特征

可以认为建筑智能化在物联网技术出现之前，系统由简单到复杂，最后形成了一个金字塔式的技术体系。在各个阶段也都出现了集成技术的影子，不同阶段集成技术的内涵和侧重点有所不同。图 2-7 是建筑智能化系统集成不同阶段涵盖的技术和业务内容，技术运用的最终目的是为功能服务，除示范建筑外，对于新技术的运用一定要做好论证，以免适得其反。

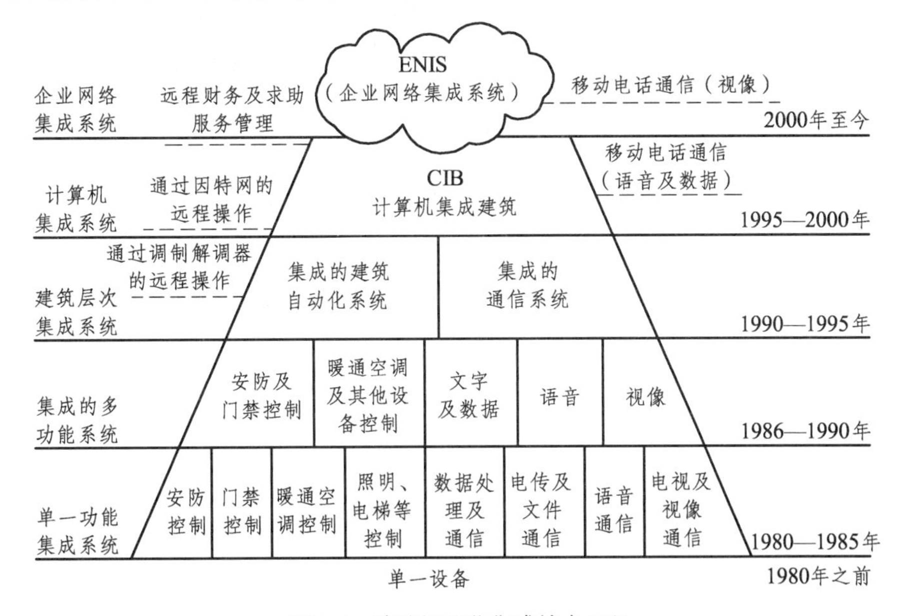

图 2-7　建筑智能化集成技术历程

系统集成作为一个系统工程，其内容涉及项目开发和实施的整个过程。系统集成可以分为功能结构集成、技术实现集成、过程组织和管理决策集成 4 个方面内容。其中功能结构和技术实现集成主要涵盖硬件集成、组态集成等内容，过程组织和管理决策集成涉及控制集成和软件集成。建筑智能化是控制技术、通信技术和计算机技术（简称 3C 技术）交叉而产生的学科领域，系统集成则是智能化技术的具体运用，其关键技术也主要设计这 3 个方面。

2.4.1 通信的集成技术

通信的集成是智能建筑系统集成的基础。通信的集成目标是实现多种设备业务相互能交换数据，有通路而不能通信就谈不上数据的共享和子系统之间的联动。通信的集成技术是标准化，而标准化则是个复杂漫长的过程，其中涉及了很多利益集团的博弈，不过总体趋势依然是朝着开放、共享的趋势在发展。图 2-8 是一个目前比较流行的楼宇通信集成方案，其中管理信息层采用快速以太网+TCP/IP，控制信息层网络采用以太网+BACnet，现场控制层采用现场总线。

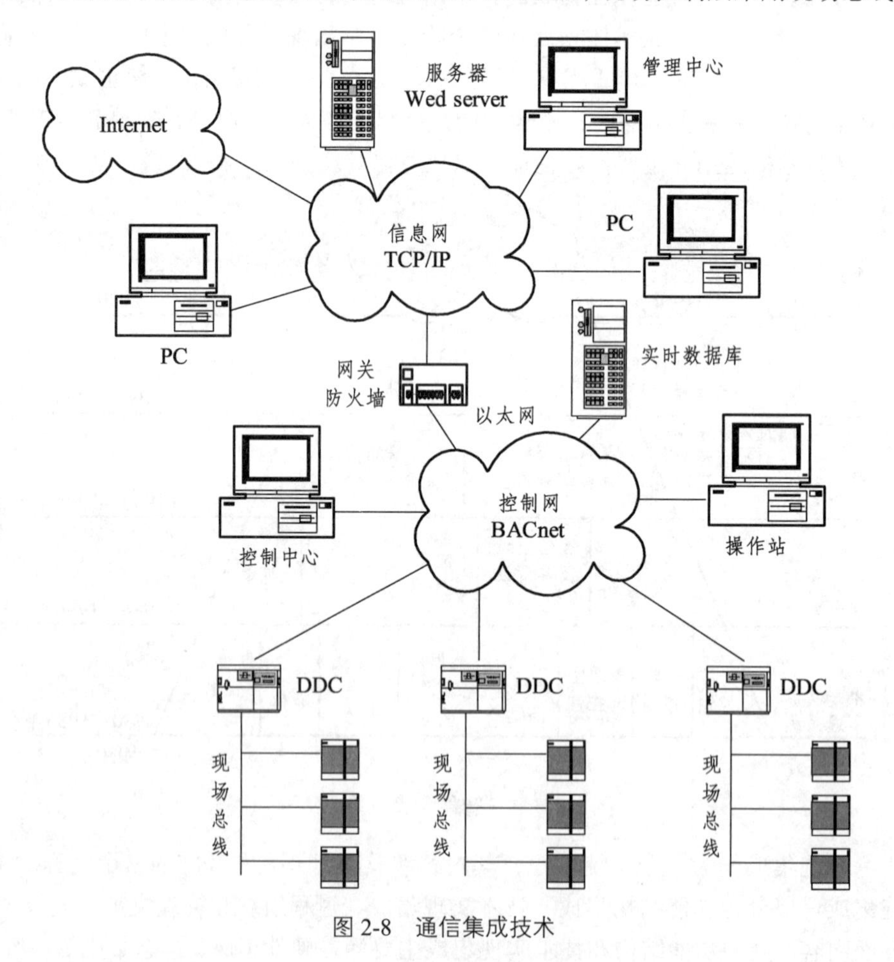

图 2-8 通信集成技术

2.4.2　控制的集成技术

控制的集成目标是希望将所有的监控单元纳入一个系统框架内，要解决子系统之间的互通互连。很多时候各子系统所有采用的协议是不同的，解决因协议不同给系统集成造成困难的途径主要有两种：一种是在硬件上增加协议转换网关；另一种是利用 OPC 技术，图 2-9 是基于 OPC 技术的集成解决方案。

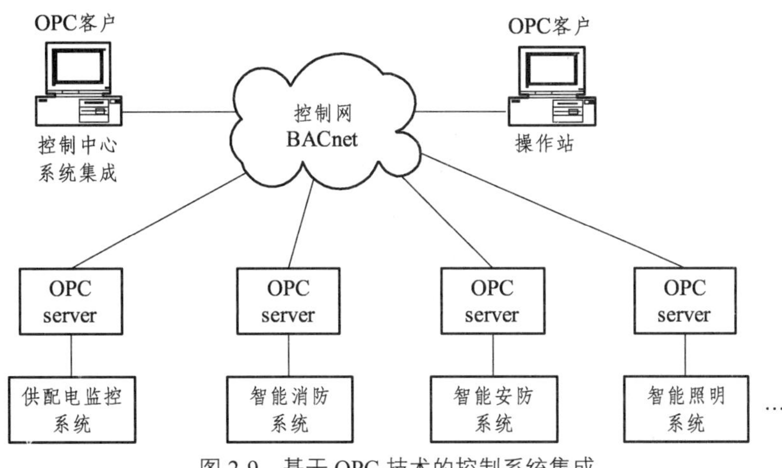

图 2-9　基于 OPC 技术的控制系统集成

2.4.3　管理信息的集成

管理信息的集成目标是在实现各类数据共享的基础上构建智能建筑的信息管理系统和信息发布系统，最终实现数字城市，数字国家，数字地球。管理信息的集成技术以数据库为核心，以 C/S 和 B/S 计算模式为功能实现手段，典型解决方案如图 2-10 所示。

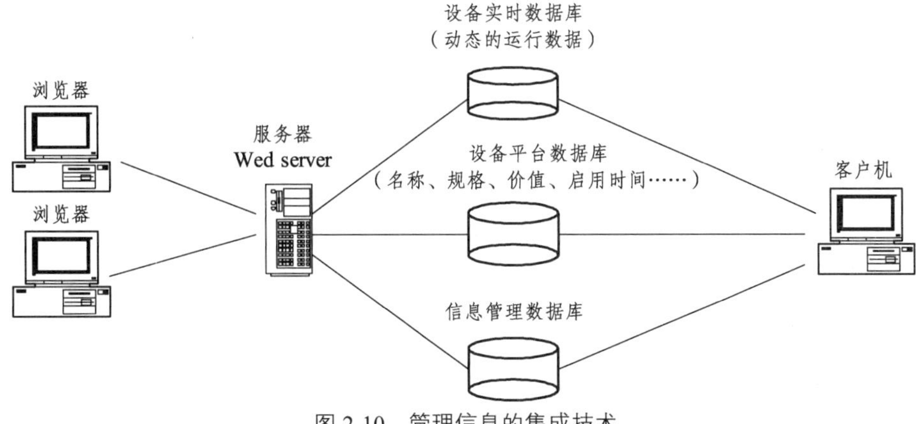

图 2-10　管理信息的集成技术

系统集成要遵循科学的方法来进行，就是“总体规划，优先设计，从上向下，分步实施”。总体规划，优先设计，是指必须是在工程建设规划开始就要明确系统集成的目标、平台和技术，作为工程建设的各个阶段的目标和设计指导。从上向下，分步实施，是指各个子系统的功能和技术方案必须要满足系统集成的目标和设计指导，先完成子系统的集成，只有这样，才能够达到总体目标。

2.5 典型系统简介

典型系统简介

第 3 章　基于协议的智慧建筑集成技术

建筑智慧化程度越高，其所包含的智能化子系统必然越多。业界有 3A 和 5A 的说法，初步统计现有各类建筑涉及的子系统已经接近 40 个，不同子系统使用的协议更是繁多。基于协议集成属于小规模集成，一般只能用于同种类的设备系统。不同系统之间，因为协议不同仍然会形成系统孤岛现象。

信息孤岛是指相互之间在功能上不关联互助、信息不共享互换及信息与业务流程和应用相互脱节的计算机应用系统。解决信息孤岛的途径就是系统集成，涵盖数据集成、应用系统集成、用户界面集成、业务集成、硬件集成等不同层面。

基于协议的集成是应用最广泛的解决方案之一，在不同系统之间，通过采用相同的通信协议即可实现数据交互和信息共享。本章对智慧建筑集成中常用的串行通信协议、以太网通信协议及电力规约做了重点介绍，可为集成工程实施提供重要参考。

3.1　常见的智能化系统及集成协议

依据智能建筑设计标准 GB 50314—2015，不同类型建筑的智能化系统配置有不同的侧重点。标准中按用途对住宅建筑、办公建筑（含普通办公建筑、商务办公建筑、行政办公建筑）、旅馆建筑（含五星级及以上等级旅馆、三星及四星等级旅馆和其他服务等级旅馆）、文化建筑（含图书馆、档案馆和文化馆）、博物馆建筑、观演建筑（含剧场、电影院和广播电视业务建筑）、会展建筑、教育建筑（含高等学校、高级中学、初级中学和小学）、金融建筑、交通建筑（含机场航站楼、铁路客运站、城市轨道交通站和汽车客运站）、医疗建筑（含综合医院和疗养院）、体育建筑、商店建筑和通用工业建筑等 14 类常见建筑智能化系统配置做了详细界定。以通用办公建筑为例，其智能化系统配置如表 3-1 所示。

表 3-1　通用办公建筑智能化系统配置表

智能化系统		通用办公建筑	
		普通办公建筑	商务办公建筑
信息化应用系统	公共服务系统	●	●
	智能卡应用系统	●	●

续表

智能化系统			通用办公建筑	
			普通办公建筑	商务办公建筑
信息化应用系统	物业管理系统		●	●
	信息设施运行管理系统		⊙	●
	信息安全管理系统		⊙	●
	通用业务系统	基本业务办公系统	按国家现行有关标准进行配置	
	专业业务系统	专用办公系统		
智能化系统集成	智能化信息集成（平台）系统		⊙	●
	集成信息应用系统		⊙	●
信息设施系统	信息接入系统		●	●
	布线系统		●	●
	移动通信室内信号覆盖系统		●	●
	用户电话交换系统		⊙	⊙
	无线对讲系统		⊙	⊙
	信息网络系统		●	●
	有线电视系统		●	●
	卫星电视接收系统		○	⊙
	公共广播系统		●	●
	会议系统		●	●
	信息导引及发布系统		●	●
	时钟系统		○	⊙
建筑设备管理系统	建筑设备监控系统		●	●
	建筑能效监管系统		⊙	⊙
公共安全系统	火灾自动报警系统		按国家现行有关标准进行配置	
	安全技术防范系统	入侵报警系统		
		视频安防监控系统		
		出入口控制系统		
		电子巡查系统		
		访客对讲系统		
		停车库（场）管理系统	⊙	●

续表

智能化系统		通用办公建筑	
		普通办公建筑	商务办公建筑
公共安全系统	安全防范综合管理（平台）系统	⊙	●
	应急响应系统	○	⊙
机房工程	信息接入机房	○	○
	有线电视前端机房	○	○
	信息设施系统总配线机房	●	●
	智能化总控室	●	●
	信息网络机房	●	●
	用户电话交换机房	●	●
	消防控制室	●	●
	安防监控中心	●	●
	应急响应中心	●	●
	智能化设备间（弱电间）	○	○
	机房安全系统	○	○
	机房综合管理系统		

注：1. 本表参考《智能建筑设计标准》GB 50314—2015 第 6.2 节。
　　2. ●表示应配置，⊙表示宜配置，○表示可配置。

在这些常见的智能化系统中，为了确保系统稳定可靠工作，里边涉及了各种各样的通信协议。表 3-2 列出了常见的子系统及通信协议。

表 3-2　建筑智能化系统中常用协议

智能化子系统名称	常见协议
智能照明系统	C-BUS，i-BUS，DALI，TCP/IPV6、Modbus
出入口控制系统	RS-485，Modbus，Wiegand
供配电监控系统	CDT、IEC101、IEC103、IEC104
空调系统	Modbus、RS232、RS485、TCP/IP
消防系统	Modbus、RS232、RS485

由表 3-2 可见，除电力监控有专门的规约外，最常用的协议就是 Modbus、RS232、RS485 及 TCP/IP，其中在建筑智能化系统中 TCP/IP 应用最成熟的是视频监控系统。其中 RS232 和 RS485 只涉及物理层和数据链路层规范，Modbus 协议则是应用层报文传输协议。TCP/IP 是 Transmission Control Protocol/Internet

Protocol 的简写，中译名为传输控制协议/因特网互联协议，又名网络通信协议，是 Internet 最基本的协议、Internet 国际互联网络的基础，由网络层的 IP 协议和传输层的 TCP 协议组成。工程上为了实现系统集成，有时候会多种协议结合使用。为了进行区分，就必须对网络的分层模型有所了解。最著名的网络分层模型主要有 OIS 的七层模型和互联网的 TCP/IP 四层模型，其中七层模型全称为开放式通信系统互联参考模型（Open System Interconnection，OSI/RM，Open Systems Interconnection Reference Model），是国际标准化组织（ISO）提出的一个试图使各种计算机在世界范围内互联为网络的标准框架。TCP/IP 四层参考模型是当前的工业标准或事实的标准，是在 1974 年由 Kahn 提出，TCP/IP 四层模型和 OSI 模型关系如图 3-1 所示。

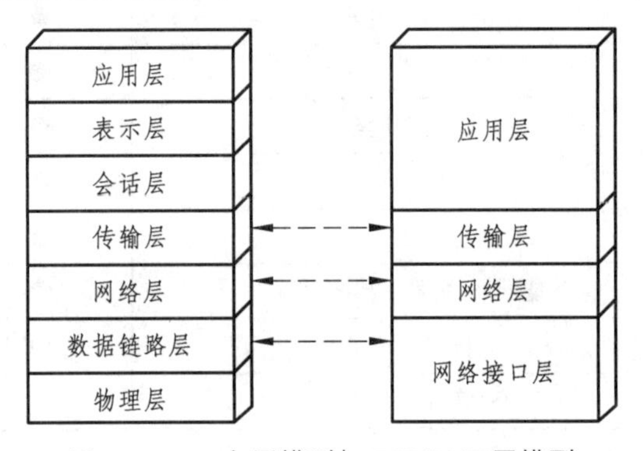

图 3-1　OSI 七层模型与 TCP/IP 四层模型

3.2　网络协议模型

网络协议是网络上所有设备（网络服务器、计算机及交换机、路由器、防火墙等）之间通信规则的集合，它定义了通信时信息必须采用的格式和这些格式的意义。大多数网络都采用分层的体系结构，每一层都建立在它的下层之上，向它的上一层提供一定的服务，而把如何实现这一服务的细节对上一层加以屏蔽。一台设备上的第 n 层与另一台设备上的第 n 层进行通信的规则就是第 n 层协议。在网络的各层中存在着许多协议，接收方和发送方同层的协议必须一致，否则一方将无法识别另一方发出的信息。网络协议使网络上各种设备能够相互交换信息。

3.2.1　七层模型

在计算机网络产生之初，每个计算机厂商都有一套自己的网络体系结构的概念，它们之间互不相容。为此，国际标准化组织（ISO）在 1979 年建立了一个分委员会来专门研究一种用于开放系统互联的体系结构（Open Systems Interconnection，OSI），“开放”这个词表示：只要遵循 OSI 标准，一个系统可以和位于世界上任何地方的、也遵循 OSI 标准的其他任何系统进行连接。这个分委员会提出了开放系统互联，即 OSI 参考模型，它定义了异质系统互联的标准框架。OSI 参考模型分为 7 层，分别是物理层、数据链路层、网络层、传输层、会话层、表示层和应用层，每一层使用下层提供的服务，并向其上一层提供服务。

3.2.2　四层模型

TCP/IP 是用于计算机通信的一组协议，我们通常称它为 TCP/IP 协议族。它是 20 世纪 70 年代中期美国国防部为其 ARPAnet 广域网开发的网络体系结构和协议标准，以它为基础组建的 Internet 是目前国际上规模最大的计算机网络，正因为 Internet 的广泛使用，使得 TCP/IP 成了事实上的标准。这个协议是 Internet 国际互联网络的基础。TCP/IP 是网络中使用的基本的通信协议。虽然从名字上看 TCP/IP 包括两个协议，传输控制协议（TCP）和网际协议（IP），但 TCP/IP 实际上是一组协议，它包括上百个各种功能的协议，如远程登录、文件传输和电子邮件等，而 TCP 协议和 IP 协议是保证数据完整传输的两个基本的重要协议。通常说 TCP/IP 是 Internet 协议族，而不单单是 TCP 和 IP。

3.2.3　各层的应用协议及典型通信过程

网络模型中的协议及各层功能见表 3-3。

表 3-3　网络模型中的协议及各层功能

OSI 中的层	功　能	TCP/IP 协议族
应用层	文件传输、电子邮件、文件服务、虚拟终端	TFTP，HTTP，SNMP，FTP，SMTP，DNS，Telnet
表示层	数据格式化、代码转换、数据加密	没有协议
会话层	解除或建立与别的接点的联系	没有协议
传输层	提供端对端的接口	TCP，UDP
网络层	为数据包选择路由	IP，ICMP，RIP，OSPF，BGP，IGMP

续表

OSI 中的层	功　能	TCP/IP 协议族
数据链路层	传输有地址的帧及错误检测功能	SLIP，CSLIP，PPP，ARP，RARP，MTU，IEEE802.2
物理层	以二进制数据形式在物理媒体上传输数据	ISO2110，IEEE802.3

图 3-2 是使用 OSI 七层模型进行通信时，数据的逐层流向。从设备上看，计算机 A 通过由两台网络设备构成的通信链路向计算机 B 发送数据。OSI 模型每层都有自己的功能集，层与层之间相互独立又相互依靠，上层依赖于下层，下层为上层提供服务，网络交换设备涉及物理层、数据链路层和网络层。

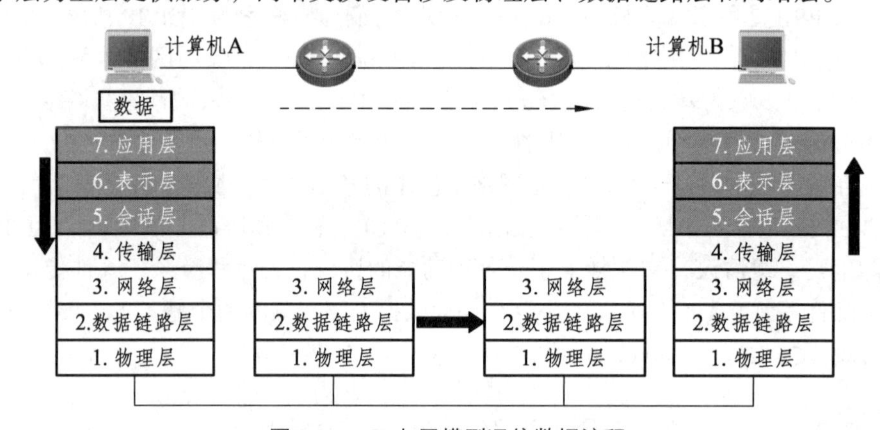

图 3-2　OSI 七层模型通信数据流程

如图 3-3 所示，最顶层为应用层，为应用软件提供接口，使应用程序能够使用网络服务。该层直接面向用户，它的主要任务是为用户提供应用的接口，即提供不同计算机间的文件传送、访问与管理，电子邮件的内容处理，不同计算机通过网络交互访问的虚拟终端功能等。该层常见的应用协议有 HTTP（80）、FTP（20/21）、SMTP（25）、POP3（110）、TELNET（23）、DNS（53）等。

如图 3-4 所示，第六层为表示层，该层的主要任务是把所传送的数据的抽象语法变换为传送语法，即把不同计算机内部的不同表示形式转换成网络通信中的标准表示形式。此外，对传送的数据加密（或解密）、正文压缩（或还原）也是表示层的任务。

如图 3-5 所示，第五层为会话层，该层的主要任务是对传输的报文提供同步管理服务。在两个不同系统的互相通信的应用进程之间建立、组织和协调交互。例如，确定是双工还是半双工工作。

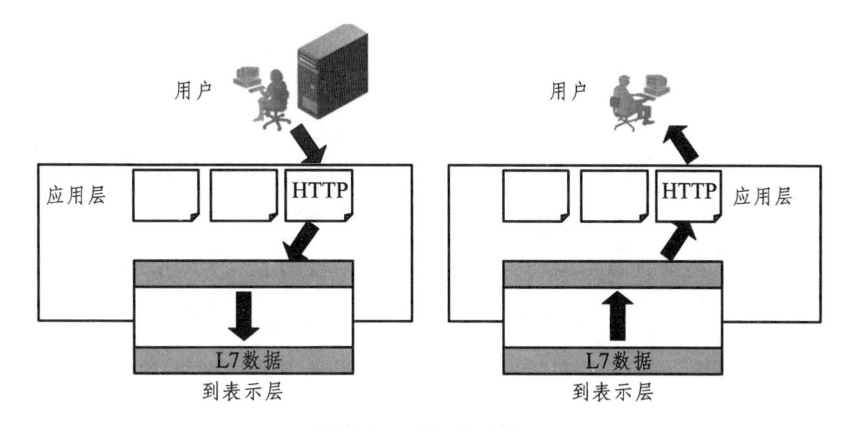

图 3-3　应用层数据流

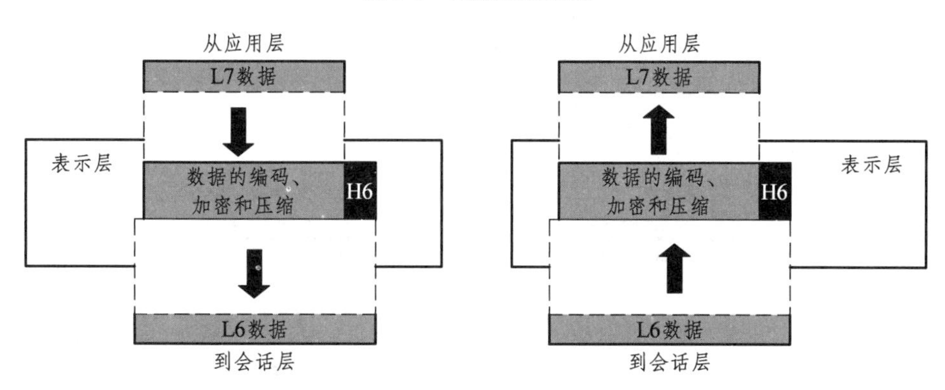

图 3-4　表示层数据流

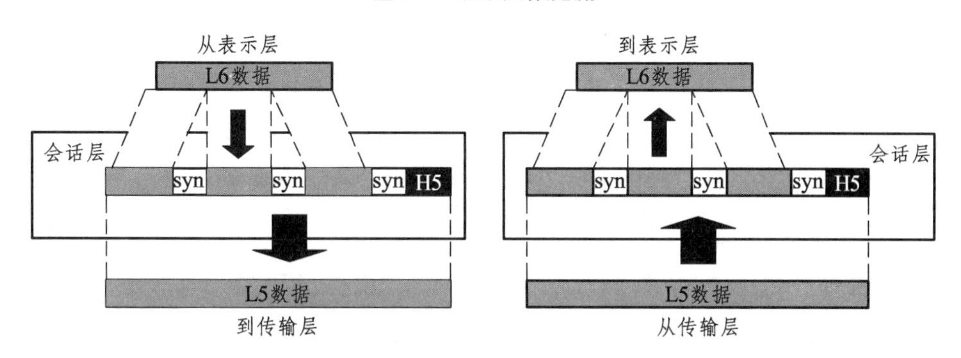

图 3-5　会话层数据流程

如图 3-6 所示，第四层为传输层，该层是高低层之间衔接的接口层。数据传输的单位是报文，当报文较长时将它分割成若干分组，然后交给网络层进行传输。传输层是计算机网络协议分层中的最关键一层，该层以上各层将不再管理信息传输问题。

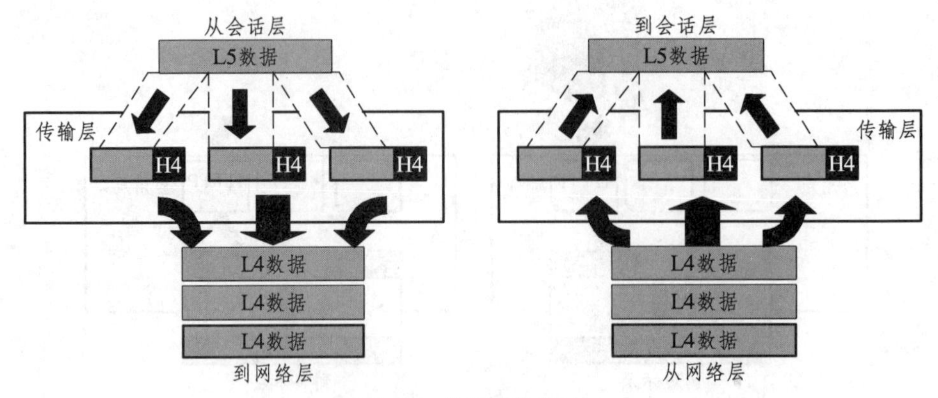

图 3-6　传输层数据流

如图 3-7 所示，第三层为网络层，该层为了将数据分组从源（源端系统）送到目的地（目标端系统），其任务就是选择合适的路由和交换节点，使源的传输层传下来的分组信息能够正确无误地按照地址找到目的地，并交付给相应的传输层，即完成网络的寻址功能。

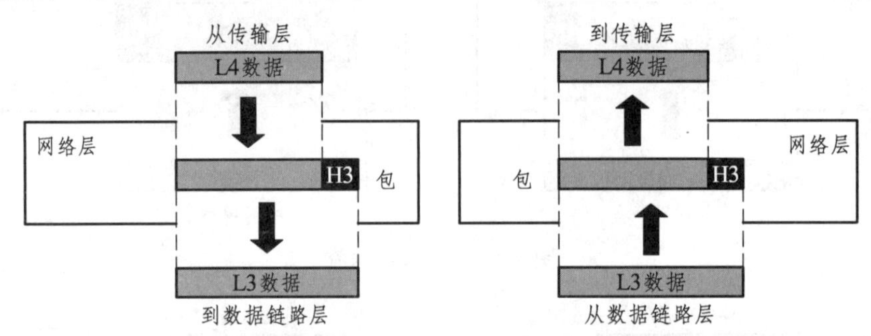

图 3-7　网络层数据流

如图 3-8 所示，第二层为数据链路层，该层负责在网络节点间的线路上通过检测、流量控制和重发等手段，无差错地传送以帧为单位的数据。为做到这一点，在每一帧中必须同时带有同步、地址、差错控制及流量控制等控制信息。

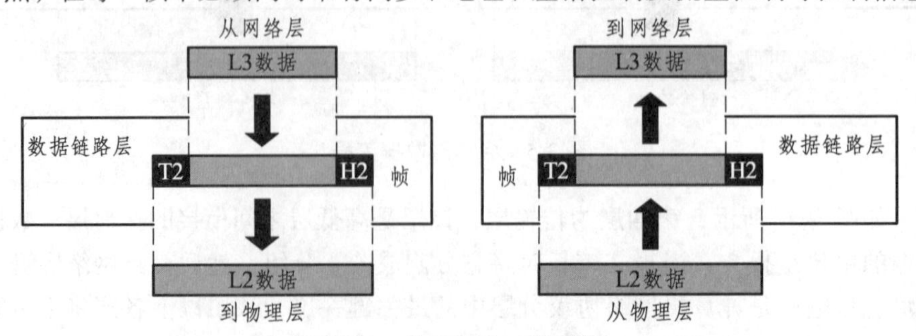

图 3-8　数据链路层数据流

如图 3-9 所示，最低层为物理层，该层为数据链路层提供物理连接，在其上串行传送比特流，即所传送数据的单位是比特。此外，该层中还具有确定连接设备的电气特性和物理特性等功能。数据链路层负责在网络节点间的线路上通过检测、流量控制和重发等手段，无差错地传送以帧为单位的数据。为做到这一点，在每一帧中必须同时带有同步、地址、差错控制及流量控制等控制信息。

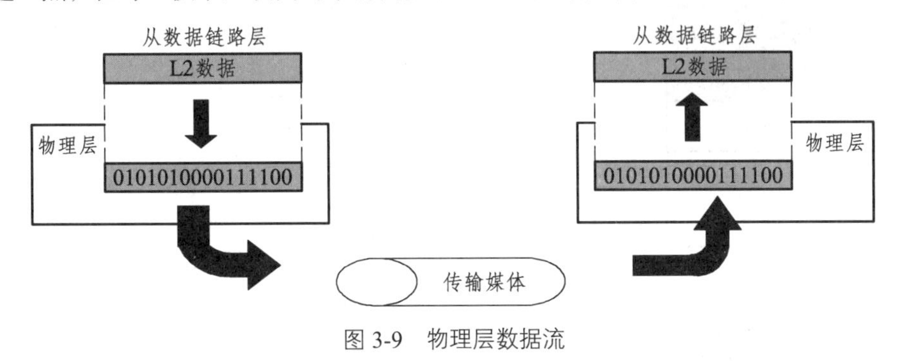

图 3-9　物理层数据流

实际应用中，对数据流还有个封装和解封的过程，每层的协议数据单元 PDU 形式都有所不同。数据发送时是对报文的封装过程，数据接收则需要对报文进行解封。图 3-10 所示为计算机发送数据时各层对数据封装的示例，数据封装的过程大致如下：

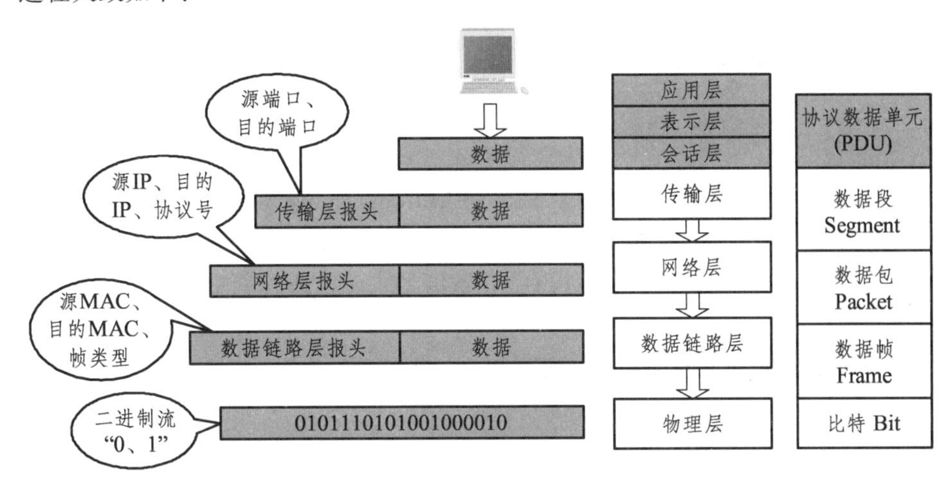

图 3-10　数据发送封装过程

（1）用户信息被转换为数据，以便通过网络进行传输。

（2）数据被转换为数据段，发送主机和接收主机之间建立一条可靠的连接。

（3）数据段被转换为分组或数据报，连接地址被添加在报头中，以便能够在互联网络中路由分组。

（4）分组或数据报被转换为帧，以便在本地网络中测试。硬件（以太网）地址被用于唯一标识本地网段中的主机。

（5）帧被转换为比特，并使用数据编码方法和时钟同步方案。

相应地，在数据接收端需要进行相反的解封过程，具体如图 3-11 所示。

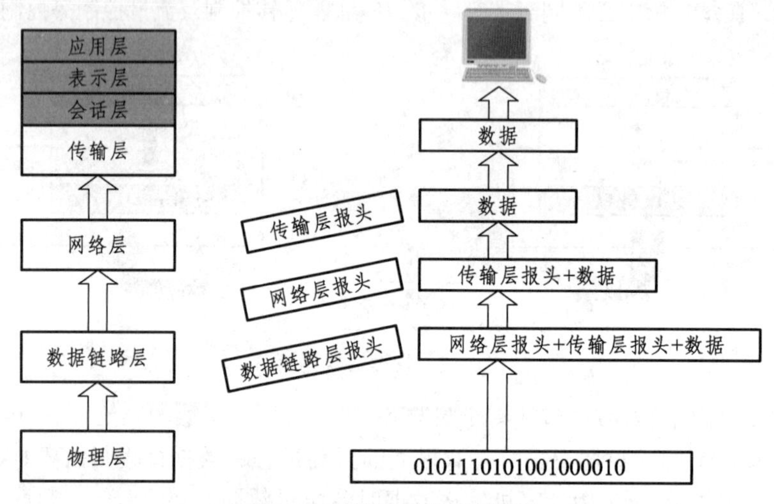

图 3-11 数据接收端解封过程

3.3 RS232

3.3.1 接口标准

RS232C 是美国电子工业协会 EIA（Electronic Industry Association）制定的一种串行物理接口标准。RS 是英文“推荐标准”的缩写，232 为标识号，C 表示修改次数。RS232C 总线标准设有 25 条信号线，包括一个主通道和一个辅助通道。

在多数情况下主要使用主通道，对于一般双工通信，仅需几条信号线就可实现，如一条发送线、一条接收线及一条地线。RS232C 标准规定的数据传输速率为 50、75、100、150、300、600、1 200、2 400、4 800、9 600、19 200、38 400 波特。

RS232C 标准规定，驱动器允许有 2 500 pF 的电容负载，通信距离将受此电容限制。例如，采用 150 pF/m 的通信电缆时，最大通信距离为 15 m；若每米电缆的电容量减小，通信距离可以增加。传输距离短的另一原因是 RS232 属单端信号传送，存在共地噪声和不能抑制共模干扰等问题，因此一般用于 20 m 以内的通信。具体通信距离还与通信速率有关，例如，在 9 600 b/s 时，普通双绞屏蔽线距离可达 30 ~ 35 m。

3.3.2　电气特性

EIARS232C 对电气特性、逻辑电平和各种信号线功能都做了规定。在 TxD 和 RxD 上：

逻辑 1（MARK）=-3 ~ -15 V;

逻辑 0（SPACE）=+3 ~ +15 V。

在 RTS、CTS、DSR、DTR 和 DCD 等控制线上：

信号有效（接通，ON 状态，正电压）=+3 ~ +15 V;

信号无效（断开，OFF 状态，负电压）=-3 ~ -15 V。

以上规定说明了 RS232C 标准对逻辑电平的定义。对于数据（信息码）：逻辑“1”（传号）的电平低于-3 V，逻辑“0”（空号）的电平高于+3 V。对于控制信号：接通状态（ON）即信号有效的电平高于+3 V，断开状态（OFF）即信号无效的电平低于-3 V，也就是当传输电平的绝对值大于 3 V 时，电路可以有效地检查出来，在-3 ~ +3 V 的电压无意义，低于-15 V 或高于+15 V 的电压也认为无意义，因此，实际工作时，应保证电平在-3 ~ -15 V 或+3 ~ +15 V。

EIA RS232C 与 TTL 转换：EIA RS232C 是用正负电压来表示逻辑状态，与 TTL 以高低电平表示逻辑状态的规定不同。因此，为了能够同计算机接口或终端的 TTL 器件连接，必须在 EIA RS232C 与 TTL 电路之间进行电平和逻辑关系的变换。实现这种变换的方法可用分立元件，也可用集成电路芯片。目前较为广泛地使用集成电路转换器件，如 MC1488、SN75150 芯片可完成 TTL 电平到 EIA 电平的转换，而 MC1489、SN75154 可实现 EIA 电平到 TTL 电平的转换。MAX232 芯片可完成 TTL□ EIA 双向电平转换。

3.3.3　机械接口定义

由于 RS232C 并未定义连接器的物理特性，因此，出现了 DB-25、DB-15 和 DB-9 各种类型的连接器，其引脚的定义也各不相同。常见的是 DB-9 和 DB-25，分为针式（公头，见图 3-12）和孔式（母头，见图 3-13）。其中 PC 和 XT 机采用 DB-25 型连接器，在 AT 机及以后，不支持 20 mA 电流环接口，使用 DB-9 连接器，作为提供多功能 I/O 卡或主板上 COM1 和 COM2 两个串行接口的连接器。DB-9 只提供异步通信的 9 个信号，其引脚分配与 DB-25 型引脚信号完全不同，见表 3-4。DB-25 连接器定义了 25 根信号线，分为 4 组：

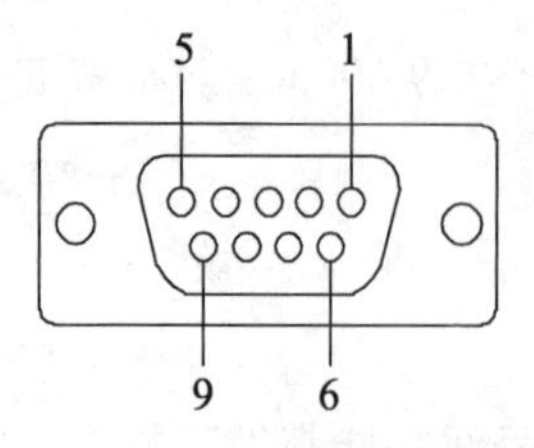

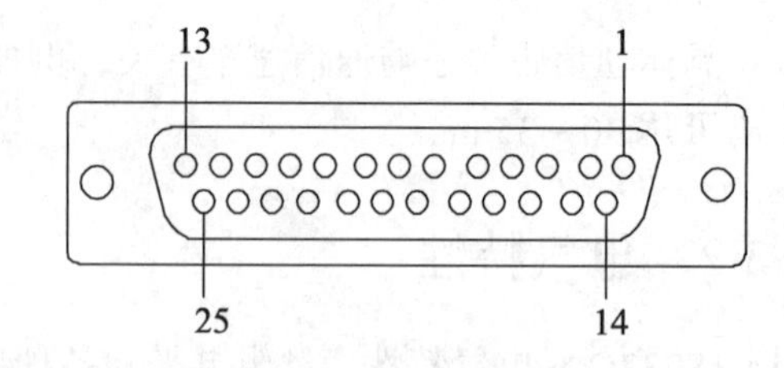

Pin No.	Signal
1	DCD
2	TxD
3	RxD
4	DSR
5	GND
6	DTR
7	CTS
8	RTS
9	—

Pin No.	Signal
2	RxD
3	TxD
4	CTS
5	RTS
6	DTR
7	GND
8	DCD
20	DSR

图 3-12　DB-9 及 DB-25 孔式连接器针脚定义

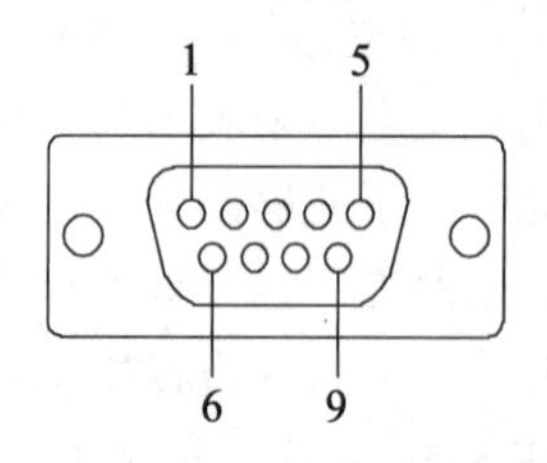

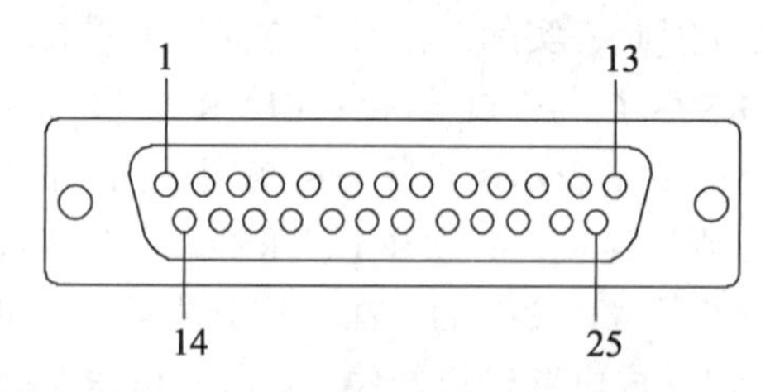

Pin No.	Signal
1	DCD
2	RxD
3	TxD
4	DTR
5	GND
6	DSR
7	RTS
8	CTS
9	—

Pin No.	Signal
2	TxD
3	RxD
4	RTS
5	CRTS
6	DSR
7	GND
8	DCD
20	DTR

图 3-13　DB-9 及 DB-25 针式连接器针脚定义

（1）异步通信的 9 个电压信号（含信号地 SG）：2，3，4，5，6，7，8，20，22。

（2）20 mA 电流环信号 9 个：12，13，14，15，16，17，19，23，24。

（3）空 6 个：9，10，11，18，21，25。

（4）保护地（PE）1 个，作为设备接地端（1 脚）。

表 3-4　DB-9 和 DB-25 针脚含义

9 针 RS232 串口（DB-9）			25 针 RS232 串口（DB-25）		
引脚	简写	功能说明	引脚	简写	功能说明
1	CD	载波侦测（Carrier Detect）	8	CD	载波侦测（Carrier Detect）
2	RXD	接收数据（Receive）	3	RXD	接收数据（Receive）
3	TXD	发送数据（Transmit）	2	TXD	发送数据（Transmit）
4	DTR	数据终端准备（Data Terminal Ready）	20	DTR	数据终端准备（Data Terminal Ready）
5	GND	地线（Ground）	7	GND	地线（Ground）
6	DSR	数据准备好（Data Set Ready）	6	DSR	数据准备好（Data Set Ready）
7	RTS	请求发送（Request To Send）	4	RTS	请求发送（Request To Send）
8	CTS	清除发送（Clear To Send）	5	CTS	清除发送（Clear To Send）
9	RI	振铃指示（Ring Indicator）	22	RI	振铃指示（Ring Indicator）

3.4　RS485/RS422

RS485 标准最初由电子工业协会（EIA）于 1983 年制定并发布，后由 TIA-通信工业协会修订后命名为 TIA/EIA-485-A，习惯地称之为 RS485。RS485 由 RS422 发展而来，而 RS422 是为弥补 RS232 的不足而提出的。为改进 RS232 通信距离短、速率低的缺点，RS422 定义了一种平衡通信接口，将传输速率提高到 10 Mb/s，传输距离延长到 4 000 ft（约 1 219.2 m，速率低于 100 kb/s 时），并允许在一条平衡线上连接最多 10 个接收器。RS422 是一种单机发送、多机接收的单向、平衡传输规范，为扩展应用范围，随后又为其增加了多点、双向通信能力，即允许多个发送器连接到同一条总线上，同时增加了发送器的驱动能力和冲突保护特性，扩展了总线共模范围，这就是后来的 EIA RS485 标准。

RS485 是一个电气接口规范，它只规定了平衡驱动器和接收器的电特性，而没有规定接插件、传输电缆和通信协议。RS485 标准定义了一个基于单对平衡线的多点、双向（半双工）通信链路，是一种极为经济，并具有相当高噪声抑制、传输速率、传输距离和宽共模范围的通信平台。RS485 作为一种多点、差分数据传输的电气规范现已成为业界应用最为广泛的标准通信接口之一。这种通信接口允许在简单的一对双绞线上进行多点、双向通信，它所具有的噪声抑制能力、数据传输速率、电缆长度及可靠性是其他标准无法比拟的。正因为此，许多不同领域都采用 RS485 作为数据传输链路如电信设备、局域网、蜂窝基站、工业控制、汽车电子、仪器仪表等。这项标准得到广泛接受的另外一个原因是它的通用性。RS485 标准只对接口的电气特性做出规定，而不涉及接插件、电缆或协议，在此基础上用户可以建立自己的高层通信协议。

RS422 与 RS485 标准一样，只对接口的电气特性做出规定，而不涉及接插件、电缆或协议，在此基础上用户可以建立自己的高层通信协议，与 RS232 相比的主要区别如表 3-5 所示。因此在视频界的应用，许多厂家都建立了一套高层通信协议，或公开或厂家独家使用。如录像机厂家中的索尼与松下对录像机的 RS422 控制协议是有差异的，视频服务器上的控制协议则更多了，如 Louth、Odetis 协议是公开的，而 ProLINK 则是基于 Profile 上的。

表 3-5　RS232/422/485 性能对比

规　定		RS232	RS422	RS485
工作方式		单端	差分	差分
节点数		1 收 1 发	1 发 10 收	1 发 32 收
最大传输电缆长度		50 ft（15.2 m）	400 ft（121.9 m）	400 ft（121.9 m）
最大传输速率		20 kb/s	10 Mb/s	10 Mb/s
最大驱动输出电压		±25 V	−0.25 ~ +6 V	−7 ~ +12 V
驱动器输出信号电平（负载最小值）	负载	±5 ~ ±15 V	±2.0 V	±1.5 V
驱动器输出信号电平（空载最大值）	空载	±25 V	±6 V	±6 V
驱动器负载阻抗		3 000 ~ 7 000 Ω	100 Ω	54 Ω
摆率（最大值）		30 V/μs	N/A	N/A
接收器输入电压范围		±15 V	−10 ~ +10 V	−7 ~ +12 V
接收器输入门限		±3 V	±200 mV	±200 mV
接收器输入电阻		3 000 ~ 7 000 Ω	4 000 Ω（最小）	12 000 Ω
驱动器共模电压			−3 ~ +3 V	−1 ~ +3 V
接收器共模电压			−7 ~ +7 V	−7 ~ +12 V

RS422、RS485 与 RS232 不一样，数据信号采用差分传输方式，也称作平衡传输，它使用一对双绞线，将其中一线定义为 A，另一线定义为 B。如图 3-14 所示，RS485 驱动器必须有“Enable”控制信号，而一个 RS422 驱动器则一般不需要。在驱动器端，一个 TTL 逻辑高电平输入使得导线 A 电压比导线 B 高，反之，一个 TTL 逻辑低电平输入使得导线 A 电压比导线 B 低，对于驱动器端的有效输出，A 与 B 之间的压差必须至少为 1.5 V。

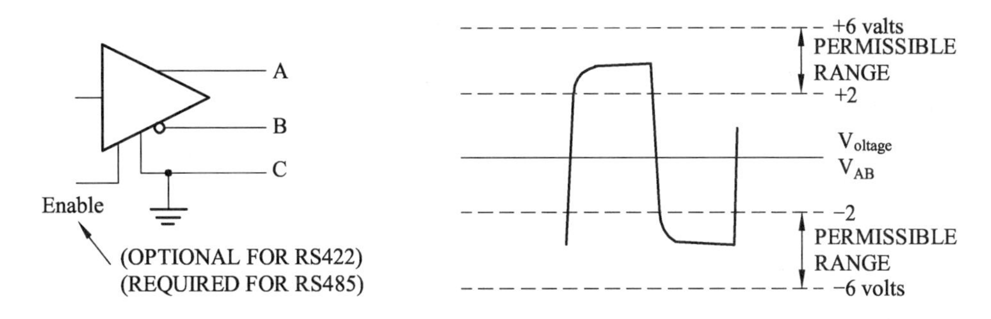

图 3-14　RS422/485 平衡差分输出电路

RS485 能够远距离传输是因为使用了平衡线路，每个信号都有专用的导线对，其中一根导线上的电压等于另一根导线上的电压取反或取补。接收器对两者的压差做出反应。平衡接口中两根信号线传递几乎等大反向的电流，大多数噪声电压在两根信号线上出现，它们互相抵消；但在非平衡接口中，接收器检测信号线与接地线之间的电压差，当多个信号共用一根接地线时，每个返回的电流都在这根接地线上引起电势，如果这根接地线连到大地地线，来自别处的噪声也会影响这些电路。

一个 RS485 驱动器可以驱动 32 个单位负载，一个等于单位负载的接收器在标准的输入电压极限下产生一个不大于规定大小的电流，在接收到的电压比接收器信号地高出 12 V 与低 7 V 时，一个单位负载的接收器产生的电流分别不大于 1 mA 与−0.8 mA，为符合此要求，接收器在每个差动输入与电源电压或接地线之间至少有 12 000 Ω 的输入阻抗。这样对于 32 单位负载的接收器，并联阻抗为 375 Ω，加入两个 120 Ω 的终端负载电阻，并联阻抗减小为 60 Ω，在短距离、低速连接中，可以去掉终端负载电阻以极大地减小电源消耗。

3.5 IEEE 802.3

3.5.1 IEEE 802 系列标准

IEEE 802 又称为 LMSC（LAN /MAN Standards Committee，局域网/城域网标准委员会），成立于 1980 年 2 月，致力于研究局域网和城域网的物理层和 MAC 层中定义的服务和协议，对应 OSI 网络参考模型的最低两层（即物理层和数据链路层）。

事实上，IEEE 802 将 OSI 的数据链路层分为两个子层，分别是逻辑链路控制（Logical Link Control，LLC）和介质访问控制（Media Access Control，MAC），其中 LLC 解决出错重发、流量控制等问题，如 IEEE 802.2，MAC 解决成帧、寻址、检错等问题。

IEEE 802 家族成员非常多，大体结构如图 3-15 所示。其中最有名的便是 802.3，也就是我们熟知的以太网，除此之外还有应用十分广泛的令牌环、无线局域网等，而无线局域网标准经过发展又出现了多个版本，表 3-6 为 IEEE802 标准详细情况，部分尚在制定中的未列入。

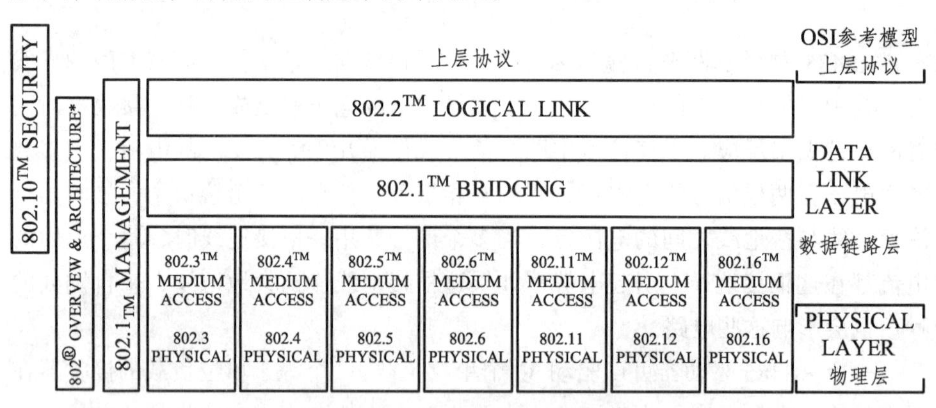

图 3-15 IEEE 802 标准及其与 OSI 参考模型的对应关系

表 3-6 IEEE 802 家族体系

序号	标准号	内容简介
1	IEEE 802.1	局域网体系结构、寻址、网络互联和网络
2	IEEE 802.1A	概述和系统结构
3	IEEE 802.1B	网络管理和网络互联
4	IEEE 802.2	逻辑链路控制子层（LLC）的定义
5	IEEE 802.3	以太网介质访问控制协议（CSMA/CD）及物理层技术规范

续表

序号	标准号	内容简介
6	IEEE 802.4	令牌总线网（Token-Bus）的介质访问控制协议及物理层技术规范
7	IEEE 802.5	令牌环网（Token-Ring）的介质访问控制协议及物理层技术规范
8	IEEE 802.6	城域网介质访问控制协议 DQDB（Distributed Queue Dual Bus 分布式队列双总线）及物理层技术规范
9	IEEE 802.7	宽带技术咨询组，提供有关宽带联网的技术咨询
10	IEEE 802.8	光纤技术咨询组，提供有关光纤联网的技术咨询
11	IEEE 802.9	综合声音数据的局域网（IVD LAN）介质访问控制协议及物理层技术规范
12	IEEE 802.10	网络安全技术咨询组，定义了网络互操作的认证和加密方法
13	IEEE 802.11	无线局域网（WLAN）的介质访问控制协议及物理层技术规范，1997 年原始标准（2 Mbit/s，工作在 2.4 GHz）
14	IEEE 802.11a	1999 年，物理层补充（54 Mbit/s，工作在 5 GHz）
15	IEEE 802.11b	1999 年，物理层补充（11 Mbit/s，工作在 2.4 GHz）
16	IEEE 802.11c	符合 802.1D 的媒体接入控制层桥接(MAC Layer Bridging)
17	IEEE 802.11d	根据各国无线电规定做的调整
18	IEEE 802.11e	对服务等级（Quality of Service，QoS）的支持
19	IEEE 802.11f	基站的互连性（IAPP，Inter-Access Point Protocol），2006 年 2 月被 IEEE 批准撤销
20	IEEE 802.11g	2003 年，物理层补充（54 Mbit/s，工作在 2.4 GHz）
21	IEEE 802.11h	2004 年，无线覆盖半径的调整，室内（Indoor）和室外（Outdoor）信道（5 GHz 频段）
22	IEEE 802.11i	2004 年，无线网络的安全方面的补充
23	IEEE 802.11j	2004 年，根据日本规定做的升级
24	IEEE 802.11k	该协议规范规定了无线局域网络频谱测量规范，该规范的制定体现了无线局域网络对频谱资源智能化使用的需求
25	IEEE 802.11l	预留及准备不使用
26	IEEE 802.11m	维护标准；互斥及极限
27	IEEE 802.11n	更高传输速率的改善，基础速率提升到 72.2 Mbit/s，可以使用双倍带宽 40 MHz，此时速率提升到 150 Mbit/s。支持多输入多输出技术（Multi-Input Multi-Output，MIMO）

续表

序号	标准号	内容简介
28	IEEE 802.11p	这个通信协定主要用在车用电子的无线通信上。它设置上是从 IEEE 802.11 来扩充延伸，来符合智能型运输系统（Intelligent Transportation Systems，ITS）的相关应用
29	IEEE 802.11ac	802.11n 的潜在继承者，更高传输速率的改善，当使用多基站时将无线速率提高到至少 1 Gb/s，将单信道速率提高到至少 500 Mb/s。使用更高的无线带宽（80～160 MHz）（802.11n 只有 40 MHz），更多的 MIMO 流（最多 8 条流），更好的调制方式（QAM256）。2016 年 7 月 4 日，802.11n 标准升级到最新的 802.11ac 标准，Quantenna 公司在 2011 年 11 月 15 日推出了世界上第一只采用 802.11ac 的无线路由器。Broadcom 公司于 2012 年 1 月 5 日也发布了它的第一支 802.11ac 的芯片
30	IEEE 802.11ad	802.11ad 使用了未获授权的 60 GHz 频段来建立快速的短距离网络，峰值速率可达 7 Gb/s。主要针对的是多路高清视频和无损音频超过 1 Gb/s 的码率的要求，它将被用于实现家庭内部无线高清音视频信号的传输，为家庭多媒体应用带来更完备的高清视频解决方案。 但在 60 GHz 下进行数据传输存在两个主要缺陷：其一是短波的穿墙能力欠佳，其二是氧分子会吸收 60 GHz 下的电磁能。这也解释了为什么目前市面上的少数 60 GHz 产品都需要在非常短的距离下或者是同一房间当中进行工作。戴尔的 Wireless Dock 5 000 和 DVDO Air（将高清音频和视频从蓝光播放器无线传输至投影仪）就很好地解释了这两种限制
31	IEEE 802.11ae	提供了一种管理帧的优先级划分机制，并且在该修改中指定了用于通信管理帧优先级划分策略的协议
32	IEEE 802.11ah	IEEE 802.11ah 标准正好和 IEEE 802.ed 标准相反，它运行于未获授权的 900 MHz 频段，信号穿墙完全不是问题，但带宽则很有限，只有 100 Kb/s～40 Mb/s。这种标准的受众之一可能是家庭和商业建筑当中的传感器和探头，它也因此被看作是 Z-Wave 和 ZigBee 等物联网协议的竞争者之一

续表

序号	标准号	内容简介
33	IEEE 802.11ax	高效无线局域网，下一代无线局域网，计划 2019 年发布
34	IEEE 802.12	需求优先的介质访问控制协议（100VG AnyLAN）
35	IEEE 802.13	未使用（不吉利的数字，没有人愿意使用它——查自《计算机网络-Andrew S. Tanebaum》“1.6.2 国际标准领域中最有影响的组织”）
36	IEEE 802.14	采用线缆调制解调器（Cable Modem）的交互式电视介质访问控制协议及网络层技术规范
37	IEEE 802.15	采用蓝牙技术的无线个人网（Wireless Personal Area Networks，WPAN）技术规范
38	IEEE 802.15.1	无线个人网络
39	IEEE 802.15.4	低速无线个人网络
40	IEEE 802.16	宽带无线连接工作组，开发 2～66 GHz 的无线接入系统空中接口
41	IEEE 802.17	弹性分组环（Resilient Packet Ring，RPR）工作组，制定了单性分组环网访问控制协议及有关标准
42	IEEE 802.18	宽带无线局域网技术咨询组（Radio Regulatory）
43	IEEE 802.19	多重虚拟局域网共存（Coexistence）技术咨询组
44	IEEE 802.20	移动宽带无线接入（Mobile Broadband Wireless Access，MBWA）工作组，制定宽带无线接入网的解决
45	IEEE 802.21	媒介独立换手（Media Independent Handover）
46	IEEE 802.22	无线区域网（Wireless Regional Area Network）
47	IEEE 802.23	紧急服务工作组（Emergency Service Work Group）

3.5.2 IEEE 802.11

无线 AP（Access Point，无线访问节点、会话点或存取桥接器）是一个包含很广的名称，它不仅包含单纯性无线接入点（无线 AP），也同样是无线路由器（含无线网关、无线网桥）等类设备的统称。无线 AP 在宽带家庭、大楼内部、校园内部、园区内部，以及仓库、工厂等需要无线监控的地方，典型距离覆盖几十米至上百米，也有可以用于远距离传送，目前最远的可以达到 30 km 左右。其配置和使用性能和 IEEE 802.11 系列标准有很大关系，工程应用更加注重信道的抗干扰问题。

无线信道也就是常说的无线的“频段（Channel）”，其是以无线信号作为传输媒体的数据信号传送通道。在进行无线网络安装，一般使用无线网络设备自带的管理工具，设置连接参数，无论哪种无线网络的最主要的设置项目都包括网络模式（集中式还是对等式无线网络）、SSID、信道、传输速率四项。图 3-16 所示为某款无线 AP 参数设置界面。

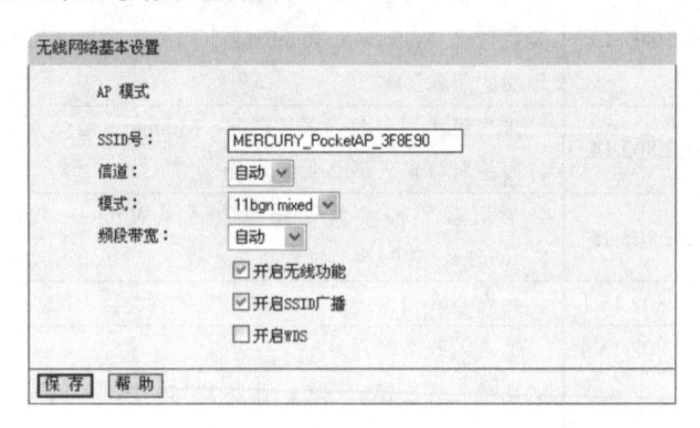

图 3-16　无线 AP 参数设置

（1）SSID 号：标识无线网络的网络名称。最大支持 32 个字符。

（2）信道：用于确定本网络工作的频率段，选择范围从 1 到 13。如果选择“自动”，设备将根据当前各个频段的信号强度，选择干扰较小的频率段。

（3）模式：选择路由器的工作模式，推荐保持默认设置。选择不同的无线模式，无线路由器将选择不同的传输模式，如果所有与无线路由器连接的无线设备都使用同一种传输模式（如 802.11b），可以选择 only 模式（如 11b only），否则需要选择 mixed 模式。

（4）频段带宽：选择要使用的频段带宽，推荐保持默认设置。

（5）开启无线功能：若要启用路由器的无线功能，请勾选此项。

（6）开启 SSID 广播：开启后无线工作站点将可以通过搜索无线 SSID 来发现本路由器。

常用的 IEEE 802.11b/g 工作在 2.4 ~ 2.4835 GHz 频段，这些频段被分为 11 或 13 个信道。当在无线 AP 无线信号覆盖范围内有两个以上的 AP 时，需要为每个 AP 设定不同的频段，以免共用信道发生冲突。而很多用户使用的无线设备的默认设置都是 Channel 为 1，当两个以上的这样的无线 AP 设备相“遇”时，冲突就在所难免。目前主流的无线协议都是由 IEEE（美国电气电工协会）所制定，在 IEEE 认定的 3 种无线标准 IEEE 802.11b、IEEE 802.11g、IEEE 802.11a 中，其信道数是有差别的。

1. IEEE 802.11b

采用 2.4 GHz 频带，调制方法采用补偿码键控（CKK），共有“3”个不重叠的传输信道。传输速率能够从 11 Mb/s 自动降到 5.5 Mb/s，或者根据直接序列扩频技术调整到 2 Mb/s 和 1 Mb/s，以保证设备正常运行与稳定。

2. IEEE 802.11a

扩充了标准的物理层，规定该层使用 5 GHz 的频带。该标准采用 OFDM 调制技术，共有“12”个非重叠的传输信道，传输速率范围为 6 ~ 54 Mb/s。不过此标准与 IEEE 802.11b 标准并不兼容。支持该协议的无线 AP 及无线网卡，在市场上较少见。

3. IEEE 802.11g

该标准共有“3”个不重叠的传输信道。虽然同样运行于 2.4 GHz，但向下兼容 IEEE 802.11b，而由于使用了与 IEEE 802.11a 标准相同的调制方式 OFDM（正交频分），因而能使无线局域网达到 54 Mb/s 的数据传输率。

从上我们可以看出，无论是 IEEE 802.11b 还是 IEEE 802.11g 标准都只支持 3 个不重叠的传输信道信道，只有信道 1、6、11 或 13 是不冲突的，但使用信道 3 的设备会干扰 1 和 6，使用信道 9 的设备会干扰 6 和 13。

在 802.11b/g 情况下，可用信道在频率上都会重叠交错，导致网络覆盖的服务区只有 3 条非重叠的信道可以使用，结果这个服务区的用户只能共享这 3 条信道的数据带宽。这 3 条信道还会受到其他无线电信号源的干扰，因为 802.11b/g WLAN 标准采用了最常用的 2.4 GHz 无线电频段。而这个频段还被用于各种应用，如蓝牙无线连接、手机甚至微波炉，这些应用在这个频段产生的干扰可能会进一步限制 WLAN 用户的可用带宽。

而在同样是 54 Mb/s 的传输速率的 802.11g 与 802.11a 标准中，802.11a 在信道可用性方面更具优势。这是因为 802.11a 工作在更加宽松的 5 GHz 频段，拥有 12 条非重叠信道，而 802.11b/g 只有 11 条，并且只有 3 条是非重叠信道（Channel 1、Channel 6、Channel 11 或 Channel 13）。所以 802.11g 在协调邻近接入点的特性上不如 802.11a。由于 802.11a 的 12 条非重叠信道能给接入点提供更多的选择，它能有效降低各信道之间的冲突。

3.5.3　以太网（IEEE 802.3）

1. 发展历史

以太网是在 20 世纪 70 年代初期由 Xerox 公司 Palo Alto 研究中心推出的。

1979 年 Xerox、Intel 和 DEC 公司正式发布了 DIX 版本的以太网规范，1983 年 IEEE 802.3 标准正式发布。初期的以太网是基于同轴电缆的，到 20 世纪 80 年代末期基于双绞线的以太网完成了标准化工作，即我们常说的 10BASE-T。随着市场的推动，以太网的发展越来越迅速，应用也越来越广泛。下面简单列一下以太网的发展历程：

（1）20 世纪 70 年代初，以太网产生；

（2）1929 年，DEC、Intel、Xerox 成立联盟，推出 DIX 以太网规范；

（3）1980 年，IEEE 成立了 802.3 工作组；

（4）1983 年，第一个 IEEE 802.3 标准通过并正式发布；

（5）通过 20 世纪 80 年代的应用，10 Mb/s 以太网基本发展成熟；

（6）1990 年，基于双绞线介质的 10BASE-T 标准和 IEEE 802.1D 网桥标准发布；

（7）20 世纪 90 年代，LAN 交换机出现，逐步淘汰共享式网桥；

（8）1992 年，出现了 100 Mb/s 快速以太网；

（9）通过 100BASE-T 标准（IEEE 802.3u）；

（10）全双工以太网（IEEE 97）；

（11）千兆以太网开始迅速发展（96）；

（12）1 000 Mb/s 千兆以太网标准问世（IEEE 802.3z/ab）；

（13）IEEE 802.1Q 和 802.1P 标准出现（98）；

（14）10GE 以太网工作组成立（IEEE 802.3ae）。

2. CSMA/CD

以太网使用 CSMA/CD（Carrier Sense Multiple Access with Collision Detection，带有冲突监测的载波侦听多址访问）。我们可以将 CSMA/CD 比作一种文雅的交谈。在这种交谈方式中，如果有人想阐述观点，他应该先听听是否有其他人在说话（即载波侦听）。如果这时有人在说话，他应该耐心地等待，直到对方结束说话，然后他才可以开始发表意见。另外，有可能两个人在同一时间都想开始说话，那会出现什么样的情况呢？显然，如果两个人同时说话，这时很难辨别出每个人都在说什么。但是，在文雅的交谈方式中，当两个人同时开始说话时，双方都会发现他们在同一时间开始讲话（即冲突检测），这时说话立即终止。随机地过了一段时间后（回退），说话才开始。说话时，由第一个开始说话的人来对交谈进行控制，而第二个开始说话的人将不得不等待，直到第一个人说完，然后他才能开始说话。

除计算机以外，以太网的工作方式与上面的方式相同。首先，以太网网段上需要进行数据传送的节点对导线进行监听，这个过程称为 CSMA/CD 的载波侦听。如果这时有另外的节点正在传送数据，监听节点将不得不等待，直到传送节点的传送任务结束。如果某时恰好有两个工作站同时准备传送数据，以太网网段将发出“冲突”信号。这时，节点上所有的工作站都将检测到冲突信号，因为，这时导线上的电压超出了标准电压。冲突产生后，这两个节点都将立即发出拥塞信号，以确保每个工作站都检测到这时以太网上已产生冲突，导线上的带宽为 0 Mb/s。然后，网络进行恢复，在恢复的过程中，导线上将不传送数据。在这一过程中，不属于产生冲突的网段上的节点也要等到冲突结束后才能传送数据。当两个节点将拥塞信号传送完，并过了一段随机时间后，这两个节点便开始将信号恢复到零位。第一个达到零位的工作站将首先对导线进行监听，当它监听到没有任何信息在传输时，便开始传输数据。当第二个工作站恢复到零位后，也对导线进行监听，当监听到第一个工作站已经开始传输数据后，就只好等待了。注意实际上，随机的时间是通过一种算法产生的，这种算法在 IEEE 802.3 标准 CSMA/CD 文档第 55 页可以找到。

在 CSMA/CD 方式下，在一个时间段，只有一个节点能够在导线上传送数据。如果其他节点想传送数据，必须等到正在传输的节点的数据传送结束后才能开始传输数据。以太网之所以称作共享介质就是因为节点共享同一根导线这一事实。

3. 冲突域和广播域

我们知道，当以太网发生冲突的时候，网络要进行恢复（即处于回退阶段），此时网络上将不能传送任何数据。因此，冲突的产生降低了以太网导线的带宽，而且这种情况是不可避免的。所以，当导线上的节点越来越多后，冲突的数量将会增加。在以太网网段上放置的最大的节点数将取决于传输在导线上的信息类型。显而易见的解决方法是限制以太网导线上的节点。这个过程通常称为物理分段。物理网段实际上是连接在同一导线上的所有工作站的集合，也就是说，和另一个节点有可能产生冲突的所有工作站被看作是同一个物理网段。经常描述物理网段的另一个词是冲突域，这两种说法指的是同一个意思。

由于各种各样的原因，网络操作系统（NOS）使用了广播。TCP/IP 使用广播从 IP 地址中解析 MAC 地址，还使用广播通过 RIP 协议进行宣告。因此，广播存在于所有的网络上，如果不对它们进行适当的维护和控制，它们便会充斥于整个网络，产生大量的网络通信。前面已经介绍过，广播的目标地址为 ffff.ffff.ffff，这个地址将使所有工作站处理该帧。因此，广播不仅消耗了带宽，限制了用户获取实际数据的带宽，而且也降低了用户工作站的处理效率。在这种情况下，所有能够接收其他广播的节点被划分为同一个逻辑网段，也称为广播域。一般来说，逻辑网段定义了第三层网络，如 IP 子网等。

4. 以太网的典型设备 HUB

在局域网（LAN-Local Area Network）中，每个工作站都通过某种传输介质连接到网络上。一般情况下，服务器不会有很多网络接口卡（NIC）。因此，不可能将所有的工作站都连接到服务器上。因此，局域网中会使用 HUB，这是网络中很常用的设备。HUB 是一种典型的采用以太网 CSMA/CD 机制的设备，其主要作用是：

（1）被用作网络设备的集中点；

（2）放大信号；

（3）无路径检测或交换。

从 HUB 的作用可以看出，HUB 对所连接的 LAN 只做信号的中继，工作在网络的物理层，连接在 HUB 上的所有物理设备相当于连接在同一根导线上，都处于同一个冲突域和广播域，如图 3-17 所示，为防止冲突在 CSMA/CD 的控制下数据流在同一时间内必须维持单向，即只能工作在半双工模式。因此，在网络设备很多的情况下，设备之间的冲突将会很严重，并且导致广播泛滥，严重影响网络地性能。

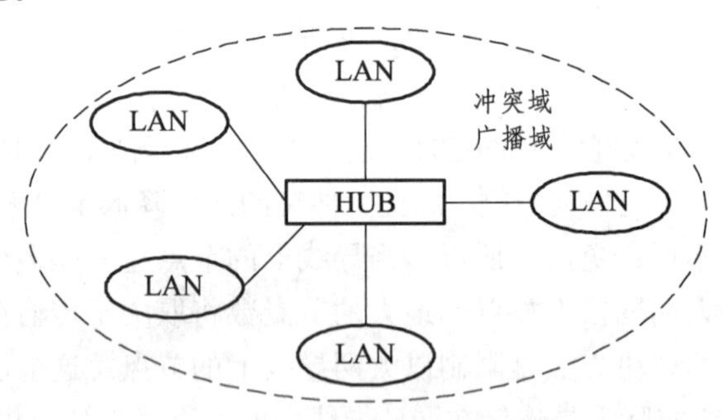

图 3-17 由 HUB 组成的网络

5. 以太网的技术标准

全双工的以太网，数据通过两种独立的路径传输和接收。只存在两个节点，可以在同一时间对信息进行双向传输，而不会发生冲突。支持全双工的网卡芯片 + 收发线路完全分离物理介质 + 点到点的连接（HUB 都是半双工的）。最大吞吐量达到双倍速率，从根本上解决了以太网的冲突问题，目前除 HUB 外几乎支持所有的以太网的设备。随着技术发展出现了标准以太网、快速以太网、千兆以太网和万兆以太网，接口类型和传输距离如表 3-7 所示。

表 3-7　以太网标准对比

网络类型	技术标准	线缆类型	传输距离
标准以太网	10Base5	AUI（DB12）接口电缆	500 m
	10Base2	便宜网路或细缆，是一个 10 Mb/s 基带以太网标准，其使用 50 Ω 的细同轴电缆	180 m
	10BaseT	EIA/TIA3、5 类非屏蔽双绞线（UTP）2 对	100 m
快速以太网	100BaseTX	EIA/TIA5 类非屏蔽双绞线（UTP）2 对	100 m
	100BaseT4	EIA/TIA3、4、5 类非屏蔽双绞线（UTP）4 对	100 m
	100BaseFX	多模光纤线缆（MMF）	550 ~ 2000 m
		单模光纤线缆（SMF）	2 ~ 15 km
千兆速以太网	1000BaseT	铜质 EIA/TIA5 类非屏蔽双绞线（UTP）4 对	100 m
	1000BaseCX	铜质 EIA/TIA5 类非屏蔽双绞线（UTP）2 对	25 m
	1000BaseSX	多模 50/62.5 μm 光纤，使用波长 850 nm 的激光	550/275 m
	1000BaseLX	单模 9 μm 光纤，使用波长为 1 310 nm 的激光	2 ~ 15 km
万兆速以太网	10GBaseCX4	4 对同轴电缆	15 m
	10GBase-SR	多模 50/62.5 μm 光纤，使用波长 850 nm 的激光	300 m
	10GBase-LR	单模光纤，使用波长为 1 310 nm 的激光	10 km
	10GBase-ER	单模光纤，使用波长为 1 550 nm 的激光	40 km

最常见的线缆接口为 RJ45 水晶头，100base tx rj45 接口是常用的以太网接口，支持 10 Mb/s 和 100 Mb/s 自适应的网络连接速度，网卡上及 HUB 上接口的外观为 8 芯母插座（RJ45），其外观和接口引脚定义如表 3-8 所示。

表 3-8　RJ45 接口定义

引脚	名称	功能描述	外观
1	TX+	Tranceive Data+（发信号+）	
2	TX-	Tranceive Data-（发信号-）	
3	RX+	Receive Data+（收信号+）	
4	n/c	Not connected（空脚）	
5	n/c	Not connected（空脚）	
6	RX-	Receive Data-（收信号-）	
7	n/c	Not connected（空脚）	
8	n/c	Not connected（空脚）	

6. 端口汇聚

端口汇聚（Link Aggregation），也称为端口捆绑、端口聚集或链路聚集。为交换机提供了端口捆绑的技术，允许两个交换机之间通过两个或多个端口并行连接同时传输数据以提供更高的带宽。端口汇聚是目前许多交换机支持的一个基本特性，其模型如图 3-18 所示，典型应用如图 3-19 所示。

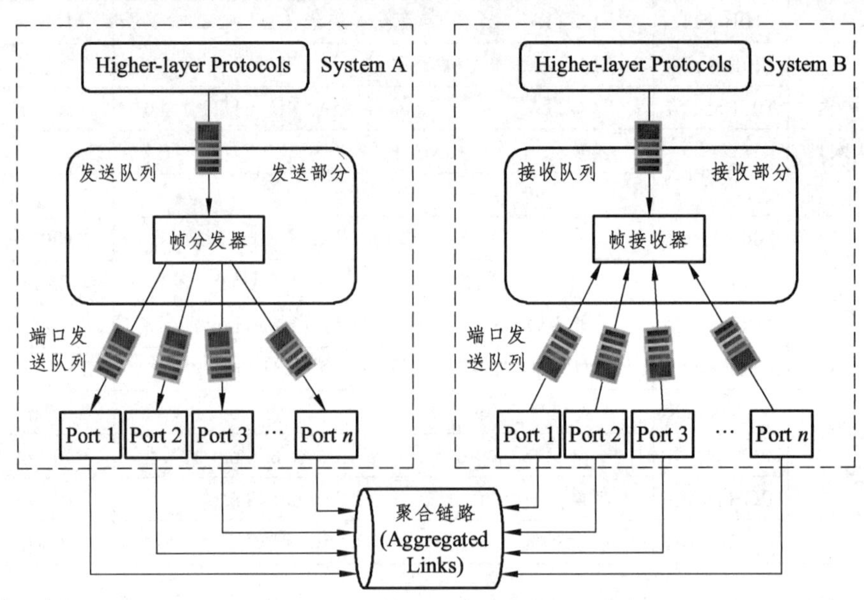

图 3-18 端口汇聚模型

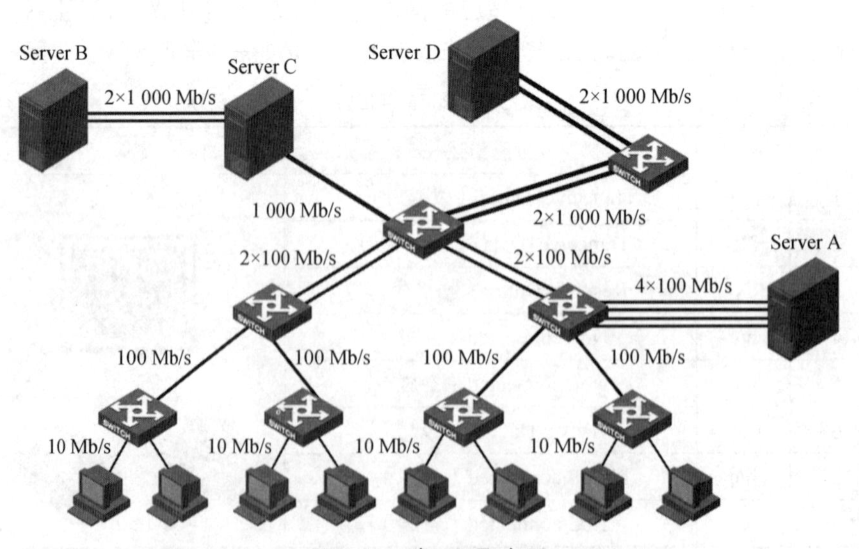

图 3-19 端口汇聚应用

3.6 Modbus

Modbus 是一种串行通信协议，是 Modicon 公司（现在的施耐德电气 Schneider Electric）于 1979 年为使用可编程逻辑控制器（PLC）通信而发表。Modbus 已经成为工业领域通信协议的业界标准（De facto），并且现在是工业电子设备之间常用的连接方式。Modbus 比其他通信协议使用的更广泛的主要原因有：

（1）公开发表并且无版权要求；

（2）易于部署和维护；

（3）对供应商来说，修改移动本地的比特或字节没有很多限制。

Modbus 允许多个（大约 240 个）设备连接在同一个网络上进行通信。举个例子，一个由测量温度和湿度的装置，并且将结果发送给计算机。在数据采集与监视控制系统（SCADA）中，Modbus 通常用来连接监控计算机和远程终端控制系统（RTU）。

Modbus 协议目前存在用于串口、以太网及其他支持互联网协议的网络的版本。大多数 Modbus 设备通信通过串口 EIA-485 物理层进行。对于串行连接，存在两个变种，它们在数值数据表示不同和协议细节上略有不同。Modbus RTU 是一种紧凑的，采用二进制表示数据的方式，Modbus ASCII 是一种人类可读的，冗长的表示方式。这两个变种都使用串行通信（Serial Communication）方式。RTU 格式后续的命令/数据带有循环冗余校验的校验和，而 ASCII 格式采用纵向冗余校验的校验和。被配置为 RTU 变种的节点不会和设置为 ASCII 变种的节点通信，反之亦然。对于通过 TCP/IP（如以太网）的连接，存在多个 Modbus/TCP 变种，这种方式不需要校验和计算。对于所有的这 3 种通信协议在数据模型和功能调用上都是相同的，只有封装方式是不同的。

3.6.1 ModbusRTU 模式

控制器以 RTU 模式在 Modbus 总线上进行通信时，信息中的每 8 位字节分成 2 个 4 位十六进制的字符，该模式的主要优点是在相同波特率下其传输的字符的密度高于 ASCII 模式，每个信息必须连续传输，RTU 模式中每个字节的格式：

（1）编码系统：8 位二进制，十六进制 0 ~ 9，A ~ F。

（2）数据位：1 起始位 8 位数据，低位先送奇/偶校验时 1 位；无奇偶校验时 0 位

停止位 1 位（带校验）；停止位 2 位（无校验）带校验时 1 位停止位；无校验时 2 位停止位。

（3）错误校验区：循环冗余校验（CRC）。

RTU 模式中，信息开始至少需要有 3.5 个字符的静止时间，依据使用的波特率，很容易计算这个静止的时间。可以使用的传输字符是十六进制的 0 ~ 9，A ~ F。网络设备不断侦测网络总线，包括停顿间隔时间内。当第一个域（地址域）接收到，每个设备都进行解码以判断是否发往自己的。在最后一个传输字符之后，一个至少 3.5 个字符时间的停顿标定了消息的结束。一个新的消息可在此停顿后开始。

整个消息帧必须作为一连续的流传输。如果在帧完成之前有超过 1.5 个字符时间的停顿时间，接收设备将刷新不完整的消息并假定下一字节是一个新消息的地址域。同样地，如果一个新消息在小于 3.5 个字符时间内接着前个消息开始，接收的设备将认为它是前一消息的延续。这将导致一个错误，因为在最后的 CRC 域的值不可能是正确的，一典型的消息帧如表 3-9 所示。

表 3-9 RTU 模式帧格式

开始	地址	功能	数据	校验	终止
T1-T2-T3-T4	8 Bit	8 Bit	N×8 Bit	16 Bit	T1-T2-T3T-4

3.6.2 Modbus ASCII 模式

使用 ASCII 模式，消息以冒号（：）字符（ASCII 3AH）开始，以回车换行符结束（ASCII 0DH，0AH）。其他域可以使用的传输字符是十六进制的 0 ~ 9，A ~ F。网络上的设备不断侦测“:”字符，当有一个冒号接收到时，每个设备都解码下个域（地址域）来判断是否发给自己的。消息中字符间发送的时间间隔最长不能超过 1 s，否则接收的设备将认为传输错误，一个典型消息帧如表 3-10 所示。

表 3-10 ASCII 模式帧格式

起始位	设备地址	功能代码	数据	LRC 校验	结束符
1 个字符 :	2 个字符	2 个字符	*n* 个字符	2 个字符	2 个字符

3.6.3 工作模式

Modbus 串行链路协议是一个主-从协议。在同一时刻，只有一个主节点连接与总线，一个或多个子节点（最大编号为 247）连接于同一串行总线。Modbus 通信由主节点发起，子节点在没有收到来自主节点的请求时，从不会发送数据。子节点之间互不通信，主节点在同一时刻只会发起一个 Modbus 事务处理。主节点以两种模式对子节点发送 Modbus 请求：广播、单播，其处理流程分别如图 3-20 和 3-21 所示。

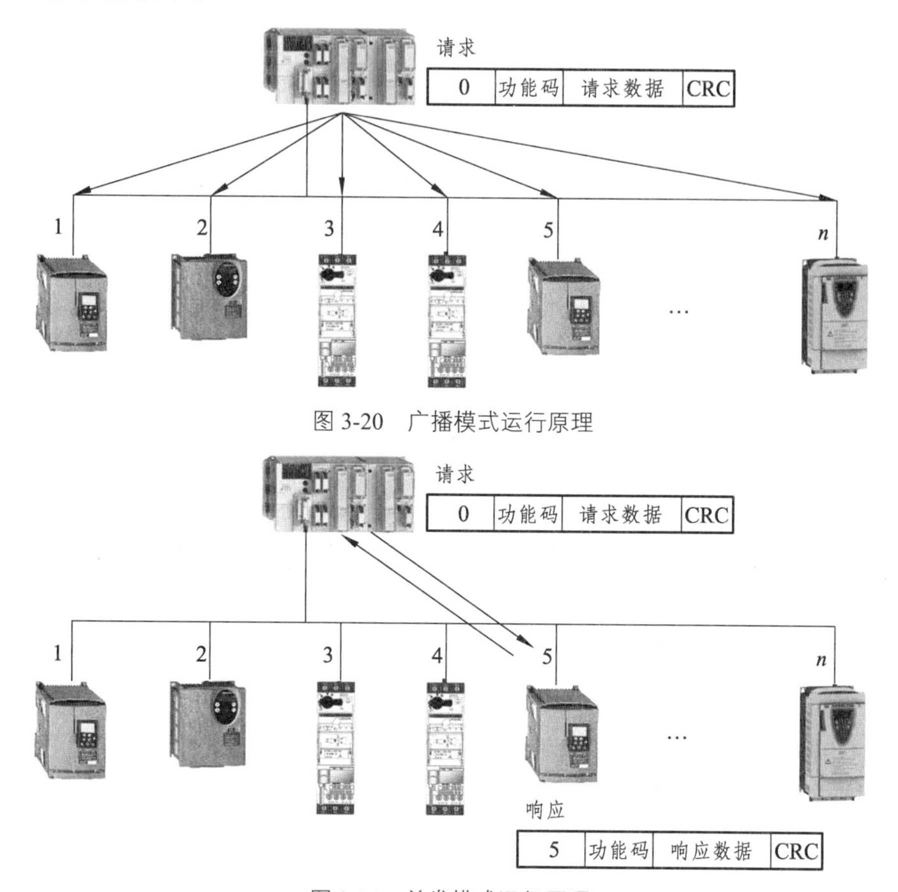

图 3-20　广播模式运行原理

图 3-21　单发模式运行原理

在图 3-20 的广播模式中，主站的请求地址为 0，从站无须响应。该模式主要用于写操作，用于对从站设备进行参数设置。在图 3-21 的单发模式中，请求地址可以是 1 ~ 247 中的任意一个，相应地，在从站中地址编号与请求地址相同的设备需要进行应答。

3.6.4　功能码

Modbus 协议定义了 4 种基本数据类型：可读写位数据、只读位数据、只读 16 位数据、可读写 16 位数据。这些数据分别被称为线圈状态、输入状态、输入寄存器、保持寄存器。Modbus 协议中定义的这些数据都是一个从地址 1 开始的数组，访问时需要指明从哪个地址开始访问，访问多少个数据。访问需要执行的操作由功能码确定，功能码的作用见表 3-11。

表 3-11 Modbus 功能码

功能码	名 称	作 用
01	读取线圈状态	取得一组逻辑线圈的当前状态（ON/OFF）
02	读取输入状态	取得一组开关输入的当前状态（ON/OFF）
03	读取保持寄存器	在一个或多个保持寄存器中取得当前的二进制值
04	读取输入寄存器	在一个或多个输入寄存器中取得当前的二进制值
05	强置单线圈	强置一个逻辑线圈的通断状态
06	预置单寄存器	把具体二进制值装入一个保持寄存器
07	读取异常状态	取得 8 个内部线圈的通断状态，这 8 个线圈的地址由控制器决定，用户逻辑可以将这些线圈定义，以说明从机状态，短报文适宜于迅速读取状态
08	回送诊断校验	把诊断校验报文送从机，以对通信处理进行评鉴
09	编程（只用 484）	使主机模拟编程器作用，修改 PC 从机逻辑
10	控询（只用 484）	可使主机与一台正在执行长程序任务从机通信，探询该从机是否已完成其操作任务，仅在含有功能码 9 的报文发送后，本功能码才发送
11	读取事件计数	可使主机发出单询问，并随即判定操作是否成功，尤其是该命令或其他应答产生通信错误时
12	读取通信事件记录	可是主机检索每台从机的 ModBus 事务处理通信事件记录。如果某项事务处理完成，记录会给出有关错误
13	编程（184/384 484 584）	可使主机模拟编程器功能修改 PC 从机逻辑
14	探询（184/384 484 584）	可使主机与正在执行任务的从机通信，定期控询该从机是否已完成其程序操作，仅在含有功能 13 的报文发送后，本功能码才得发送
15	强置多线圈	强置一串连续逻辑线圈的通断
16	预置多寄存器	把具体的二进制值装入一串连续的保持寄器
17	报告从机标识	可使主机判断编址从机的类型及该从机运行指示灯的状态
18	（884 和 MICRO 84）	可使主机模拟编程功能，修改 PC 状态逻辑
19	重置通信链路	发生非可修改错误后，是从机复位于已知状态，可重置顺序字节

续表

功能码	名　称	作　用
20	读取通用参数（584L）	显示扩展存储器文件中的数据信息
21	写入通用参数（584L）	把通用参数写入扩展存储文件，或修改之
22～64	保留作扩展功能备用	
65～72	保留以备用户功能所用	留作用户功能的扩展编码
73～119	非法功能	
120～127	保留	留作内部作用
128～255	保留	用于异常应答

1. 常用操作码

Modbus 协议相当复杂，但是常用的命令也就简单的几个，01，02，03，04，05，06，15，16 号命令，其功能和操作数据类型如表 3-12 所示。

表 3-12　Modbus 常用功能码及数据类型

代码	功　能	数据类型	是否支持广播
01	读线圈状态	位	否
02	读输入状态	位	否
03	读保持寄存器	16 位整型	否
04	读输入寄存器	16 位整型	否
05	写单线圈	位	是
06	写单寄存器	整 16 位整型	是
15	写多个线圈	位	是
16	写多个寄存器	整 16 位整型	是

2. 读线圈操作示例

“读取线圈状态”功能码 01 可以读取除输入元件之外的其他元件，如 Y、M、SM、S 等。其请求格式、相应格式及应用示例分别如表 3-13、3-14 和 3-15 所示。

表 3-13　01 功能码请求格式

功能码	1 BYTE	0X01
起始地址	2 BYTE	0X0000 TO 0XFFFF
读取数量	2 BYTE	1 TO 2000（0X7D0）

表 3-14　01 功能码响应格式

功能码	1　BYTE	0X01
字节计数	1　BYTE	*N*
线圈状态	*n*　BYTE	*n* =*N* or *N*+1

表 3-15　01 功能码应用示例

请　求		响　应	
域名称	数据（hex）	域名称	数据（hex）
功能码	01	功能码	01
起始地址高（字节）	00	字节计数	03
起始地址低（字节）	13	27～20 状态	CD
读取数量高（字节）	00	35～28 状态	6B
读取数量低（字节）	13	38～36 状态	05

在该例子中，主站请求读取 0013H（十进制 19）单元开始的连续 0013H（十进制 19）个线圈状态。从站从地址 20（起始地址 19+1）开始将连续 19 个单元（27～20、35～28 和 38～36 共 3 个字节）的状态数据（CD、6B 和 05）返回给主站。在第一个字节 CD 中线圈从左到右对应线圈 27～20，其二进制值为 11001101，表示线圈状态为 ON-ON-OFF-OFF-ON-ON-OFF-ON，其他线圈状态以此类推。

3. 读输入状态操作示例

"读输入状态"功能码 02 可以读取从机离散量输入信号的 ON/OFF 状态。其请求格式、相应格式及应用示例分别如表 3-16、3-17 和 3-18 所示。

表 3-16　02 功能码请求格式

功能码	1 BYTE	0X02
起始地址	2 BYTE	0X0000 TO 0XFFFF
读取数量	2 BYTE	1 TO 2000（0X7D0）

表 3-17　02 功能码响应格式

功能码	1　BYTE	0X02
字节计数	1　BYTE	N
输入状态	n　BYTE	n =N or N+1

表 3-18　02 功能码应用示例

请　求		响　应	
域名称	数据（hex）	域名称	数据（hex）
功能码	02	功能码	02
起始地址高（字节）	00	字节计数	03
起始地址低（字节）	C4	204 ~ 197 状态	AC
读取数量高（字节）	00	212 ~ 205 状态	DB
读取数量低（字节）	16	218 ~ 213 状态	35

在该例子中，主站请求读取 00C4H（十进制 196）单元开始的连续 0016H（十进制 22）个输入元件状态。从站从地址 197（起始地址 196+1）开始将连续 22 个单元（204 ~ 197、212 ~ 205 和 218 ~ 213 共 3 个字节）的状态数据（AC、DB 和 35）返回给主站。在第一个字节 AC 中离散量从左到右对应 204 ~ 197，其二进制值为 10101100，表示线圈状态为 ON-OFF-ON-OFF-ON-ON-OFF-OFF，其他线圈状态以此类推。

4. 读保持寄存器操作示例

“读保持寄存器”功能码 03 可以读取从设备 1 个或者多个保持寄存器状态当前值。其请求格式、相应格式及应用示例分别如表 3-19、3-20 和 3-21 所示。

表 3-19　03 功能码请求格式

功能码	1 BYTE	0X03
起始地址	2 BYTE	0X0000 TO 0XFFFF
读取数量	2 BYTE	1 TO 125（0X7D）

表 3-20　03 功能码响应格式

功能码	1 BYTE	0X03
字节计数	1 BYTE	N×2
输入状态	N×2 BYTE	

表 3-21　03 功能码应用示例

请　求		响　应	
域名称	数据（hex）	域名称	数据（hex）
功能码	03	功能码	03
起始地址高（字节）	00	字节计数	06

续表

请　求		响　应	
域名称	数据（hex）	域名称	数据（hex）
起始地址低（字节）	6B	寄存器高（108）	02
读取数量高（字节）	00	寄存器低（108）	2B
读取数量低（字节）	03	寄存器高（109）	00
		寄存器低（109）	00
		寄存器高（110）	00
		寄存器低（110）	64

在该例子中，主站请求读取 006BH（十进制 107）单元开始的连续 0003H（十进制 3）个元件保持寄存器的值。从站从地址 108（起始地址 107+1）开始将连续 3 个单元（108 ~ 110 共 3 个字）的状态数据（022B、0000、和 0064）返回给主站。

5. 读输入寄存器操作示例

“读输入寄存器”功能码 04 可以读取从设备 1 个或者多个输入寄存器状态当前值。其请求格式、相应格式及应用示例分别如表 3-22、3-23 和 3-24 所示。

表 3-22　04 功能码请求格式

功能码	1 BYTE	0X04
起始地址	2 BYTE	0X0000 TO 0XFFFF
读取数量	2 BYTE	1 TO 125（0X7D）

表 3-23　04 功能码响应格式

功能码	1 BYTE	0X03
字节计数	1 BYTE	N×2
输入状态	N×2 BYTE	

表 3-24　04 功能码应用示例

请　求		响　应	
域名称	数据（hex）	域名称	数据（hex）
功能码	04	功能码	04
起始地址高（字节）	00	字节计数	02
起始地址低（字节）	08	输入寄存器高（9）	00
读取数量高（字节）	00	输入寄存器低（9）	0A
读取数量低（字节）	01		

在该例子中，主站请求读取起始地址为 0008H（十进制 8）单元开始的连续 0001H（十进制 1）个元件输入寄存器的值。从站从地址 9（起始地址 8+1）开始将单个 09H 单元的状态数据 000A 返回给主站。

6. 设置单个线圈操作示例

“设置单个线圈”功能码 05 强置单个线圈状态为 ON 或者 OFF，支持广播操作。FF00H 值请求线圈处于 ON 状态，0000H 值请求线圈处于 OFF 状态，其他值对线圈无效，不起作用。其请求格式、相应格式及应用示例分别如表 3-25、3-26 和 3-27 所示。

表 3-25　05 功能码请求格式

功能码	1 BYTE	0X05
设置地址	2 BYTE	0X0000 TO 0XFFFF
设置内容	2 BYTE	0x0000 OR 0XFF00

表 3-26　05 功能码响应格式

功能码	1 BYTE	0X05
设置地址	2 BYTE	0X0000 TO 0XFFFF
设置内容	2 BYTE	0x0000 OR 0XFF00

表 3-27　05 功能码应用示例（吸合 6 号继电器）

请　求		响　应	
域名称	数据（hex）	域名称	数据（hex）
功能码	05	功能码	05
设置地址高（字节）	00	设置地址高（字节）	00
设置地址低（字节）	05	设置地址低（字节）	05
设置内容高（字节）	FF	设置内容高（字节）	FF
设置内容低（字节）	00	设置内容低（字节）	00

在该例子中，主站请求吸合（FF00H 表示吸合）6（起始地址 0005H+1）号继电器线圈。从站设置成功后，返回 FF00H 给主站。

7. 设置单个保持寄存器操作示例

“设置单个寄存器”功能码 06 设置各个单个保持寄存器的值。其请求格式、相应格式及应用示例分别如表 3-28、3-29 和 3-30 所示。

表 3-28 06 功能码请求格式

功能码	1 BYTE	0X06
设置地址	2 BYTE	0X0000 TO 0XFFFF
设置内容	2 BYTE	0x0000 to 0XFF00

表 3-29 06 功能码响应格式

功能码	1 BYTE	0X06
设置地址	2 BYTE	0X0000 TO 0XFFFF
设置内容	2 BYTE	0x0000 to 0XFF00

表 3-30 06 功能码应用示例（设置 9 号保持寄存器内容为 25）

请求		响应	
域名称	数据（hex）	域名称	数据（hex）
功能码	06	功能码	06
设置地址高（字节）	00	设置地址高（字节）	00
设置地址低（字节）	08	设置地址低（字节）	08
设置内容高（字节）	00	设置内容高（字节）	00
设置内容低（字节）	19	设置内容低（字节）	19

在该例子中，主站请求设置 0009H（0008H+1）寄存器的值为 00019H。从站设置成功后，设置结果给主站。

8. 设置多个继电器操作示例

“设置多个继电器”功能码 15 设置多个继电器的状态。其请求格式、相应格式及应用示例分别如表 3-31、3-32 和 3-33 所示。

表 3-31 15 功能码请求格式

功能码	1 BYTE	0X0F
设置起始地址	2 BYTE	0X0000 TO 0XFFFF
设置长度	2 BYTE	0X0000 TO 0X7B0
字节计数	1 BYTE	*N*
设置内容	*N* BYTE	

表 3-32 15 功能码响应格式

功能码	1 BYTE	0X0F
设置起始地址	2 BYTE	0X0000 TO 0XFFFF
设置长度	2 BYTE	0X0000 TO 0X7B0

表 3-33　15 功能码应用示例

请　求		响　应	
域名称	数据（hex）	域名称	数据（hex）
功能码	0F	功能码	0F
设置地址高（字节）	00	设置地址高（字节）	00
设置地址低（字节）	13	设置地址低（字节）	13
设置数量高（字节）	00	设置数量高（字节）	00
设置数量低（字节）	0A	设置数量低（字节）	0A
字节计数	02		
设置内容高（字节）	CD		
设置内容低（字节）	01		

9. 设置多个保持寄存器操作示例

“设置多个保持寄存器”功能码 16 设置多个保持寄存器的值状态。其请求格式、相应格式及应用示例分别如表 3-34、3-35 和 3-36 所示。

表 3-34　16 功能码请求格式

功能码	1 BYTE	0X10
设置起始地址	2 BYTE	0X0000 TO 0XFFFF
设置长度	2 BYTE	0X0000 TO 0X7B0
字节计数	1 BYTE	$N\times2$
设置内容	$N\times2$ BYTE	

表 3-35　16 功能码响应格式

功能码	1 BYTE	0X10
设置起始地址	2 BYTE	0X0000 TO 0XFFFF
设置长度	2 BYTE	0X0000 TO 0X7B0

表 3-36　16 功能码应用示例

请　求		响　应	
域名称	数据（hex）	域名称	数据（hex）
功能码	10	功能码	0F
设置地址高（字节）	00	设置地址高（字节）	00

续表

请　求		响　应	
域名称	数据（hex）	域名称	数据（hex）
设置地址低（字节）	01	设置地址低（字节）	01
设置数量高（字节）	00	设置数量高（字节）	00
设置数量低（字节）	02	设置数量低（字节）	02
字节计数	04		
设置内容高（字节）	00		
设置内容低（字节）	0A		
设置内容高（字节）	01		
设置内容低（字节）	02		

3.7 TCP/IP

TCP/I 起源于 20 世纪 60 年代末美国政府资助的一个分组交换网络研究项目，到 20 世纪 90 年代已发展成为计算机之间最常应用的组网形式。它是一个真正的开放系统，因为协议族的定义及其多种实现可以不用花钱或花很少的钱就可以公开地得到。TCP/IP 一组不同层次上的多个协议的组合，通常被认为是一个四层协议系统，如图 3-22 所示。

应用层	Telnet、FTP和e-mail等
运输层	TCP和UDP
网络层	IP、ICMP和IGMP
链路层	设备驱动程序及接口卡

图 3-22　TCP/IP 协议族的四个层次

在 TCP/IP 协议族中还有很多不同层次的协议，常见的如图 3-23 所示，其中 TCP 和 IP 是最核心的代表协议。而 TCP 作为传输层控制协议，可以和各应用层协议（Modbus、HTTP、FTP 等）结合。

3.7.1 TCP 协议

尽管 TCP 和 UDP 都使用相同的网络层（IP），TCP 却向应用层提供与 UDP 完全不同的服务。TCP 提供一种面向连接的、可靠的字节流服务。TCP 数据被封装在一个 IP 数据报中，如图 3-24 所示，TCP 报文段包含 TCP 首部和 TCP 数据。TCP 头部如图 3-25 所示，如果不计任选字段，它通常是 20 个字节；TCP 数据段内容为来自上层的封装数据。

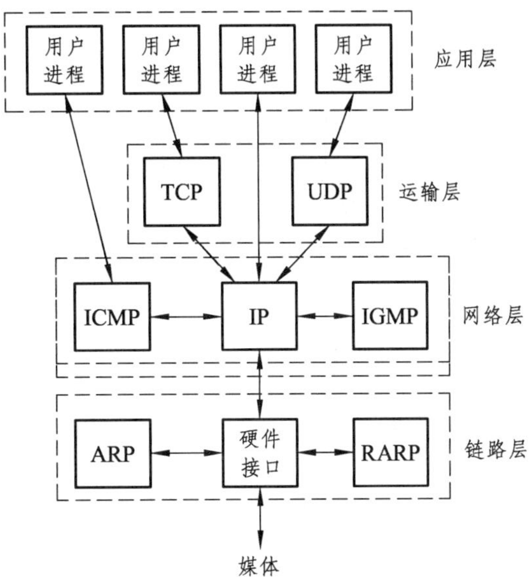

图 3-23　TCP/IP 协议族中不同层次的协议

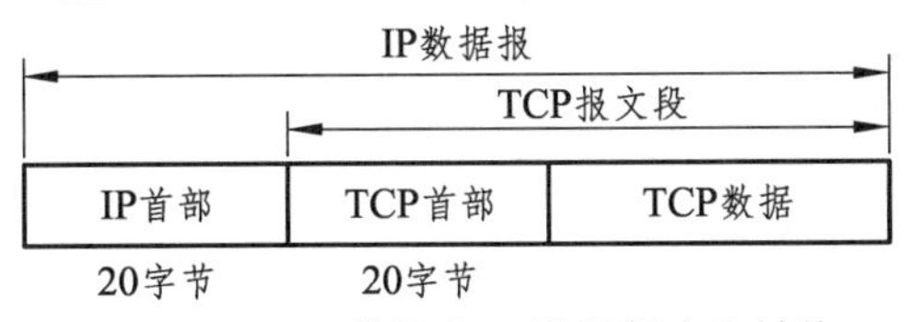

图 3-24　TCP 数据在 IP 数据报中的封装

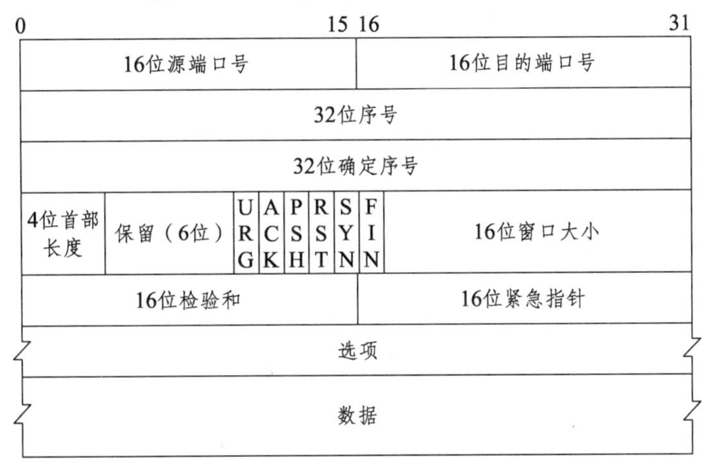

图 3-25　TCP 包首部

每个 TCP 段都包含源端和目的端的端口号，用于寻找发端和收端应用进程。这两个值加上 IP 首部中的源端 IP 地址和目的端 IP 地址唯一确定一个 TCP 连接。通常将一个 IP 地址和一个端口号也称为一个插口（Socket）。这个术语出现在最早的 TCP 规范（RFC793）中，后来它也作为表示伯克利版的编程接口（见 1.15 节）。插口对（Socketpair）（包含客户 IP 地址、客户端口号、服务器 IP 地址和服务器端口号的四元组）可唯一确定互联网络中每个 TCP 连接的双方。

序号用来标识从 TCP 发端向 TCP 收端发送的数据字节流，它表示在这个报文段中的第一个数据字节。如果将字节流看作在两个应用程序间的单向流动，则 TCP 用序号对每个字节进行计数。序号是 32bit 的无符号数，序号到达 $2^{32}-1$ 后又从 0 开始。

TCP 连接建立需要进行 3 次握手，而关闭连接需要 4 次握手，如图 3-26 所示，具体步骤如下：

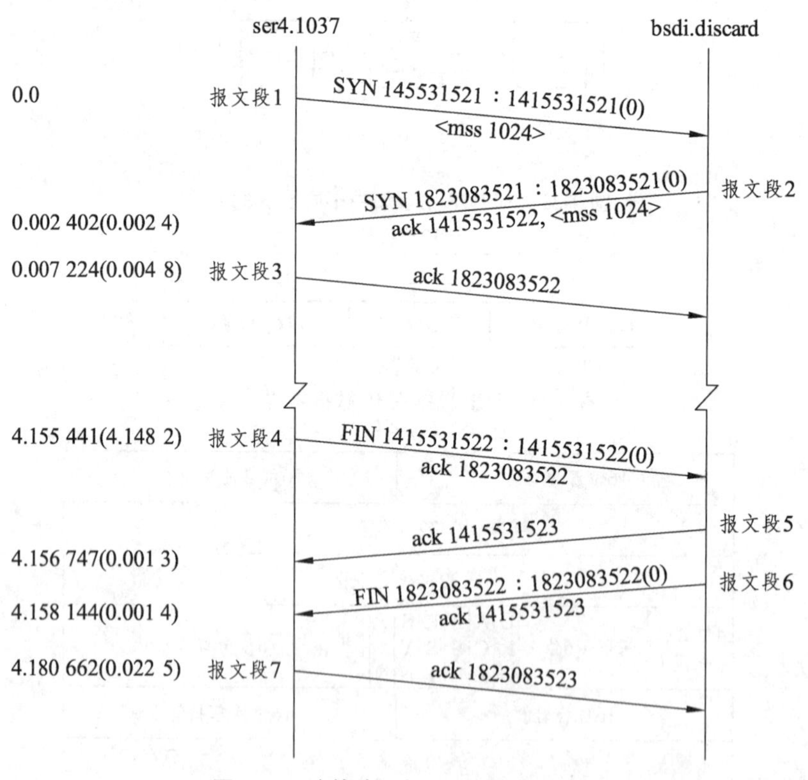

图 3-26　连接建立与终止的时间系列

（1）请求端（通常称为客户）发送一个 SYN 段指明客户打算连接的服务器的端口，以及初始序号（ISN，在这个例子中为 1415531521），这个 SYN 段为报文段 1。

（2）服务器发回包含服务器的初始序号的 SYN 报文段（报文段 2）作为应答。同时，将确认序号设置为客户的 ISN 加 1 以对客户的 SYN 报文段进行确认。一个 SYN 将占用一个序号。

（3）客户必须将确认序号设置为服务器的 ISN 加 1 以对服务器的 SYN 报文段进行确认（报文段 3）。

（4）TCP 客户端发送一个 FIN，用来关闭从客户到服务器的数据传送。当服务器收到这个 FIN，它发回一个 ACK，确认序号为收到的序号加 1（报文段 5）。

（5）和 SYN 一样，一个 FIN 将占用一个序号。同时 TCP 服务器还向应用程序（即丢弃服务器）传送一个文件结束符。接着这个服务器程序就关闭它的连接，导致它的 TCP 端发送一个 FIN（报文段 6），客户必须发回一个确认，并将确认序号设置为收到序号加 1（报文段 7）。

3.7.2　IP 协议

IP 是 TCP/IP 协议族中最为核心的协议。所有的 TCP、UDP、ICMP 及 IGMP 数据都以 IP 数据报格式传输（见图 3-24），IP 协议提供不可靠、无连接的数据报传送服务。

不可靠（Unreliable）的意思是它不能保证 IP 数据报能成功地到达目的地。IP 仅提供最好的传输服务。如果发生某种错误时，如某个路由器暂时用完了缓冲区，IP 有一个简单的错误处理算法：丢弃该数据报，然后发送 ICMP 消息报给信源端。任何要求的可靠性必须由上层来提供（如 TCP）。

无连接（Connectionless）这个术语的意思是 IP 并不维护任何关于后续数据报的状态信息，每个数据报的处理是相互独立的。这也说明，IP 数据报可以不按发送顺序接收。如果一信源向相同的信宿发送两个连续的数据报（先是 A，然后是 B），每个数据报都是独立地进行路由选择，可能选择不同的路线，因此 B 可能在 A 到达之前先到达。

IP 数据报的格式如图 3-27 所示，普通的 IP 首部长为 20 个字节，除非含有选项字段。4 个字节的 32 bit 值以下面的次序传输：首先是 0 ~ 7 bit，其次 8 ~ 15 bit，然后 16 ~ 23 bit，最后是 24 ~ 31 bit。这种传输次序称作 big endian 字节序。TCP/IP 首部中所有的二进制整数在网络中传输时都要求以这种次序，因此它又称作网络字节序。以其他形式存储二进制整数的机器，如 little endian 格式，则必须在传输数据之前把首部转换成网络字节序。目前的协议版本号是 4，因此 IP 有时也称作 IPv 4。

图 3-27　IP 数据报格式及首部中的各字段

在图 3-27 中，需要注意 TTL（Time-to-Live）生存时间字段设置了数据报可以经过的最多路由器数。它指定了数据报的生存时间。TTL 的初始值由源主机设置（通常为 32 或 64），一旦经过一个处理它的路由器，它的值就减去 1。当该字段的值为 0 时，数据报就被丢弃，并发送 ICMP 报文通知源主机。

3.8　电力规约

在建筑智能化集成监控和管理方面，随着对节能降耗要求的不断提高，需要对各种设备进行电能计量和分析，免不了与电力仪表和传感器打交道，就有必要掌握电力规约方面的知识。IEC 制定的电力规约主要有 IEC61970、IEC61968、IEC60870 和 IEC61850 等系列，其标准体系如图 3-28 所示。随着变电站自动化技术的飞速发展，现有的 IEC60870-5 系列标准也暴露出越来越多的问题，加上其开放性不能满足当今变电站自动化技术的要求。IEC TC-57 技术委员会又制定出了更具有开放性和互操作性的新一代变电站通信网络和系统协议 IEC-61850 标准，目前在我国电力系统中两种规约都有应用，其体系结构分别如图 3-29 和图 3-30 所示。

IEC 61870-5 共分为 5 篇，分别为：第一篇 60870-5-1 传输帧格式、第二篇 60870-5-2 链路传输规约、第三篇 60870-5-3 应用数据的一般结构、第四篇 60870-5-4 应用信息元素定义和编码、第五篇 60870-5-5 基本应用功能。其配套标准分别为：IEC60870-5-101 基本远动任务、IEC60870-5-102 电能累计量、IEC60870-5-103 继电保护信号和 IEC60870-5-104IEC60870-5-101 网络访问。

3.8.1　IEC 60870-5-101 规约

本规约遵循 DL/T 634.5101—2002/IEC 60870-5-101：2002 远动设备及系统第 5-101 部分：传输规约基本远动任务配套标准（简称新版 101 标准）。本规约采用 RS485 或 RS232 传输，波特率可调，默认出厂设置为 9 600，偶校验。

1. 术语解释

根据 DLT 634.5101—2002 远动设备及系统第 5-101 部分：传输规约基本远动任务配套标准，规约常用术语如表 3-37 所示。

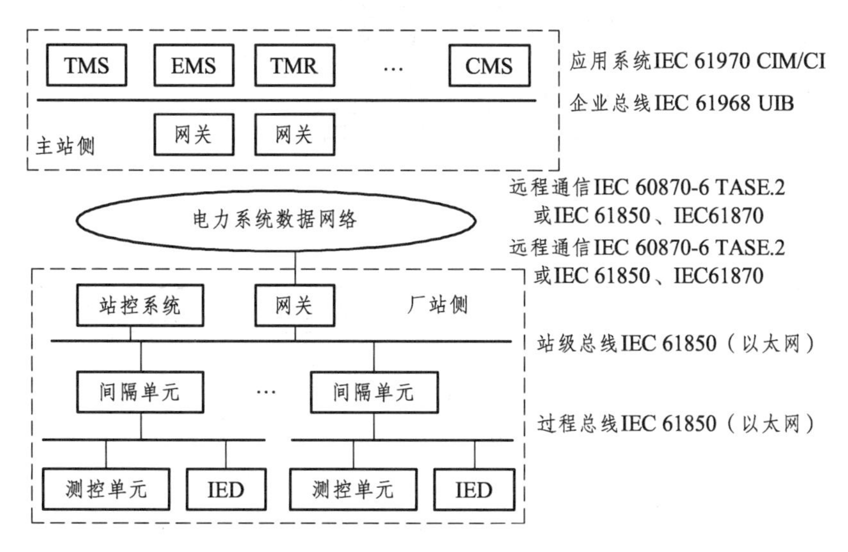

图 3-28　电力系统系列标准体系

<table>
<tr><td></td><td>-5-101体系</td><td>-5-102体系</td><td>-5-104体系</td></tr>
<tr><td rowspan="2">应用层</td><td>60870-5-101</td><td>60870-5-102</td><td>60870-5-104</td></tr>
<tr><td colspan="3">（基于IEC60870-5-3/4/5）</td></tr>
<tr><td>表示层</td><td rowspan="4">映射</td><td rowspan="4">映射</td><td rowspan="2">映射</td></tr>
<tr><td>会话层</td></tr>
<tr><td>传输层</td><td>RFC793TCP</td></tr>
<tr><td>网络层</td><td>RFC791IP</td></tr>
<tr><td rowspan="2">链路层</td><td>-5-101 FT2.1</td><td>-5-102 FT2.1</td><td>ISO8802.2.LLC1</td></tr>
<tr><td colspan="2">（基于IEC60870-5-1/2）</td><td>ISO8802.X MAC</td></tr>
<tr><td>物理层</td><td colspan="2">V.24/V.27, X.21, X.21 bits/s</td><td>通信介质</td></tr>
</table>

图 3-29　IEC60870-5 体系结构

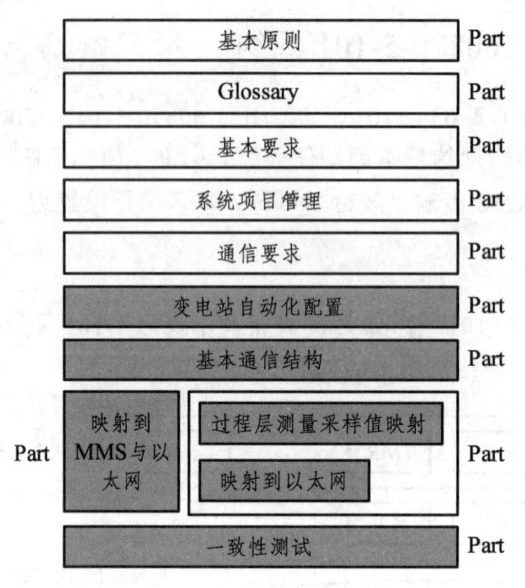

图 3-30　IEC61850 体系结构

表 3-37　101/104 规约术语

A	地址域
ACD	请求访问位
ASDU	应用服务数据单元（Application Server Data Unit）
BCR	二进制计数器读数
C	控制域
COI	初始化原因
CON	控制命令
COS	状态量变化
COT	传送原因（Cause of Transmission）
CP56Time2a	7 个字节二进制时间
CS	帧校验和
DIQ	带品质描述词的双点信息
DIR	传输方向位
DTU	站所终端
EPA	增强性能体系结构
FBP	固定测试图像
FC	链路功能码（Function Code）
FCB	帧计数位

续表

A	地址域
FCV	帧计数有效位
FTU	馈线终端
QRP	复位进程命令限定词
L	报文长度（Length）
NVA	归一化值
PI	参数特征标识
QCC	电能量命令限定词
QDS	品质描述词
QOC	命令限定词
QOI	召唤限定词
QRP	复位进程命令限定词
S/E	选择/执行（Select/Execute）
SCO	单点命令（Single Command）
SIQ	带品质描述词的单点信息
SOE	事件顺序记录（Sequence Of Event）
SQ	单个或者顺序（Single or Sequence）
SVA	标度化值
TI	类型标识（Type Identification）
VSQ	可变结构限定词（Variable Structure Qualifier）
SRQ	节准备就绪限定词
SCQ	选择和召唤文件限定词
LSQ	最后的节和段限定词
AFQ	文件或节认可限定词
NOF	文件名称
NOS	节名称
SOF	文件状态
QOS	设定命令限定词
COA	公共地址

2. 帧格式

本规约按平衡方式传输，帧按结构结构分为固定帧和可变帧，构成分为如

表3-38和表3-39所示。

表3-38 固定帧构成

字节序号	字节内容	说　明
0	启动字符（10H）	帧头字节
1	控制域（C）	控制字节（帧控制及描述）
2	链路地址域（A）	通信链路地址（1～65535），各线路唯一，由主站分配
3	帧校验和（CS）	
4	结束字符（16H）	从[控制域]到[链路地址（高）]数学代数和模
5	启动字符（10H）	帧尾字节
共6字节		

表3-39 可变帧构成

字节序号	字节内容	说　明
0	启动字符（68H）	帧头字节（开始）
1	长度（L）	帧长度，从[控制域]到[校验和]之前所有字节数
2	长度重复（L）	帧长度，重复
3	68H	帧头字节（结束）
4	控制域（C）	控制字节（帧控制及描述）
5	链路地址（低）	通信链路地址（1～65535），各线路唯一，由主站统一分配
6	链路地址（高）	
7	类型标识 TID	
8	可变限定词 QNUM	Bit7=1 表示连续数据（不用），b0～b6 为数据个数
9	传输原因 COT	
10	公共地址（低）	填链路地址
11	公共地址（高）	
12	记录地址 RAD	
……	数据信息 N 字节	信息体区，根据不同[类型标识]解析不同数据规模
12+N		
13+N	帧校验和（CS）	从[控制域]到[链路地址（高）]数学代数和模
13+N+1	结束字符（16H）	帧尾字节
共L+6字节		

在表3-39中，L 是包括控制域、地址域、用户数据区在内的字节数，控制域结构如表3-40所示。

表 3-40 控制域格式及含义

DIR D7	PRM D6	FCB/ACD D5	FCV/DFC D4	功能码 D3--D0
传输方向标识 0 主站→配电终端 1 配电终端→主站	启动报文位	帧计数位/要求方向位	帧计数有效位/数据流控制位	见表 3-41 和表 3-42

报文传输由主站向子站传送时各位含义如下：

传输方向位 DIR：DIR=0，表示报文是由主站向子站传输。

启动报文位 PRM：PRM=1，表示主站向子站传输，主站为启动站。

帧计数位 FCB：主站向同一个子站传输新一轮的发送/确认（Send/Confirm）或请求/响应（Request/Respond）传输服务时，将 FCB 位取相反值，主站为每一个子站保留一个帧计数位的拷贝（复制），若超时没有从子站收到所期望的报文，或接收出现差错，则主站不改变帧计数位（FCB）的状态，重复传送原报文，重复次数为 3 次。若主站正确收到子站报文，则该一轮的发送/确认（Send/Confirm）或请求/响应（Request/Respond）传输服务结束。复位命令的帧计数位常为 0，帧计数有效位 FCV=0。

帧计数有效位 FCV：FCV=0 表示帧计数位（FCB）的变化无效。FCV=1 表示帧计数位（FCB）的变化有效。发送/无回答服务、重传次数为 0 的报文、广播报文时不需考虑报文丢失和重复传输，无须改变帧计数位（FCB）的状态，因此这些帧的计数有效位常为 0。

报文传输由主站向子站传送时各位含义如下：

传输方向位 DIR：DIR=1 表示报文是由子站向主站传输。

启动报文位 PRM：PRM=0 表示子站向主站传输，子站为从动站。

要求访问位 ACD：ACD=1 表示子站希望向主站传输 1 级数据。

数据流控制（DFC）：DFC=0 表示子站可以继续接收数据。DFC=1 表示子站数据区已满，无法接收新数据。

主站向子站传输的功能码见表 3-41，子站向主站传输的功能码见表 3-42。

表 3-41　主站向子站传输的功能码

功能码序号	帧类型	业务功能	帧计数有效位状态 FCV
0	发送/确认帧	复位远方链路	0
1	发送/确认帧	复位远动终端的用户进程（撤销命令）	0
2	发送/确认帧	用于平衡式传输过程测试链路功能	—

续表

功能码序号	帧类型	业务功能	帧计数有效位状态 FCV
3	发送/确认帧	传送数据	1
4	发送/无回答帧	传送数据	0
5		备用	—
6，7		制造厂和用户协商后定义	—
8	请求/响应帧	响应帧应说明访问要求	0
9	请求/响应帧	召唤链路状态	0
10	请求/响应帧	召唤用户 1 级数据	1
11	请求/响应帧	召唤用户 2 级数据	1
12，13		备用	—
14，15		制造厂和用户协商后定义	—

表 3-42　子站向主站传输的功能码

功能码序号	帧类型	功　能
0	确认帧	确认
1	确认帧	链路忙、未接收报文
2～5		备用
6，7		制造厂和用户协商后定义
8	响应帧	以数据响应请求帧
9	响应帧	无所召唤的数据
10		备用
11	响应帧	以链路状态或访问请求回答请求帧
12		备用
13		制造厂和用户协商后定义
14		链路服务未工作
15		链路服务未完成

3. 通信流程

101 规约的主站与从站进行通信时，主站的工作流程是 MS（主站）　请求链路状态　复位远方链路　总召唤　时间同步　召唤 1 级用户数据　进行遥控　时间同步　召唤 2 级用户数据→召唤分组 YX→召唤分组 YC。

当从站接收到主站发送请求链路状态、链路复位请求帧后，链路复位成功并向主站发送链路复位确认帧。链路复位成功后，当收到主站召唤或对时请求时，从站回应确认帧或者数据帧，当从站有一级数据需要上传或数据缓冲区已满时，在回应帧的控制域中设置并返回给主站。当收到主站的请求链路状态帧或通道测试帧时，从站返回确认帧。当收到主站遥控请求后，从站将遥控处理信息返回给主站。

4. 通信案例

子站上电第一次建立连接后，上送初始化结束帧，见表 3-43。

表 3-43　上送初始化结束帧

命令	报文	解析
主站	10 49 01 4a 16	请求链路状态
主站	10 49 01 4a 16	请求链路状态
主站	10 49 01 4a 16	请求链路状态
子站	10 0b 01 0c 16	上送链路状态
主站	10 40 01 41 16	复位链路
子站	10 00 01 01 16	复位链路 ACK
主站	10 7b 01 7c 16	请求 2 级数据
子站	10 29 01 2a 16	子站有 1 级数据，ACD=1
主站	10 5a 01 5b 16	请求 1 级数据
子站	68 09 09 68 08 01 46 01 04 01 00 00 00 55 16	上送子站初始化结束，初始化原因：本地上电
主站	10 7b 01 7c 16	请求 2 级数据
子站	10 09 01 0a 16	子站无所请求数据（可以用单字节帧 E5 代替）
主站	10 5b 01 5c 16	请求 2 级数据
子站	10 09 01 0a 16	子站无所请求数据（可以用单字节帧 E5 代替）

主站复位命令，见表 3-44。

表 3-44　主站复位命令

命令	报　文	解　析
主站	68 09 09 68 73 01 69 01 06 01 00 00 02 e7 16	复位带时标数据

续表

命令	报　文	解　析
子站	10 20 01 21 16	子站有 1 级数据，ACD=1
主站	10 5a 01 5b 16	请求 1 级数据
子站	68 09 09 68 08 01 69 01 07 01 00 00 02 7d 16	复位时标确认
主站	10 7b 01 7c 16	请求 2 级数据
子站	10 09 01 0a 16	子站无所请求数据（可以用单字节帧 E5 代替）
主站	68 09 09 68 53 01 69 01 06 01 00 00 01 c6 16	总复位子站进程
子站	10 20 01 21 16	子站有 1 级数据，ACD=1
主站	10 7a 01 7b 16	请求 1 级数据
子站	68 09 09 68 28 01 69 01 07 01 00 00 01 9c 16	子站进程总复位确认
主站	10 5a 01 5b 16	主站请求 1 级数据，但是此时子站已经复位，因此无法响应
主站	10 5a 01 5b 16	
主站	10 5a 01 5b 16	
主站	10 5a 01 5b 16	
主站	10 49 01 4a 16	请求链路状态
子站	10 0b 01 0c 16	上送链路状态
主站	10 40 01 41 16	复位链路
子站	10 00 01 01 16	复位链路 ACK
主站	10 7b 01 7c 16	请求 2 级数据
子站	10 29 01 2a 16	子站有 1 级数据，ACD=1
主站	10 5a 01 5b 16	请求 1 级数据
子站	68 09 09 68 08 01 46 01 04 01 00 00 02 57 16	子站初始化结束，初始化原因：远方复位

站总召唤，见表 3-45。

表 3-45　站总召唤

命令	报　文	解　析
主站	68 09 09 68 73 01 64 01 06 01 00 00 14 f4 16	站总召唤命令
子站	10 20 01 21 16	子站有 1 级数据,ACD=1
主站	10 5a 01 5b 16	请求 1 级数据

续表

命令	报　文	解　析
子站	68 09 09 68 28 01 64 01 07 01 00 00 14 aa 16	站总召唤确认
主站	10 7a 01 7b 16	请求 1 级数据
子站	68 4c 4c 68 28 01 01 c4 14 01 01 00 00 00 00 00 00 00 00 00 00 00 00 00 00 00 00 00 00 00 00 00 00 00 00 00 00 00 00 00 00 00 00 00 00 00 00 00 00 00 00 00 00 00 00 00 00 00 00 00 00 00 00 00 00 00 00 00 00 00 00 00 00 00 00 00 00 00 00 00 00 00 00 01 00 00 05 16	单点遥信 响应站召唤 应用服务地址：1 信息体个数：68
主站	10 5a 01 5b 16	请求 1 级数据
子站	68 47 47 68 28 01 09 95 14 01 01 40 11 01 00 00 00 00 00 00 00 00 00 00 00 00 00 00 00 00 00 00 00 00 00 00 00 00 00 00 00 00 00 00 00 00 00 00 00 00 00 00 00 00 00 00 00 00 00 00 00 00 00 00 00 00 00 00 00 00 00 00 00 00 00 00 00 00 00 00 2f 16	规一化遥测 响应站召唤 应用服务地址：1 信息体个数：21
主站	10 7a 01 7b 16	请求 1 级数据
子站	68 18 18 68 28 01 05 88 14 01 01 66 0f 00 0f 00 0f 00 0f 00 0f 00 0f 00 0f 00 0f 00 aa 16	步位置 响应站召唤 应用服务地址：1 信息体个数：8
主站	10 5a 01 5b 16	请求 1 级数据
子站	68 09 09 68 08 01 64 01 0a 01 00 00 14 8d 16	站召唤 激活终止 应用服务地址：1 信息体个数：1
主站	10 7b 01 7c 16	请求 2 级数据
子站	68 18 18 68 08 01 05 88 02 01 01 66 0f 00 0f 00 0f 00 0f 00 0f 00 0f 00 0f 00 0f 00 78 16	步位置 背景扫描 应用服务地址：1 信息体个数：8
主站	10 5b 01 5c 16	请求 2 级数据
子站	10 09 01 0a 16	子站无所请求数据（可以用单字节帧 E5 代替）

分组召唤，见表 3-46。

表 3-46 分组召唤

命令	报 文	解 析
主站	68 09 09 68 53 01 64 01 06 01 00 00 15 d5 16	召唤第 1 分组数据
子站	10 20 01 21 16	子站有 1 级数据，ACD=1
主站	10 7a 01 7b 16	请求 1 级数据
子站	68 09 09 68 28 01 64 01 07 01 00 00 15 ab 16	召唤第 1 分组确认
主站	10 5a 01 5b 16	请求 1 级数据
子站	68 10 10 68 28 01 01 88 15 01 0a 00 00 00 00 00 00 00 00 00 d2 16	单点遥信 响应分组召唤：1 信息体个数：8
主站	10 7a 01 7b 16	请求 1 级数据
子站	68 09 09 68 08 01 64 01 0a 01 00 00 15 8e 16	召唤第 1 组数据结束
主站	68 09 09 68 53 01 64 01 06 01 00 00 1d dd 16	召唤第 9 分组数据
子站	10 20 01 21 16	子站有 1 级数据，ACD=1
主站	10 7a 01 7b 16	请求 1 级数据
子站	68 09 09 68 28 01 64 01 07 01 00 00 1d b3 16	召唤第 9 分组确认
主站	10 5a 01 5b 16	请求 1 级数据
子站	68 17 17 68 28 01 09 85 1d 01 01 40 11 01 00 00 00 00 00 00 00 00 00 00 00 00 00 28 16	规一化遥测 响应分组召唤：9 信息体个数：5
主站	10 7a 01 7b 16	请求 1 级数据
子站	68 09 09 68 08 01 64 01 0a 01 00 00 1d 96 16	召唤第 9 组数据结束
主站	10 5b 01 5c 16	请求 2 级数据
子站	10 09 01 0a 16	子站无所请求数据（可以用单字节帧 E5 代替）

3.8.2 IEC 104 规约

IEC 104 规约是把 IEC 101 的应用服务数据单元（ASDU）用网络规约 TCP/IP 进行传输的标准，该标准为远动信息的网络传输提供了通信规约依据。采用 104 规约组合 101 规约的 ASDU 的方式后，可很好地保证规约的标准化和通信的可靠性，该规约使用固定端口 2404 传输数据。

1. 应用规约数据单元结构 APDU

应用规约数据单元：APDU（Application Protocal Data Unit）。

应用规约控制信息：APCI（Application Protocal Control Information）。

应用服务数据单元：ASDU（Application Protocal Control Unit）。

APDU=APCI + ASDU。

应用规约数据单元 APDU（Application Protocal Data Unit）定义了启动字符、应用服务数据单元的长度规范、可传输一个完整的应用规约数据单元，其结构如图 3-31 所示。

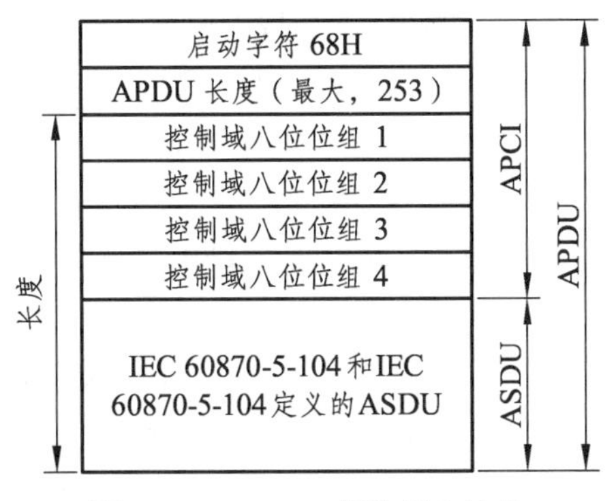

图 3-31　IEC 104 规约报文结构

在 APDU 中，启动字符 68H 定义了数据流内的起始点，应用规约数据单元的长度定义了 APDU 主体的长度；需要注意的是，IEC 60870-5-104 规定一个 APDU 报文（包括启动字符和长度标识）不能超过 255 个字节，因此 APDU 最大长度为 253（等于 255 减去启动和长度标识共两个 8 位位组），ASDU 的最大长度为 249，这个要求限制了一个 APDU 报文最多能发送 121 个不带品质描述的归一化测量值或 243 个不带时标的单点遥信信息，若 RTU 采集的信息量超过此数目，则必须分成多个 APDU 进行发送。

2. 应用规约控制信息

应用规约控制信息 APCI（Application Protocal Control Information）定义了保护报文不至于丢失和重复传送的控制信息，报文传输启动、停止，以及传输连接的监视等。104 定义了 I、S 和 U 三种类型的报文格式。

编号的信息传输格式——I 格式（见图 3-32），用作信息报文的传送，附带发送序列号和接收序列号，作为接收方对已发送报文的确认。

编号的监视功能格式——S 格式（见图 3-33），当本站长期没有信息帧发送时，向对方报告已收到信息帧序列号，作为接收方对发送方的确认。

不编号的控制功能格式——U 格式（见图 3-34），用于链路测试命令和确认，启动数据传送命令和确认，停止数据传送命令和确认。

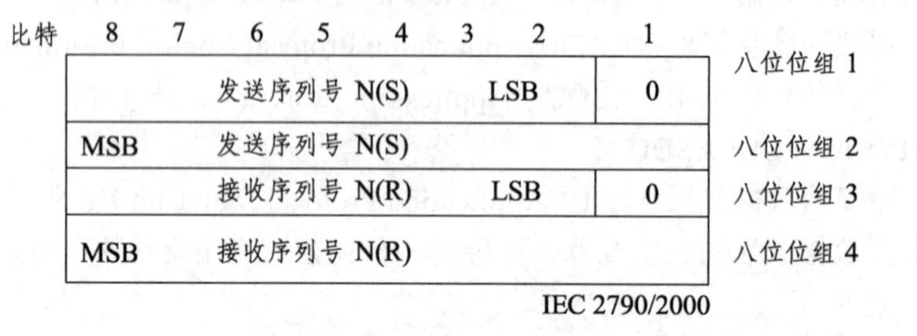

图 3-32 编号的信息传输格式（I 格式）的控制域

比特 8 7 6 5 4	3 2	1	
0	0	1	八位位组 1
0			八位位组 2
接收序列号 N(R) LSB		0	八位位组 3
MSB 接收序列号 N(R)			八位位组 4

IEC 2791/2000

图 3-33 编号的监视功能格式（S 格式）的控制域

比特 8	7	6	5	4	3	2	1	
TESTFR		STOPDT		STARTDT		1	1	八位位组 1
确认	生效	确认	生效	确认	生效			八位位组 2
0								
0							0	八位位组 3
0								八位位组 4

IEC 2792/2000

图 3-34 不编号的控制功能格式（U 格式）的控制域

3. 应用服务数据单元

ASDU（Application Protocal Control Unit）由数据单元标识符（见表 3-47）和一个或多个信息对象所组成。数据单元标识符在所有应用服务数据单元中常有相同的结构，一个应用服务数据单元中的信息对象常有相同的结构和类型，它们由类型标识域所定义，其报文结构如表 3-48 所示。

表 3-47 应用服务单元表文结构

报文类型标识	描 述	标识符
1	单点信息（遥信）	M_SP_NA_1

续表

报文类型标识	描述	标识符
3	双点信息（遥信）	M_DP_NA_1
9	测量值，规一化值（遥测）	M_ME_NA_1
13	测量值，标度化值（遥测）	M_ME_NB_1
30	带时标的单点信息（SOE 信息）	M_SP_TB_1
31	带时标的双点信息（SOE 信息）	M_DP_TB_1
100	总召唤命令	C_IC_NA_1

表 3-48　应用服务单元表文结构

字节内容	说　明
报文类型标识	一个字节
可变结构限定词	一个字节
传送原因	两个字节
公共地址	两个字节
信息体地址	三个字节
信息体元素	N

4. 报文举例

带长时标的单点遥信报文格式（I 格式）：

报文	68	15	1208	0624	1E	01	0300	0100	060000	01	08061506120807
解释	报文头	长度	发送序号	接收序号	单点SOE	信息数目	突发	公共地址	信息地址	合闸	2007 年 8 月 18 日 6 时 21 分 1 秒 544 毫秒

带长时标的标度遥测报文格式（I 格式）：

报文	68	17	1208	0624	23	01	0300	0100	064000	3114	00	08061506120807
解释	报文头	长度	发送序号	接收信号	长时标度化遥测值	信息数目	突发	公共地址	信息地址	遥测值	品质描述词	2007 年 8 月 18 日 6 时 21 分 1 秒 544 毫秒

S 格式报文：

报文	68	04	0100	1200
解释	报文头	长度	固定标志	接收序号

U 格式报文：

报文	68	04	0700	0000
解释	报文头	长度	开启命令	固定标志

4. 交互过程

当主站软件重新启动或链路故障时，主站将向子站发出建立链路的请求报文。当链路建立后，主站召唤一次全数据，随后定时召唤全数据，子站主动传送变化数据。主站收到数据帧后发送数据确认帧，如图 3-35 所示。

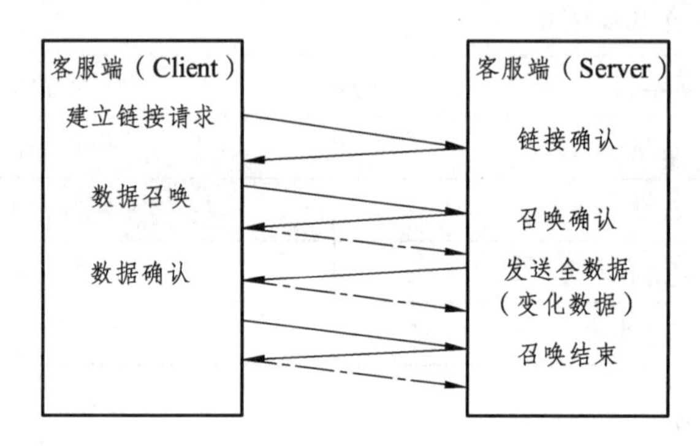

图 3-35 IEC 104 规约客户端和服务器交互过程

3.8.3 IEC 61850

根据 Q/GDW 383—2009 智能变电站技术导则的定义，智能变电站（见图 3-36）是指采用先进、可靠、集成、低碳、环保的智能设备，以全站信息数字化、通信平台网络化、信息共享标准化为基本要求，自动完成信息采集、测量、控制、保护、计量和监测等基本功能，并可根据需要支持电网实时自动控制、智能调节、在线分析决策、协同互动等高级功能的变电站。

因为 IEC 60870 规约解析复杂，不够直观，从而出现了和计算机通用信息技术更加贴近的新规约，报文解析更直观、便于分析。在变电综合自动化系统中，IEC 60870 还需要与其他规约配合使用，而 IEC61850 则适用性更加强、应用范围也比 IEC 60870 广泛。如图 3-36 所示，IEC 61850 过程层和站控层均可使用，该标准与我国电力标准 DL/T 860 对应，该标准常见名词如表 3-49 所示。

1. 信息模型

如图 3-37 所示，IEC 61850 协议结构按照通用网络传输协议设计，涵盖了 OSI 模型的七个层，而 101/103 规约则属于专用通信协议。其信息模型如图 3-38 所示，数字部分表示其在标准的目录编号。

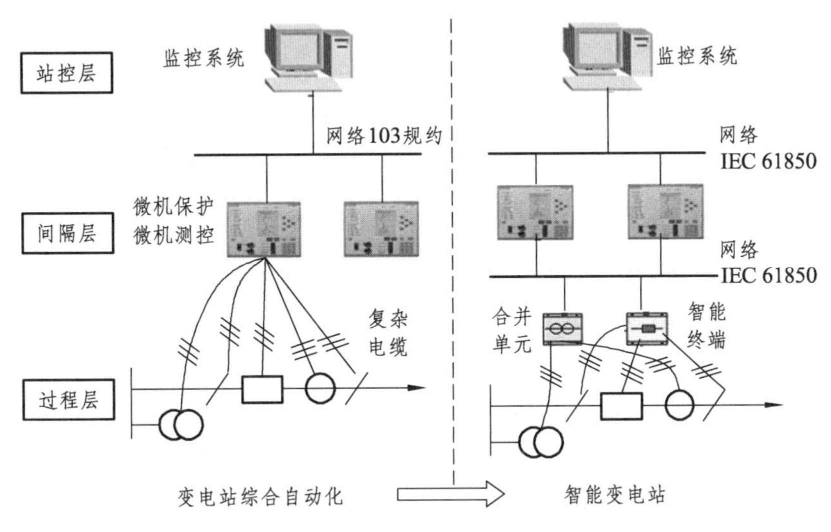

图 3-36　智能变电站信息监控

表 3-49　IEC61850 重要名词

名词	解　释
MMS	Manufacturing Message Specification 制造报文规范
GOOSE	Generic Object Oriented Substation Events 面向通用对象的变电站事件
SV	Sampled Value 采样值
LD	Logical-Device 逻辑设备，代表典型变电站功能集的实体
LN	Logical-Node 逻辑节点，代表典型变电站功能的实体
CDC	Common DataClass（DL/T860.73）公用数据类
Data	位于自动化设备中能够被读、写，有意义的结构化应用信息
DA	Data Attribute 数据属性，数据属性（IEC 61850-8-1）命名：LD/LNFCDO$DA
FC	Functional Constraint 功能约束
FCDA	Functionally Constrained Data Attribute 功能约束数据属性

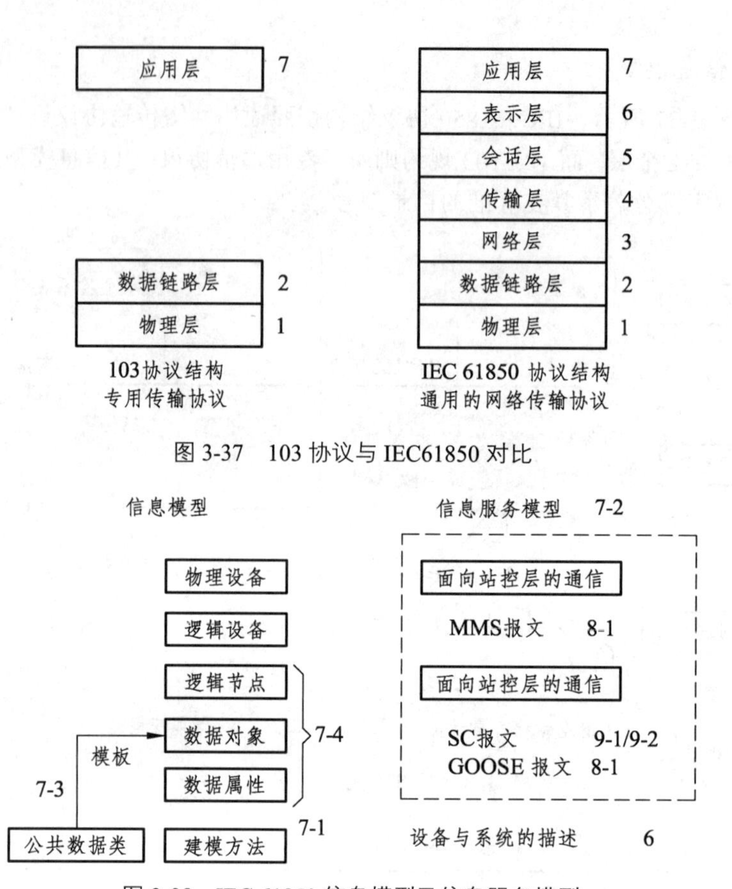

图 3-37　103 协议与 IEC61850 对比

图 3-38　IEC 61850 信息模型及信息服务模型

在图 3-38 中信息主要分为 SV、GOOSE 和 MMS 三种报文：SV 表示采样信息值，表示模拟量的值；GOOSE 为状态信息，表示开关量的值；MMS 表示保护动作信息/异常告警信息定值信息/录波信息等。

2. 数据编码及传输

IEC 61850 数据在各层传输时，在数据编码和传输部分，同样要添加报文头，有封装和解封的概念，如图 3-39 所示。在 IEC 61850 通信中，引用了包含 TCP、ICMP、IP、ARP 和 CSMA/CD 在内的 14 个通信协议。

图 3-40 所示为 IEC 61850 规约报文类型框架：其中 SV 表示采样值报文使用以太网组播方式；GOOSE 表示通用面向对象变电站事件报文使用以太网组播方式，其传输框架如表 3-50 所示。TimeSync 表示时间同步报文，使用 UDP 组播（广播）方式传送。MMS Protocol 表示核心的 ACSI 服务报文，采用 TCP/RFC 1006 方式传送。GSSE 表示通用变电站状态事件报文，使用自定义的 GSSE 传

输层，其传输框架如表 3-51 所示。

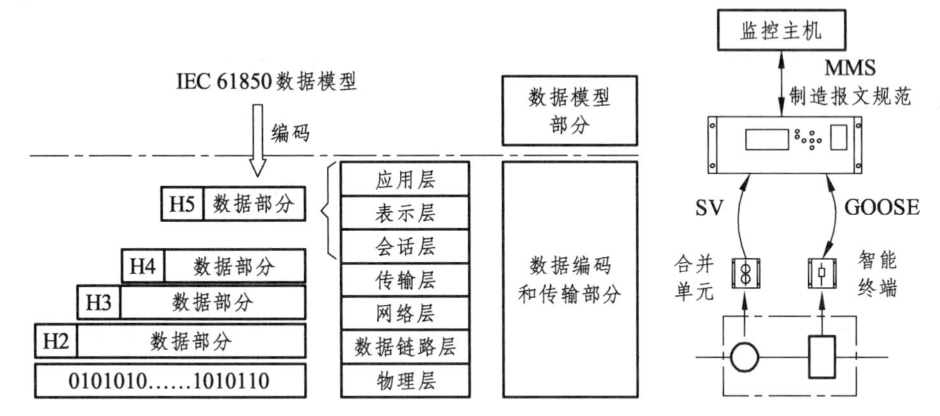

图 3-39　数据在网络协议中的表达和传递

在 IEC61850 规约中，备注栏目 M/O/C 的含义如下：M 是 Mandatory 的简写，表示必选项；O 是英文 Optional 的简写，表示可选；C 是英文 Conditional 的简写，表示条件选择；留空则表示不作要求。

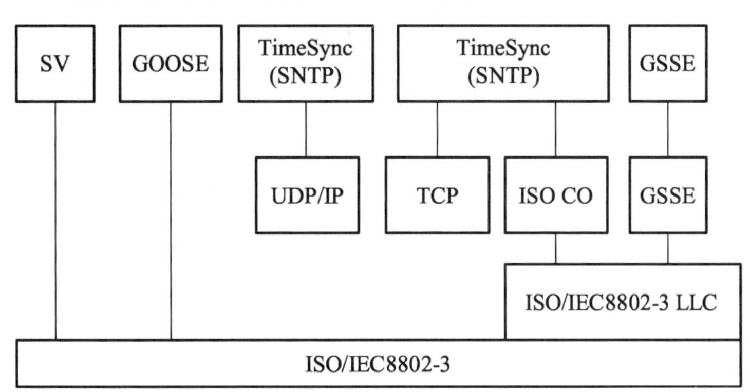

图 3-40　IEC61850 规约报文类型框架

表 3-50　GOOSE 传输层框架

OSI 模型分层	规　范			M/O/C
	名称	服务规范	协议规范	
传输层				
网络层				
数据链路层	优先级标志/虚拟局域网	IEEE 802.1Q m		
	载波侦听多路检测/碰撞检测（CSMA/CD）	ISO/IEC 8802-3:2001 m		

续表

OSI 模型分层	规　范		M/O/C
物理层（可选 1）	10/100 M 双绞线以太网	ISO/IEC 8802-3:2001	③
	用于 ISDN 基本接入接口的连接器①	ISO/IEC 8877:1992	
物理层（可选 2）	100 M 光纤以太网	ISO/IEC 8802-3:2001	
	基本光纤连接器②	IEC 60874-10-1 IEC 60874-10-2 IEC 60874-10-3	

注：① 这是用于 10M 双绞线连接器的规范。
② 这是用于 ST 连接器的规范。
③ 建议至少实现两种物理接口中的一种。可以使用附加或将来的技术。

表 3-51　GSSE 传输层框架

OSI 模型分层	规范			M/O/C
	名称	服务规范	协议规范	
传输层	无连接传输层	ISO/IEC 8072:1996	ISO/IEC 8602:1995	
网络层	无连接网络层	ISO/IEC 8348:2002	ISO/IEC 8473-1:1998 ISO/IEC 8473-2:1996	
	端系统到中间系统（ES/IS）	ISO 9542:1988		
数据链路层	逻辑链路控制	ISO/IEC 8802-2:1998		
	载波侦听多路检测/碰撞检测（CSMA/CD）	ISO/IEC 8802-3:2001 m		
物理层（可选 1）	10/100 M 双绞线以太网	ISO/IEC 8802-3:2002		③
	用于 ISDN 基本接入接口的连接器①	ISO/IEC 8877:1992		
物理层（可选 2）	100 M 光纤以太网	ISO/IEC 8802-3:2001		
	基本光纤连接器②	IEC 60874-10-1 IEC 60874-10-2 IEC 60874-10-3		

注：① 这是用于 10 M 双绞线连接器的规范。
② 这是用于 ST 连接器的规范。
③ 建议至少实现两种物理接口中的一种。可以使用附加或将来的技术。

GOOSE 提供了为快速的和可靠的数据系统-范围分配的可能性。基于自动分布的概念的 GOOSE 模型提供了一个高效的方法可以同时多路广播/广播传输一个报文和同一个 GOOSE 报文向多个 IED（智能电子装置）传输。

GOOSE 模型是基于 IED（智能电子装置）的输出（主要为状态信息）向对等（被登记 Enrolled）IEDS（智能电子装置）异步报告，对于 GOOSE 模型。输入/输出的数据是从报告 IED（智能电子装置）的方面来看的。

MMS（Manufactoring Message Specification）即制造报文规范，是 ISO/IEC 9506 标准所定义的一套用于工业控制系统的通信协议。MMS 是由 ISO TC 184 开发和维护的网络环境下计算机或 IED 之间交换实时数据和监控信息的一套独立的国际标准报文规范。它独立于应用和设备的开发者。

MMS 特点介绍如下：① 定义了交换报文的格式；② 结构化、层次化的数据表示方法可以表示任意复杂的数据结构 ASN.1 编码，可以适用于任意计算机环境定义了针对数据对象的服务和行为；③ 为用户提供了一个独立于所完成功能的通用通信环境。

3. GOOSE 报文定义

GOOSE 控制类别定义如表 3-52 所示。

表 3-52　GOOSE 控制类别

GOOSE 控制类别
属性名字
GeNam GooseEna SndgLD UserDatNam
Services: Actvate/Deactive (local services) GetGOOSEControlValue SetGOOSEControlValue

GeNam[GOOSE Control Name 面向系统-范围事件的通用对象（GOOSE）控制名字]，它唯一地识别在逻辑结点内的 GOOSE 控制。

GooseEna[Goose Enable 面向系统-范围事件的通用对象（GOOSE）使能]，这个属性指出如果 GOOSE 控制对象被实际地使能去报告 GOOSE 报文。如果被设置为 True（真），服务器将产生如 GOOSE 控制对象中所规定的报文。如果设置为 False（假），服务器将停止发出 GOOSE 报文。[注：此属性（GooseEna）在服务器运行后由服务器自动设置为 True（真）]

SndgLD（Name of Sending Logical Device 发送逻辑装置名字），它毫不含糊地识别发送逻辑装置。

UserDatNam（用户数据名字），被包含在 GOOSE 报文中的对象所定义的用户名字。

GOOSE 报文定义如表 3-53 所示。

表 3-53　GOOSE 报文定义

Attribute Name	Attribute Type	explanation
SendingIED	VisibleString	sending Intelligent electronic device
t	TimeStamp	time-stamp
seqNum	INTEGER	sequence number
stNUM	INTEGER	state number
usec	INTEGER	microsecond
userDat	(any)	user data

SendingIED（发送的智能电子装置），发送 IED 唯一地识别报告 GOOSE 报文的装置。

T（Time-Stamp 时标），和 GOOSE 报文有关的时标指用户数据最后的变化时间。默认值零指时标不可用。

SeqNum（顺序号），每发送一个报文，这个序号加一而且比特对偶不改变状态。如果报文包含了任何 GOOSE 比特对偶的状态变化，SeqNum（顺序号）复位为零。SeqNum（顺序号）计数达到 32 位的最大数复位为零。

StNUM（状态号），每次 IED（智能电子装置）发送已改变的信息，此顺序号加一。这样顺序号唯一地标记 GOOSE 事件。当达到最大计数复归为零。接收的 GOOSE 报文 StNUM（状态号）没有加一表示在接收的报文中没有状态变化。

Usec（微秒），任选项，微秒时间分辨率用于 GOOSE 报文最后的状态变化的“t”时间参数。量程从 0 到 999。如果没有采用，值为零。

UserDat（用户数据），包含在 GOOSE 报文中的用户定义的数据。

服务规范：激活和停止激活 GOOSE 报文传输服务，被用于当地激活/停止激活 GOOSE 报文传输服务。

GetGOOSEControlValue（读取 GOOSE 控制服务）：此服务将返送 GOOSE 控制属性值给客户。此服务为 GetDataObjectValues（读取数据对象值）的特例。

SetGOOSControlValue（设置 GOOSE 控制服务）：此服务将在服务器中设置

GOOSE 控制属性值。此服务为 SetDataObjectValues（设置数据对象值）的特例。

4. GSSE 报文定义

GSSE 控制块定义如表 3-54 所示，报文定义如表 3-55 所示。

表 3-54　GSSE 控制块定义

属性名	属性类型	解　释
GsCBName	ObjectName	GsCB 实例的实例名
GsCBRef	ObjectRef	GsCB 实例的路径名
GsEna	BOOLEAN	
AppID	VISIBLE String65	
DataLabel[1…n]	VISIBLE String65	
LSendData	Int16u	GSSE 报文数据
服务		

表 3-55　GSSE 报文定义

属性名	属性类型	解　释
AppID	Visual String65	GsCB 实例的值
T	EntryTime	时间 01/05/1987 10：09：00
SqNum	Int32	
StNum	Int32	
Test	BOOLEAN	
PhsID	Int16u	
GSSEData	GSSE 数据	

3.9　基于协议的集成案例

除了前述提及的一些协议，在工业控制领域现场总线控制系统也是基于不同协议进行的集成和控制。这些协议都是经过市场激烈竞争优胜劣汰留下来的，IEC 61158 第 4 版总共规定了 20 种现场总线。在众多的协议中，最有生命力的当属 Modbus 和 TCP/IP。

Modbus-IDA 是一个由独立的自动化设备用户和供应商构成的非营利性组织，他们以网络社区 Modbus-IDA.org 为基础，致力于推动 Modbus 通信协议在各个市场的广泛采用，并推动分布式自动化系统地址结构的发展。该组织对 Modbus/TCP 协议进行了升级，增加了数据的发布和订阅机制，也就是

Modbus/RTPS，该协议入选 IEC 61158（Type 15）。

3.9.1 Modbus/TCP 在智能防盗报警报警系统中的应用

该防盗报警系统的硬件构成如图 3-41 所示，系统选用 T910 1 台、腾控 HMI 人机界面 1 台、TP 102 1 台、紧急按钮 1 个、红外对射探测器 1 个、幕帘探测器 1 个、声光报警器 1 个。案例中探测器配置为简单设置，实际工程可根据需求进行配置和扩充，不同区域可通过 T910 控制器的网络接口进行集成。

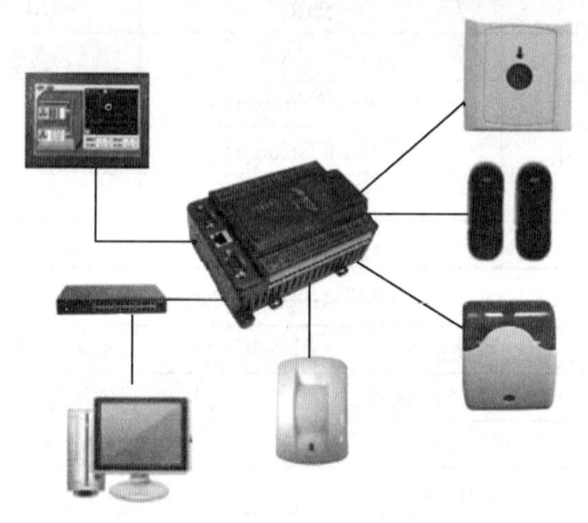

图 3-41　由 T910 构成的防盗报警系统连接示意图

T-910 可编程逻辑控制器是北京腾控科技有限公司 T-900 系列 PLC 其中一款产品，使用最大频率 72 MHz 的 ARM 工业级 CPU，外扩 32MB SDRAM 和 4MB FLASH，嵌入式操作系统，1 MB 用户程序存储区和 100 KB 用户数据存储区。可以通过以太网下载程序，另有 3 路 RS232/485 接口。T-910 集成 12 路 DI、8 路 DO、8 路 AI、2 路 AO、2 路高速脉冲计数、DC 24 V Vout 于一体。T910 支持 IEC 61131-3 标准，支持 Modbus TCP、RTU 协议、TCNET 协议、IEC 61870-5-104 协议。

主从站可以根据需要灵活配置，支持自由口编程通信。3 路串口+1 路以太网接口的通信配置，可以方便地连接上位机、PLC 及触摸屏等设备。I/O 口的配置，使它可以方便应用于中小型的给排水监控系统、中央空调系统、防盗报警系统、供配监控及消防联动等建筑自动化系统。

系统可进行设防和撤防，配合上位机可进行实时监控和报警历史数据查询。该系统的端口分配如表 3-56 所示，系统可以根据实际需要增加探测器和执行元件。如果系统自带的 I/O 口不够用，可以通过串口扩展。

表3-56　T910的端口分配表

输入端口		输出端口		通信口	
紧急按钮	I0.0	报警器	Q0.0	COM1	TP102
幕帘探测器	I0.1			网口	交换机
红外对射探测器	I0.2				

1. 上位机监控软件

T910内部程序主要完成报警检测和驱动声光报警器，系统在设防状态下，当任意一路检测器有输入时，声光报警器输出。它属于常规的逻辑判断应用，这里不再详述。

防盗报警系统一共有两套，通过局域网交换机连成一个网络，同时交换机还连接了供配电及照明系统、中央空调模拟系统的监控计算机、闭路电视监控系统的数字硬盘录像机，这些子系统通过力控组态软件的组态功能集成到了一体。

在与力控连接上，T910支持串口通信协议和TCP协议进行通信。这里选择TCP通信协议，通过以太网口和PLC进行数据交互。T910通过TCP协议与力控软件的连接主要经过以下几个步骤：

（1）在力控组态软件中添加I/O备：Modbusà，Modbus（TCP）标准。

（2）设置IP地址和端口号：IP地址可以根据需要进行配置，这里分别设为192.168.1.65和192.168.1.66，端口号统一设置为502。

（3）特殊功能配置：解决对32位数操作时的字节序问题，应调整为力控的解释顺序，这样才能保证监控的正确性。

连接完成后，就可以对设备进行数据连接，选择相应的设备，然后可以对变量和数据进行组态管理。

2. 与其他系统联动

防盗系统经常与闭路电视监控系统进行联动，闭路电视监控系统的主控设备DVR通过交换机与T910在相同的网段。DVR与力控组态软件的通信也采用TCP方式，连接上和T910类似，只是端口设置有根据DVR内部的网络配置进行调整。

闭路电视监控系统也有2套，DVR选用海康威视的DS7108H-S。在联动模式下当防盗报警系统有报警发生时，系统可以自动切换到该区域的监控画面。

3. Web管理功能的实现

通过力控组态将智能建筑各子系统连接后，可以在一个管理计算机上对供配电及照明、防盗报警等子系统进行统一的管理，防盗报警及视频监控的管理界面如图 3-42 所示。力控软件具有强大的功能，可以方便地进行本地组态和管理，系统灵活性强，维护和扩展非常方便，且具有 Web 管理的功能。

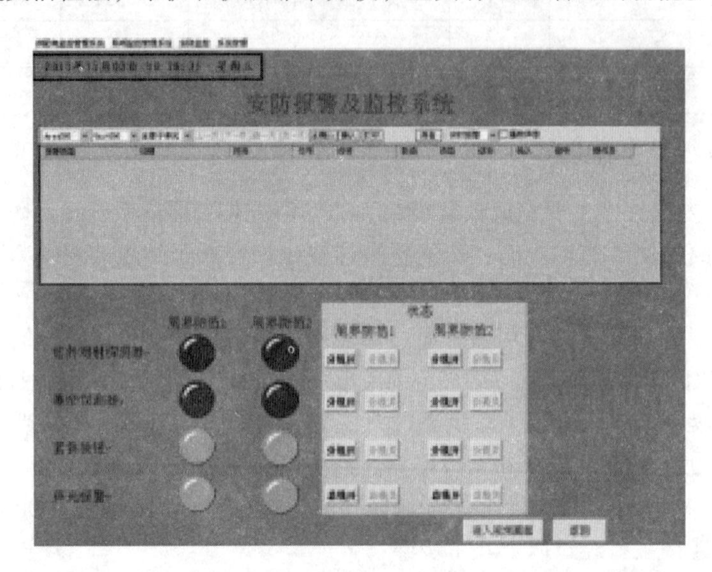

图 3-42　安防报警及视频监控系统管理画面

智能建筑综合管理系统的 Web 管理功能，是指可以通过 IE 网页浏览的方式来观看远端现场的监控画面、系统运行状况、查看各参数的实时数据和历史数据。并且可以进行一些基本的控制操作，例如：防盗报警系统的设防、撤防，闭路电视系统的录像、变焦、云台控制等。

目前 IBMS 的 Web 管理功能从实现方式上大致可以分为 3 类：① 可以进行 Web 组态的管理软件，如 WebAcess，具有强大的 Web 组态和管理功能；② 利用通用组态软件的 Web 发布功能，组态王、力控等软件都具有此功能；③ 直接开发基于 Web 的管理软件，比较流行采用 J2EE 平台进行开发可以跨操作系统的管理软件，该方式技术难度稍高，但应用前景好。

3.9.2　Modbus/TCP 在建筑环境监控中的应用

1. 系统构成

该系统由视频监控、环境数据检测（温湿度、PM2.5、CO_2、甲醛浓度）、电能表（电流、电压、功率、能耗）和水浸传感器等构成，如图 3-43 所示，详细设备清单如表 3-57 所示。

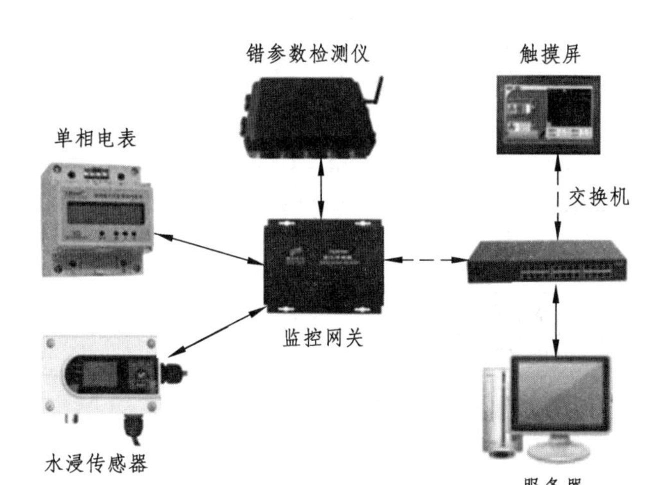

图 3-43　环境监控系统构成

表 3-57　环境监控系统设备清单

序号	设备名称	型　号	数量	备　注
1	网关	TG905P	1	必选
2	触摸屏	CMT3072	1	可选
3	水浸传感器	JS-DW-W1-30	2	
4	多参数检测仪	BM5011-DTU/3	1	
5	单相电表	DDSF1352-CDJ	1	

该系统支持标准 Modbus 协议，可通过 485 或者以太网来读取数据，485 遵循 Modbus RTU 协议格式，以太网遵从 Modbus_TCP/IP 协议格式，Modbus 地址如表 3-58 所示。

表 3-58　环境监控地址表

序号	变量名	数据格式	Modbus 地址
单相电表			
1	有功总电能	REAL	410001
2	电压	REAL	410003
3	电流	REAL	410005
4	有功功率	REAL	410007
5	无功功率	REAL	410009
6	视在功率	REAL	410011
7	功率因数	REAL	410013

续表

序号	变量名	数据格式	Modbus 地址
单相电表			
8	频率	REAL	410015
多参数检测仪			
1	CO_2 浓度	REAL	410021
2	PM2.5	REAL	410023
3	VOC 浓度	REAL	410025
4	温度	REAL	410027
5	湿度	REAL	410029
7	甲醛浓度	REAL	410033
点位水侵传感器			
1	泄漏位置	REAL	410035
点位水侵传感器			
1	泄漏位置	REAL	410037

2. Modbus/TCP 报文格式

Modbus 协议应用层的规定是一样的，在链路层分串行链路和以太网链路，体系构成如图 3-44 所示。该环境监控系统支持标准 Modbus 协议，可通过 485 或者以太网来读取数据，485 遵循 Modbus RTU 协议格式，以太网遵从 Modbus_TCP/IP 协议格式。

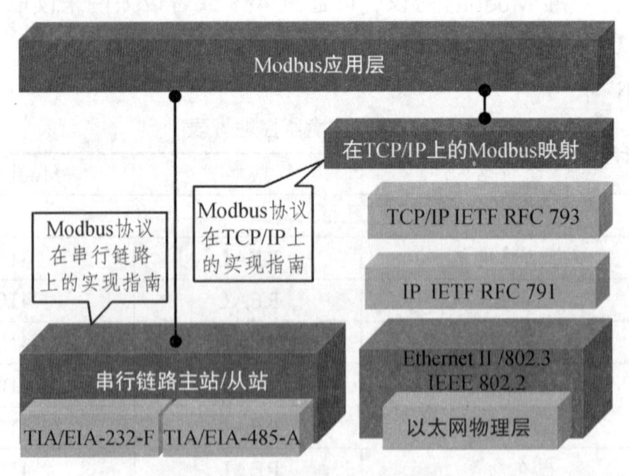

图 3-44 Modbus 协议体系

Modbus/TCP 报文格式由报文头（MBAP）和协议数据单元（PDU）构成，

其中 MBAP 由 7 个字节构成，详细含义如表 3-59 所示。PDU 按 Modbus 应用层规定，与串行链路相同。

表 3-59　MBAP 报文头构成

域	长　度	描述	客户端	服务器端
传输标志	2 字节	标志某个 Modbus 询问/应答的传输	由客户端生成	应答时复制该值
协议标志	2 字节	0=Modbus 协议 1=UNI-TE 协议	由客户端生成	应答时复制该值
长度	2 字节	后续字节计数	由客户端生成	应答时由服务器端重新生成
单元标志	1 字节	定义连接于目的节点的其他设备	由客户端生成	应答时复制该值

协议数据单元 PDU（Protocol Data Unit）由功能码和数据功能构成，共 5 个字节，具体如表 3-60 所示，该表中的 PDU 值表示从 0001H 寄存器单元开始，连续读取 6 个单元的数据。

表 3-60　PDU 的构成

功能码	起始地址高位	起始地址低位	数据长度高位	数据长度低位
03H	00H	01H	00H	06H

Modbus/TCP 协议统一使用 502 端口号，程序读取监控数据时需要先向从站建立 TCP 连接。然后向从站发送查询命令，即可将从站的所有环境数据读取出来，具体格式如表 3-61 所示。

表 3-61　环境监控系统读取报文示例

MBAP 报文头							协议数据单元 PDU				
传输标志 客户端生成		协议标志 Modbus 协议		长度 后续字节数		从站 ID	读寄 存器	从 0001 读		读 37 个单元	
00H	00H	00H	00H	00H	06H	01H	03H	00H	01H	00H	25H

3.9.3　基于协议集成的问题与不足

基于协议的集成系统，在规模较小时问题不大。但是随着系统规模增加，出现的协议种类会越来越多，集成的难度也随时提高。协议竞争给工程实施带来了很多技术壁垒，同时常规集成工程很多仍然采用的是集散控制系统的架构，也有的采用现场总线控制系统架构和混合架构。不论是哪一种架构，对移动端的支持都很有限。伴随着移动互联网的发展，移动端应用需求激增，已经超过了 PC 端，大有“一机在手，天下我有”的势头。

民用工业控制和消费电子设备结合的需求更是空前，特别是在建筑智能化领域，智能手机代替了很多设备，和传统技术结合产生了众多的创新应用案例。局域网本地监控已经无法满足需求，“本地服务” + “云服务器” + “移动端”构成的云监控、云计算、云服务、可移动控制的智能化系统是未来的大趋势。

第 4 章　基于平台的集成技术

标准之争历来残酷，背后则涉及各大集团的利益纷争和政治博弈。作为工业控制系统的现场总线标准的 IEC 61158，是由国际电工委员会 IEC SC65C“测量和控制的数字数据通信”分技术委员会的 WG6 工作组与美国仪表学会 ISA 下 SP50 工作组组织联合制定的，1984 年起草，1999 年最后一轮投票通过，长达 14 年之久。然后争论并未结束，在 2000 年发布的第 2 版中包含了 8 种协议，2007 年发布了第 4 版包含了 20 种协议，最终结果才让各方均比较满意。

而移动通信领域的 5G 标准之争因为有了中国的参加，几乎到了家喻户晓的地步。虽然在 3G、4G 时代，中国已经主导了 TD-SCDMA 和 TD-LTE 标准，但是在编码上还是没有发言权，3G、4G 的信道编码依旧采用 Turbo 码。在 5G 的标准中，世界各大阵营就信道编码标准展开了激烈竞争，以法国为代表的欧洲阵营支持 Turbo，以美国为代表的阵营支持 LDPC，中国也以 Polar 来抗衡。最后的结果 Turbo 完全出局，LDPC 成为数据信道编码，中国华为主导的 Polar 成为控制信道编码。这是中国在信道编码领域首次突破，体现了中国的实力，也为中国在 5G 标准中拥有更多话语权奠定了基础。

在建筑智能化领域的竞争并没有 5G 标准这么残酷，经过几十年的发展，BACnet 标准和 LonWorks 技术取得很大成功，随着对开放性要求的提升，出现了 OPC 和 OBIX 标准。本章在介绍 BACnet 和 LonWorks 技术基础上，重点介绍基于 OPC 的集成技术。

4.1　LonWorks 技术

LON（Local Operating Networks）总线是美国 Echelon（埃施朗）公司于 1991 年推出的局部操作网络，为集散式监控系统提供了很强的实现手段。在其支持下，诞生了新一代的智能化低成本的现场测控产品。为支持 LON 总线，Echelon 公司开发了 LonWorks 技术，它为 LON 总线设计、成品化提供了一套完整的开发平台。目前采用 LonWorks 技术的产品广泛地应用在工业、楼宇、家庭、能源等自动化领域，LON 总线成为当前最为流行的现场总线之一。

LonWorks 使用的开放式通信协议 LonTalk 为设备之间交换控制状态信息建

立了一个通用的标准。这样在 LonTalk 协议的协调下，以往那些孤立的系统和产品融为一体，形成一个网络控制系统。

LonTalk 协议最大的特点是对 OSI 的七层协议的支持，是直接面向对象的网络协议，这是以往的现场总线所不支持的。具体实现就采用网络变量这一形式。网络变量使节点之间的数据传递只是通过各个网络变量的互相连接便可完成。又由于硬件芯片的支持，实现了实时性和接口的直观、简洁的现场总线的应用要求。

神经元芯片（Neuron Chip）是 LonWorks 技术的核心，它不仅是 LON 总线的通信处理器，同时也可作为采集和控制的通用处理器，Lonworks 技术中所有关于网络的操作实际上都是通过它来完成的。

按照 LonWorks 标准网络变量来定义数据结构，也可以解决和不同厂家产品的互操作性问题。LonMark 是与 Echelon 公司无关的 LonWorks 用户标准化组织，按照 LonMark 规范设计的 LonWorks 产品，均可非常容易地集成在一起，用户不必为网络日后的维护和扩展费用担心。

4.1.1 Lonworks 技术概述及系统结构

LON 现场控制网络包括现场控制节点——这些节点可以是直接采用神经元芯片作为通信处理器和测控处理器，也可以是基于神经元芯片的 Host Base 节点、通信介质和通信协议。LonWorks 技术是集成这样一个 LON 网络的完整的开发平台。LonWorks 技术包括以下几个组成部分：

（1）LonWorks 节点和路由器；

（2）LonTalk 协议；

（3）LonWorks 收发器；

（4）LonWorks 网络和节点开发工具。

1. LonWorks 节点

一个典型的现场控制节点主要包含以下几部分功能块：应用 CPU、I/O 处理单元、通信处理器、收发器和电源。神经元芯片是一组复杂的 VLSI 器件，通过独具特色的硬件、固件相结合的技术，使一个神经元芯片几乎包含一个现场节点的大部分功能块，因此一个神经元芯片加上收发器便可构成一个典型的现场控制节点，典型节点构成如图 4-1 所示。

所有节点通过 LonTalk 协议以总线方式构成分布式控制网络，典型的基于 LON 总线的集成系统如图 4-2 所示。

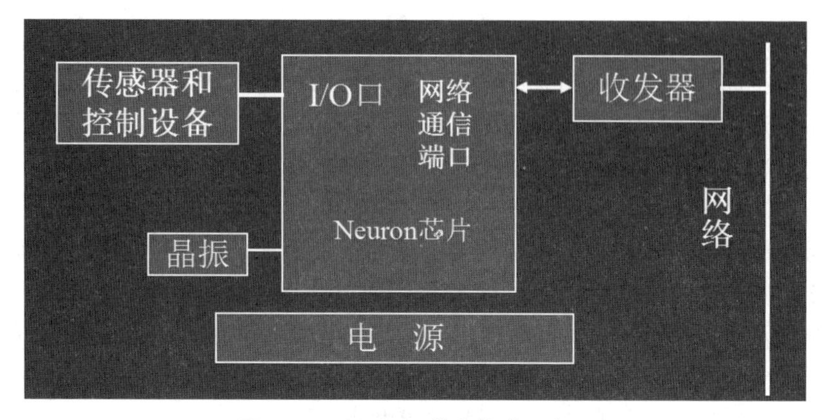

图 4-1　LonWorks 节点构成示意图

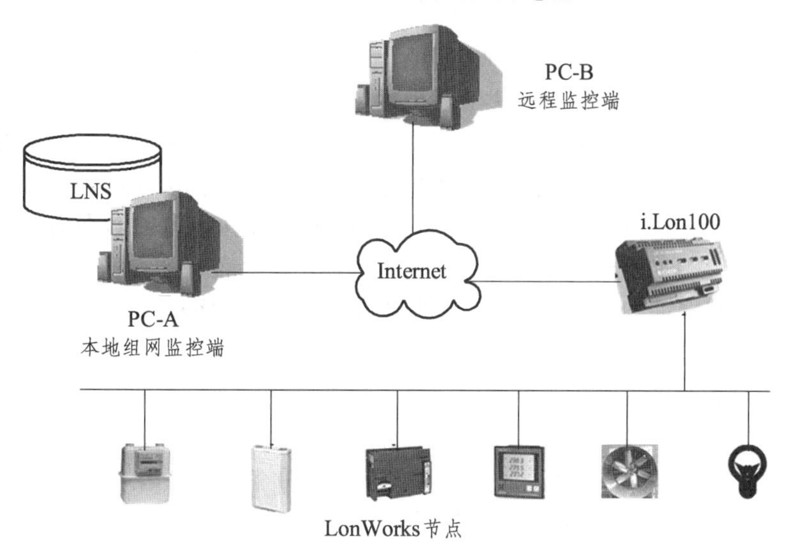

图 4-2　LonWorks 控制网络典型结构

2. 路由器

路由器在 LonWorks 技术中是一个主要的部分，这也是其他现场总线所不具备的，也正是由于路由器的使用，使 LON 总线突破传统的现场总线的限制——不受通信介质、通信距离、通信速率的限制。在 LonWorks 技术中，路由器包括中继器、桥接器和路由器。

3. 网络管理

在 LON 总线中，需要一个网络管理工具，这也是 LON 总线和其他总线所不同的地方。当单个节点建成以后，节点之间需要互相通信，这就需要一个网络工具为网络上的节点分配逻辑地址，同时也需要将每个节点的网络变量和显示报文连接起来；一旦网络系统建成正常运行后，还需对其进行维护。对一个网络系统还需要有上位机能够随时了解该网络的所有节点网络变量和显示报文的变化情况，网络管理的主要功能有以下三个方面：

（1）网络安装。

常规的现场控制网络系统，网络节点的连接通常采用直接互联，或者通过DIP开关来设定网络地址，而LON总线则通过动态分配网络地址，并通过网络变量和显示报文来进行设备间的通信。网络安装可通过Service Pin按钮或手动的方式设定设备的地址，然后将网络变量互联起来，并可以设置报文的四种方式：发送无响应、重复发送、应答和请求响应。

（2）网络维护。

网络安装只是在系统开始时进行的，而系统维护则在系统运行的始终。系统维护主要包括维护和修理两方面。维护主要是在系统正常运行的状况下，增加、删除设备及改变网络变量显示报文的内部连接。网络修理是一个错误设备的检测和替换的过程。检测过程能够查出设备出错是由于应用层的问题（例如，一个执行器由于电机出错而不能开闭），还是通信层的问题（如设备脱离网络）。由于采用动态分配网络地址的方式，使得替换出错设备非常容易，只需从数据库中提取旧设备的网络信息下载到新设备即可，而不必修改网络上的其他设备。

（3）网络监控。

应用设备只能得到本地的网络信息，也即网络传送给它的数据。然而在许多大型的控制设备中，往往有一个设备需要查看网络所有设备的信息。例如，在过程控制中需要一个超级用户，可以统观系统和各个设备的运行情况。因此，提供给用户一个系统级的检测和控制服务，用户可以在网上，甚至以远程的方式（如Internet）监控整个系统。通过节点、路由器和网络管理这三部分有机的结合就可以构成一个带有多介质、完整的网络系统。在一些资料中称LON不再是现场总线而是现场网络。

4. LON总线性能特点

拥有三个处理单元的神经元芯片（Neuron3120/3150 芯片）：一个用于链路层的控制，一个用于网络层的控制，还有一个用于用户的应用程序，还包含11个I/O口，这样在一个神经元芯片上就能完成网络和控制的功能；支持多种通信介质（双绞线、电力线、电源线、光纤、无线、红外等）和它们的互联；LonTalk是LON总线的通信协议，支持七层网络协议，提供了一个固化在神经元芯片的网络操作系统；提供给使用者一个完整的开发平台，这包含现场调试工具

LonBuilder、协议分析、网络开发语言 Neuron C 等；由于支持面向对象的编程（网络变量 NV），从而很容易实现网络的互操作。

4.1.2　LON 总线神经元芯片及收发器

1. 神经元芯片

LonWorks 技术的核心是神经元芯片，早期的神经元芯片主要包含 Neuron 3120 和 Neuron 3150 两大系列。Neuron 3150 支持外部存储器，适合更为复杂的应用。美国 Echelon（埃施朗）目前主推的神经元芯片已经升级，存储和处理能力都大大提升，Echelon 主流神经元芯片如表 4-1 所示。

表 4-1　Echelon 主流神经元内核片上资源

型号	指　标				
	CPU 个数	RAM	ROM	I/O 个数	外存
Neuron3120	3	2 KB	4 KB	12	不支持
Neuron3150	3	2 KB	0.5 KB	12	最大 58 KB
Neuron5000	3	64 KB	16 KB	12	42 KB
Neuron6050	4	64 KB	16 KB	12	256 KB

如图 4-3 所示，Neuron 6050 处理器内部包含了 4 个 CPU、64 KB RAM 和 16 KB ROM，和低端系列芯片相比，多出一个专门用于管理中断的 IRQ CPU。其主频提升到了 80 MHz，最大外部存储器支持到 256 KB。Neuron 6050 处理器在单个芯片上集成了硬件和软件的通信和控制功能，以便设计 LonTalk、LonTalk/IP 或 BACnet/IP 设备，可广泛应用于工业物联网系统（IIoT，Industrial Internet of Things）。

Neuron6050 系列具有很高的可塑性，开发者可以根据应用场景灵活配置进行创新设计。图 4-4 所示为芯片集成的通信协议，图 4-5 所示为典型为典型节点构成。

2. 收发器

神经元芯片无法独立使用，需要和收发器配合才能构成 LonWorks 节点，埃施朗目前主推的收发器芯片如表 4-2 所示。图 4-6 所示为采用 LPT11 收发器的系统构成框图。

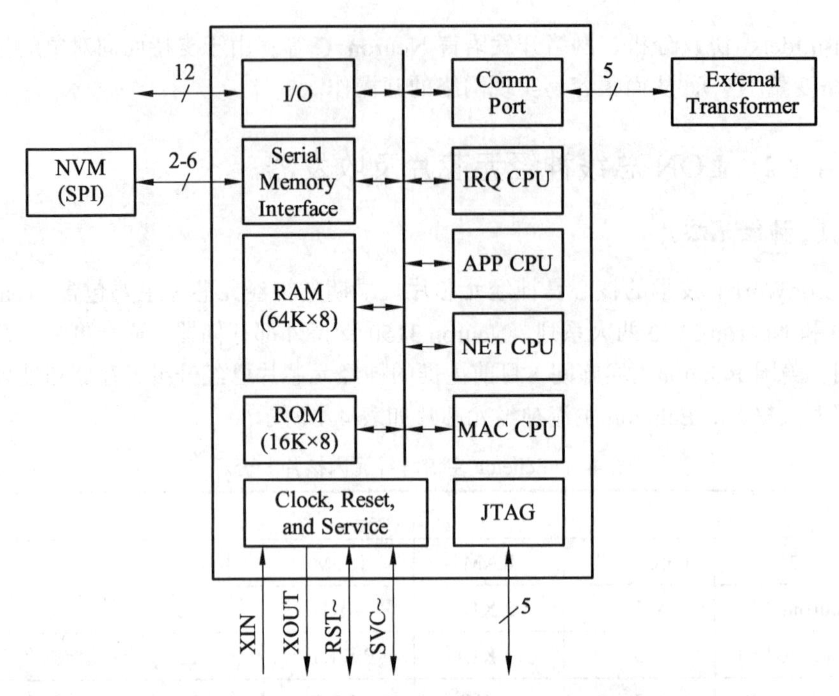

图 4-3 Neuron 6050xn 芯片内部结构框图

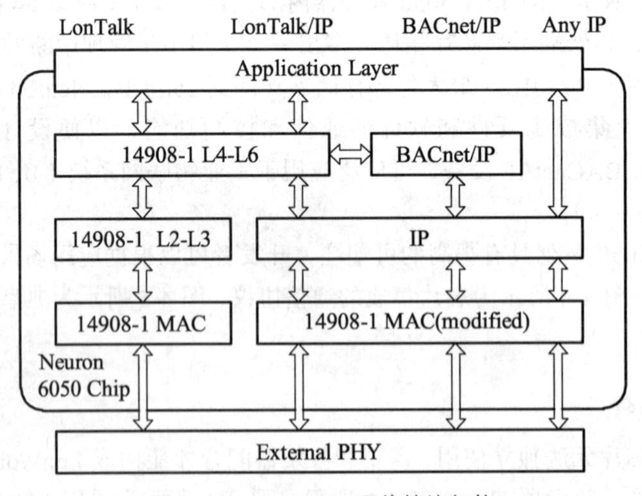

图 4-4 Neuron6050 通信协议架构

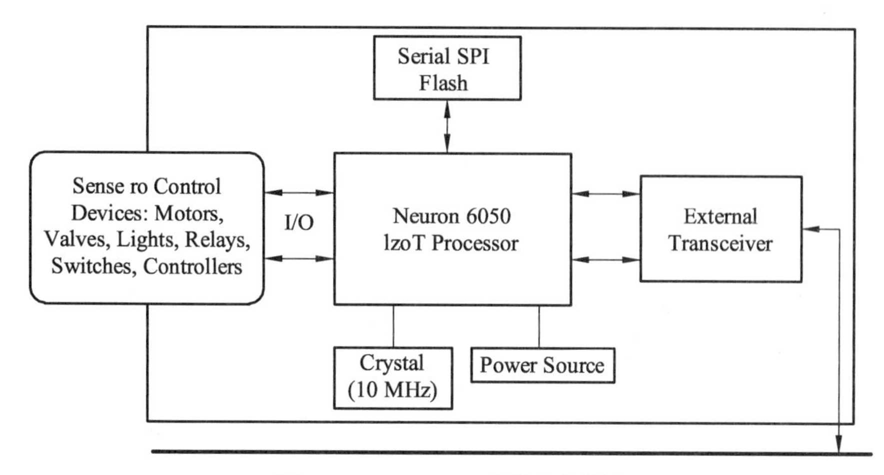

图 4-5　Neuron6050 典型节点设计

表 4-2　埃施朗主流收发器芯片

型号	指标				
	通信速率	拓扑	节点数	距离	实物图
TPT/XF-78	78 kb/ps	总线	64	1 400 m	
TPT/XF-1250	1.25 Mb/s	总线	64	130 m	
FTT-10/10A	78 kb/s	自由拓扑/总线	64	500/5 400 m	ECHELON FTT-10A 9614E01
LPT11	78 kb/s	自由拓扑/总线	128	500/2 200 m	

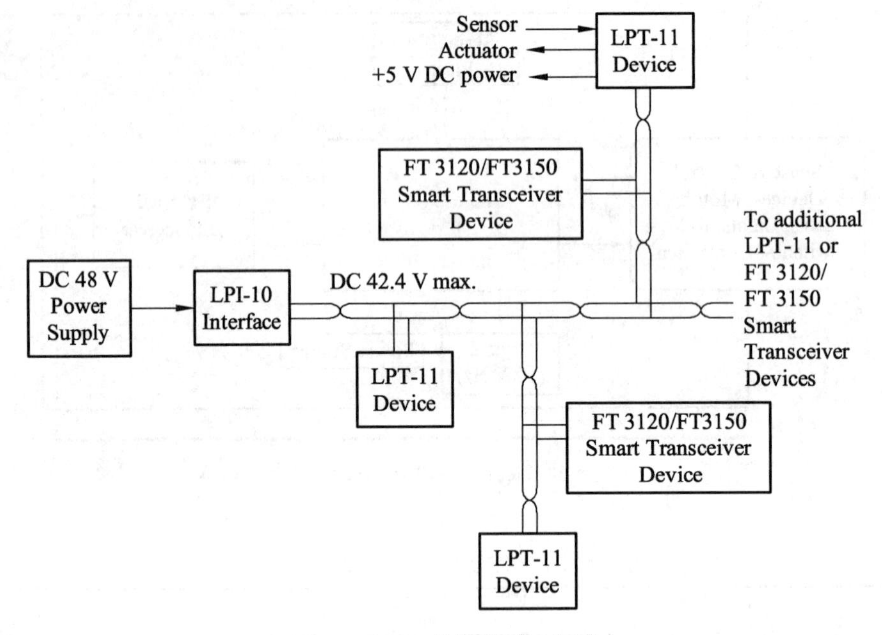

图 4-6 FT11 收发器系统框图

3. 智能收发器

智能收发器将神经元芯片和收发器集成在一个芯片上，使应用更加便捷，设计更紧凑。目前埃施朗主推的智能收发器如表 4-3 所示。

表 4-3 埃施朗主流智能收发器

型 号	指 标	
	特 性	实物图
PL3120/3150/3170	PL 3120 和 PL 3150 电力线智能收发器将 Neuron 处理器内核与电力线收发器相集成，使其成为家用电器、音频/视频、照明、取暖/制冷、安防、表计和灌溉应用的理想选择	PL-3170 - E4T10 ECHELON
FT5000	高性能 Neuron 内核-内部系统时钟可高达 80 MHz。FT 5000 智能收发器是经过重新设计的新一代 LonWorks 产品，可大大提高 LonWorks 网络的功能和能力，同时降低开发和节点成本	FT 5000

续表

型　号	指　标	
	特　性	实物图
FT6000	FT 6000 智能收发器系列是用于使智能控制网络实现现代化并加以巩固的新一代片上系统。该系列是埃施朗 IzoT™ 平台的关键产品，而后者则是专为工业物联网（IIoT）打造的最全面的开放式控制网络平台	

如图 4-7 所示，智能收发器在应用时，只需要搭配电源、外部存储器和接口电路等必要外设即可构成一个 LonWorks 节点。

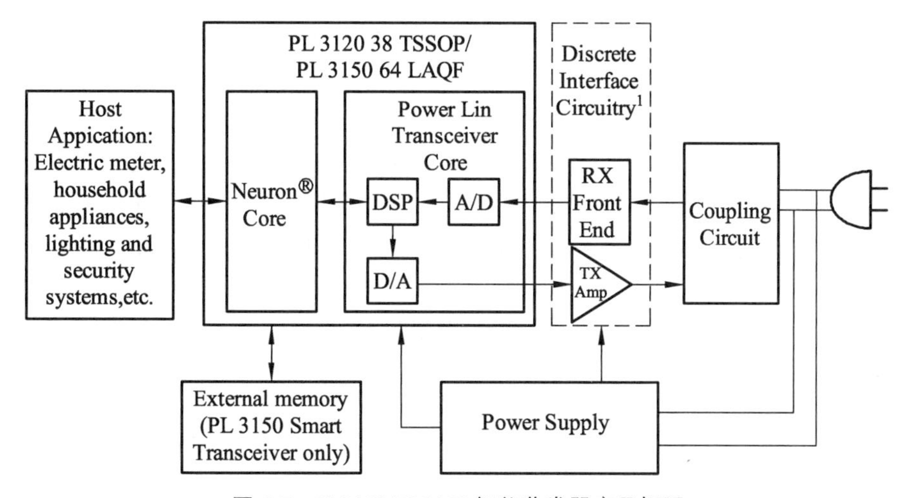

图 4-7　PL3120/PL3150 智能收发器应用框图

4.1.3　LON 总线路由器

LonWorks 路由器连接两个通信通道之间的 LonTalk 信息。我们这里讨论的通道是指：由于物理的原因（如距离、通信介质），将网络分割成能独立发送报文而不需要转发的一段介质。在 LonTalk 协议一节，我们还将继续讨论它和子网的关系。路由器是中继器、桥接器、配置型路由器和学习型路由器的统称。LonWorks 路由器能支持从简单到复杂的网络的连接，这些网络可以小到几个节点大到上万个节点。路由器主要作用如下：

（1）扩展通道的容量。由于节点的收发器的负载是有限的，这就决定了每一路通道中的节点数和通道的长度是有限的。我们可以使用路由器来扩展网络的容量，如使用桥接器来增加多通道以支持更多的节点；也可以使用中继器延长通道的长度。

（2）连接不同的通信介质或波特率。例如，在网的不同位置上以牺牲数据的传输速率为代价来换取长距离传送，在一些电缆安装较困难或者节点物理位置频繁变动的情况下,可以来用电力线作为通信介质;也可以使用一个 1.25 Mb/s 的双绞线作为主干通道，连接几个 78 kb/s 的自由拓扑和电力通道。在所有这些情形中，必须使用路由器来连接不同的 LON 通道。

（3）提高 LON 总线可靠性。连到一个路由器上的两个通道在物理上是隔离的，因而一个通道失效并不影响另一个通道的使用。例如，在一个工业控制网中，相连的部分之间相互隔离可以防止因一部分失效而导致的其他部分停止工作。

（4）全面提高网络性能。在子系统内可以用路由器隔离通信。例如，在一个工业区域内，大多数节点通信是在某一部分内部进行的，而不是在各部分之间进行。在各部分之间使用智能路由器可以避免内部报文传输影响其他部分。从而提高了整个网络的吞吐率，同时也可以减少通信的反应时间。

LonTalk 协议的设计提供了对于路由器透明转发的节点之间报文的支持。为了提高路由器的效率 LonTalk 协议定义了一套使用域、子网和节点的寻址层次。子网不跨越智能路由器，这样，智能路由器就能根据子网配置信息给出路由决策。为了使多个分散的节点寻址更简化，LonTalk 协议定义了另一套使用域和组的寻址层次，智能路由器也能根据组配置信息给出路由决策。

1. 路由器分类

在节点内，通道之间使用路由器对应用程序是透明的，因而无须了解路由器的工作原理就能工作。只有在需要确定一个路由器的节点网络映像时，才考虑路由器的工作原理。如果一个节点从一个通道移到另一个通道，只需改变节点网络映像。路由器的节点网络映像是由诸如 LonMaker 之类的网络管理工具来管理的。

路由器有四种路由算法可供选择：配置型路由器、学习型路由器、桥接器或中继器。这些选项以降低系统性能来换取安装的方便。配置型路由器和学习型路由器属于智能路由器，路由智能可以使它们根据目标地址有选择地转发报文；桥接器转发所有符合它的域的报文；中继器发送所有的报文。

配置型路由器只转发路由器两个域中之一的报文，并遵循转发规则。路由器两端的每一端的每一个域都对应一个转发表（即每一个路由器有四张转发表），每个转发表实际上是一组分别对应于一个域中的 255 个子网和 255 个组的转发标志。根据报文的目标址子网或组地址，这些转发标志决定了这条报文是否被转发或被丢弃。网络管理工具能用网络管理报文，根据网络拓扑预置转发表。网络管理工具还能优化网络性能，更有效地利用带宽。配置型路由器可用于环形拓扑。转发表有两套，一套在EEPROM中，另一套在RAM中。当路由器一上电、复位后能根据“设置路由器模式”选项来初始化时，EEPROM的转发表就复制到RAM中。RAM的转发表用于所有的转发决策。

学习型路由器只转发路由器两个域中之一的报文，并遵循转发规则。除了子网转发表是通过路由器固件自动更新，而不是由网络管理工具设置外，子网转发表的使用同配置型路由器。组转发表被置为转发所有带组目标地址的报文。

2. **常用路由器型号**

埃施郎目前主推的路由器芯片及网关设备如表4-4所示，用户可根据实际需求选择合适的设备。

表4-4　埃施郎主流路由器相关产品

型　号	指　标	
	特　性	实物图
FT Router 5000	该芯片用于构建高性能半路由器，两个这样的半路由器用于构建一个完整的路由器。通常和FT-X3通信变压器、晶体和外部串行存储器一并构成基本应用	
IzoT Router 2	IzoT路由器是一种即时可用的设备，用于连接以太网信道上的LonTalk/IP和LON设备与FT或RS 485信道上的LonTalk/IP和LON设备，以及将网页和企业应用程序连接到LonTalk/IP和LON设备	
LPR Routers	LonPointRouters是设计用于将传统的传感器、执行器及LONMARK设备集成到具有低成本、可互操作的、用于建筑和工业应用的新控制系统中的产品	

续表

型　号	指　标	
	特　性	实物图
LumInsight IoT Gateway	照明 IoT 网关：维护一个智能的分布式网络，并安全地管理 Echelon 的无线照明控制器和 LumInsight 2 中央管理系统（CMS）之间的通信。数据通过以太网或蜂窝连接进行通信，最大通信距离 2 mi（3.2 km），最多支持 1 000 个控制器	
LumInsight IoT Base Station	照明 IoT 基站：使 LumInsight IoT 网关的性能和范围加倍，以保持智能、分布式网络，并安全地管理 Echelon 的无线照明控制器和 LumInsight 2 中央管理系统（CMS）之间的通信，数据通过以太网或蜂窝连接进行通信。相当于增强型照明 IoT 网关，最大通信距离 4 mi（6.4 km），最多支持 1 000 个控制器	
Lumewave Gateway	Echelon 的 Lmewave 网关通过以太网链路将现场安装的无线灯具控制器与 LumInsight 桌面中央管理系统连接起来，用于 LAN 连接，或者通过集成蜂窝调制解调器将 3G 连接起来。网关支持多达 2 000 个控制器，范围可达 2 mi（3.2 km）	
Lumewave Base Station	Lumewave 基站相当于 Lumewave 网关，但具有双向放大器使得通信范围加倍，最大通信距离 4 mi（6.4 km），最多支持 2 000 个控制器	
Lumewave CRD 3000	CRD 3000 控制路由器设备允许解决方案提供商为客户提供管理照明解决方案，利用 PL/RF 混合建网架构克服高层楼宇、树木和建筑项目等苛刻的物理环境	

续表

型　号	指　标	
	特　性	实物图
Lumewave PL-RF Gateway	Echelon 的 LmewavePL-RF 网关连接其他不同的照明控制协议，以创建单个无缝智能网络。一个工业专用的网关允许电力线控制网络和无线控制网络之间的通信	
MPR-50 Multi-Port Router	MPR-50 多端口路由器可以连接两个、三个或四个 78 kb/s 的双绞线自由拓扑信道，并且可以将这些信道连接到 1.25 Mb/s 的高速双绞线骨干网络。在多通道控制网络中，MPR-50 路由器大大减少了安装时间和成本	
SmartServer 2.2 PL	SmartServer 是一个多用途的分段控制器、路由器和智能能源管理器，它将控制设备（如照明控制器）连接到基于 IP 的应用程序（如户外照明配置管理系统、LumInsight CMS 和室内照明配置管理系统）上 EMS	
SmartServer 2.2 FT	SmartServer 是多功能的控制器、路由器和智能能源管理器，可将控制设备连接至 IP 应用程序，如楼宇自动化、企业能源管理、需求响应计划和高价值远程资产管理计划	
i.LON-600 LonWorks/IP-852 Router	i.LON-600LonWorks/I 服务器是一款符合 ISO/IEC 14908 标准的路由器，它使用 IP 作为标准 LonWorks 通道，以允许 LonWorks 设备，如泵、马达、阀门、传感器和灯通过 IP 或以太网进行安全配置、监视和控制	

FTRouter 5 000、照明网关产品和 PL-RF 混合网关典型应用如图 4-8 ~ 4-11 所示。

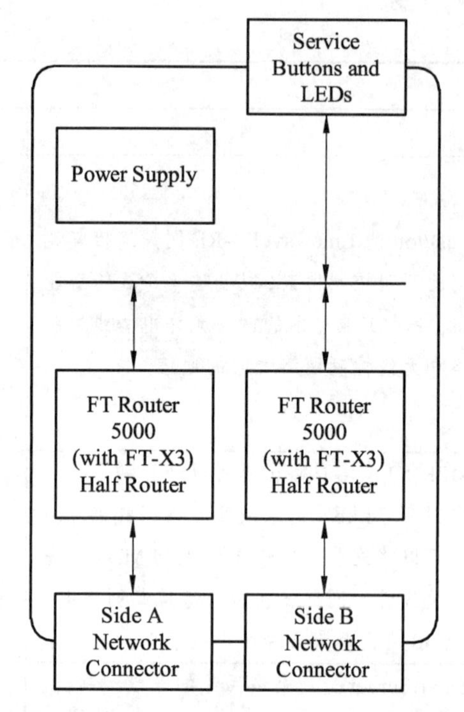

图 4-8　基于 FT Router 5000 的路由器框图

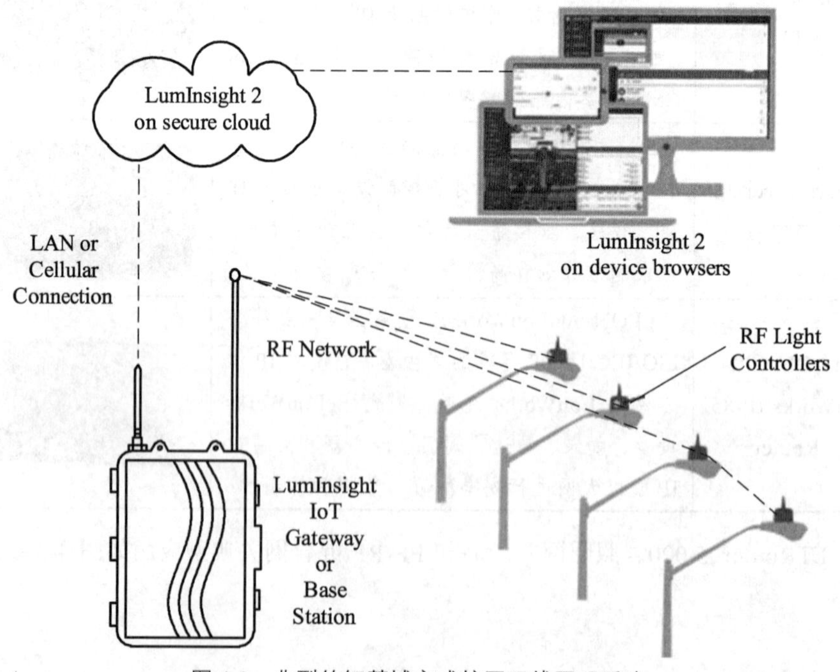

图 4-9　典型的智慧城市或校园无线照明系统

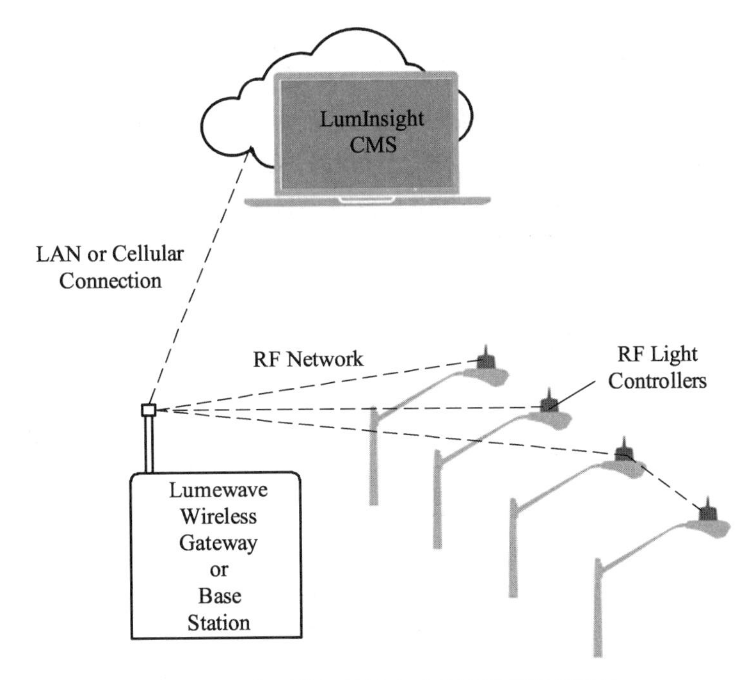

图 4-10　典型的智慧城市或校园无线照明系统

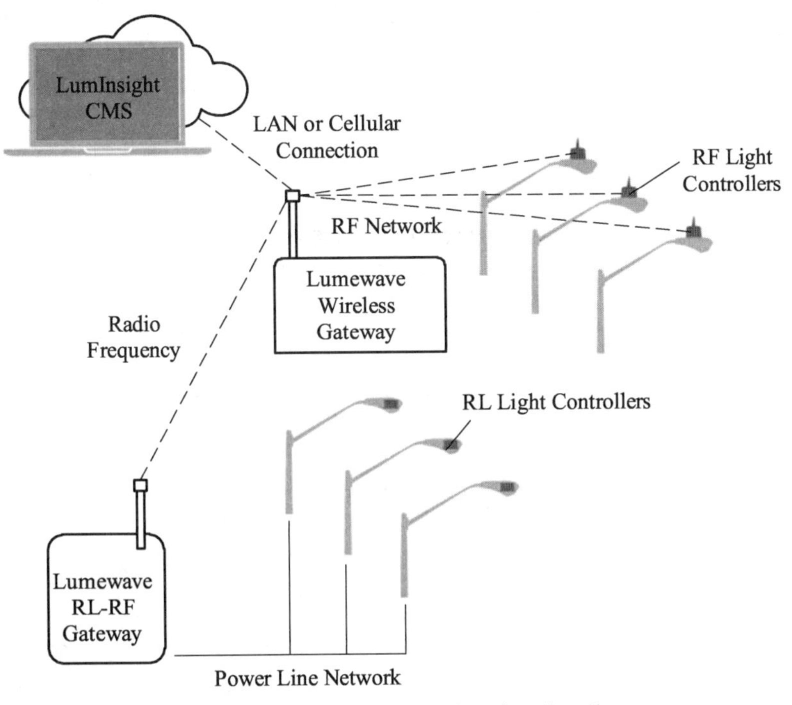

图 4-11　电力线载波和无线混合通信网络

4.1.4 LON 总线控制节点及网络接口

目前埃施朗主推的控制设备如表 4-5 所示，网络接口模块如表 4-6 所示，这里不再附典型应用，感兴趣的可直接查看数据手册。

表 4-5 埃施朗主流控制器相关产品

<table>
<tr><th rowspan="2">型 号</th><th colspan="2">指 标</th></tr>
<tr><th>特 性</th><th>实物图</th></tr>
<tr><td>Lumewave CPD 3000</td><td>CPD 3000 室外照明控制器（OLC，Outdoor Lighting Controller）作为埃施朗智能路灯解决方案的组成部分，采用符合 ISO 标准的电力线通信技术管理街道、停车场、工业园区和其他室外区域照明系统的室外照明灯具</td><td></td></tr>
<tr><td>Lumewave EMB900</td><td>LeMeWaveEMB900 无线照明模块包括 EMB900-S、EMB900-V 和 EMB900-E 多个型号，为照明解决方案提供灵活的配置</td><td></td></tr>
<tr><td>Lumewave EMB901</td><td>EMB90 是一种低电压、无线调光模块，它提供远程监视和控制，并通过 Echelon 控制网络在 Lumewave 上连续收集关于灯条件的数据，并通过中央管理系统（CMS）软件进行分析</td><td></td></tr>
<tr><td>Lumewave TOP900</td><td>TOP900 系列无线户外照明控制器是一种道路和户外灯具的全功能控制器，使户外照明灯具的智能化更加容易。它们支持远程控制和监视，并支持自适应照明、灵活的调度、维护报告、故障警报等功能</td><td></td></tr>
</table>

表 4-6 埃施朗主流网络接口模块

<table>
<tr><th rowspan="2">型 号</th><th colspan="2">指 标</th></tr>
<tr><th>特 性</th><th>实物图</th></tr>
<tr><td>IzoTU60 FT DINUSBNetwork</td><td>IzoT U60 FT DIN USB 网络接口是符合 DIN 标准的外壳上的紧凑型网络接口，用于实现 LonTalk/IP 和 LON FT 双绞线通信。U60 提供一个 USB 接口，用于连接到计算机、控制器或路由器，或者用于连接到埃施朗 IzoT 路由器</td><td></td></tr>
</table>

续表

型　号	指　标	
	特　性	实物图
IzoT U60 FT USB Network Interface Module	IzoT U60 FT USB 网络接口模块是一个紧凑型板级模块，带连接到 LonTalk/IP 和 LON FT 双绞线接口的 USB 接口，可以轻松集成到任何控制器或设备。U60 有一个 USB 接口，用于连接到主计算机、控制器或路由器	
PCC-10 PC LonTalk Adapter	PCC-10PCLonTalk 适配器是一个高性能 LONWORKS 接口，具有Ⅱ型 PC 卡（以前的 PCMCIA）接口兼容个人计算机的操作系统	
PCLTA-21 PCI LonTalk Adapter	PCLTA-21 网络适配器是用于个人计算机的高性能 LonWorks 接口，配备有 3.3 V 或 5 V 的 32 位外设互连接口（PCI）和兼容的操作系统	
SLTA-10 Serial LonTalk Adapter	SLTA-10 串行 LonTalk 适配器是一种高性能 LonWorks 接口，用于连接有 EIA-232 串行接口和兼容操作系统的笔记本电脑、台式机或嵌入式计算机	
U10 USB Network Interface	PC 的 U10 USB 网络接口将 LNS 启用的集成和开发工具连接到 LonWorks 网络。U10 通过 LonWorks 免费拓扑信道连接，并与链路供电信道完全兼容	
U20 USB Network Interface	PC 的 U20 USB 网络接口将 LNS 启用的集成和开发工具连接到 LonWorks 网络	

4.1.5　LON 总线相关软件

目前埃施朗 LonWorks 技术相关软件如表 4-7 所示。其中 IzoT SDK 2 是新型开发套件，对工业互联网和 Web 监控具有良好的支持，图 4-12 所示为服务器堆栈构成，图 4-13 和图 4-14 所示为相关监控界面。

表 4-7 埃施郎 LonWorks 相关软件

软件名称	工具简介
IzoT Commissioning Tool（CT）4.1	只需使用集成的 Microsoft Visio 工具绘制网络即可安装和调试设备的工具。绘制网络时，IzoT 调试工具与设备进行通信，并自动将其配置为与绘制相匹配。IzoT 调试工具是 OpenLNS 调试工具与 IzoT Net Server 的结合，除了经典 LON 设备，还增加了本地 LonTalk/IP 设备
IzoT Net Server	创建或运行应用程序以安装、调试、监控和控制设备的工具。IzoT Net Server 为 Windows 应用程序提供配置设备、连接、路由器和信道及包含设备和路由器的子系统服务。IzoT Net Server 是埃施朗 OpenLNS Server 的最新版本——除了经典 LON 设备以外，还增加了对本地 LonTalk/IP 设备的支持。集成埃施朗的 LNS 网络管理引擎，该引擎已经用于超过 90 000 个系统，调试超过 500 万台设备
IzoT SDK 2	IzoT SDK 是一个软件开发套件，能够让开发人员为工业物联网构建通信设备。此外，IzoT SDK 还能够让开发人员为 IzoT 网络构建 Web 应用程序服务器，从而使用易于使用的 RESTful API 将 IzoT 设备连接到 Web 客户端
IzoT ShortStack SDK	zoT ShortStack SDK 是一个软件开发工具包，它使任何包含微处理器的产品都能够快速且廉价地成为联网的、互联网连接的智能设备。使用 IZOT 短堆栈 SDK，开发人员可以很容易地将 LonTalk/IP 和 Lon 网络添加到新的或现有的智能设备中
LNS DDE Server	LNS（LonWorks Network Service）DDE Server 是一个软件包，它允许任何 DDE 或与 SuiteLink 兼容的 Microsoft Windows 应用程序在不编程的情况下监视和控制 LonWorks 网络
LonScanner FX Protocol Analyzer	LonScanner FX 协议分析器是一个易于使用的 Windows 工具，它允许制造商、系统集成商和最终用户观察、分析和诊断 LonWorks 网络的行为
LumInsight2 Cloud CMS	LumInsight2 提供了一种基于云的中央管理系统（CMS），用于户外照明系统的监控。这个安全平台帮助城市、公用事业和运营商减少能源使用、维护成本，并使其他智能城市应用成为可能
LumInsight™ CMS	利用 LumInsight 中央管理系统（CMS）提供、监测和控制室外照明系统和智能街道。LumInsight CMS 可帮助楼宇业主、城市、电力公司和运营商减少室外照明系统的能源使用和维护成本，同时提高街道和停车场用户的安全性
LumInsight™ Desktop	LumInsight 桌面是一个中央管理软件系统（CMS），它允许用户识别/控制设备和管理 Lumewave 系统

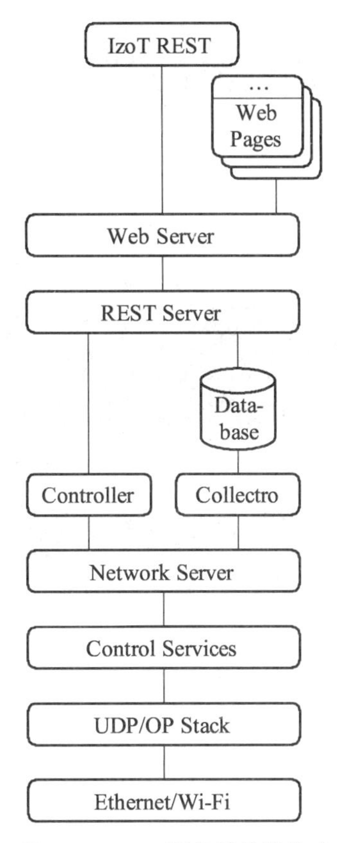

图 4-12　IzoT 服务器堆栈构成

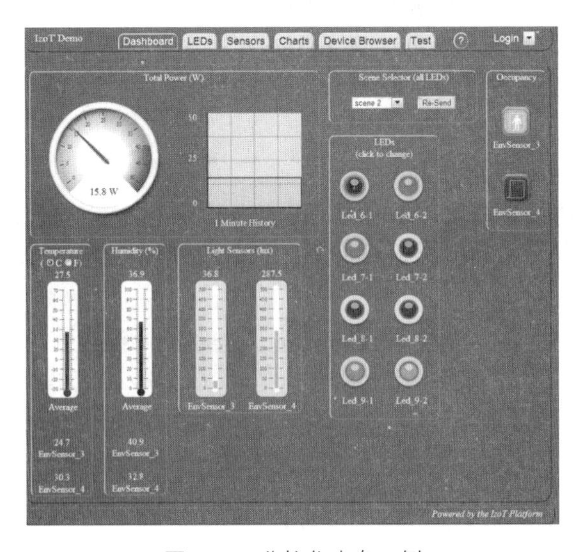

图 4-13　监控仪表盘示例

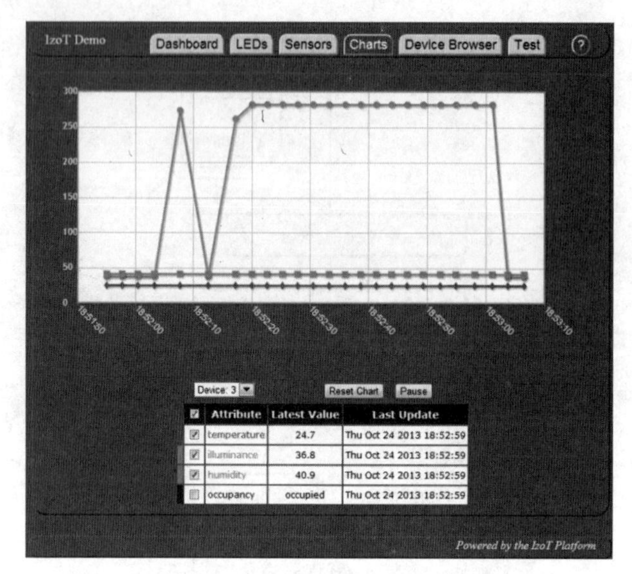

图 4-14　监控曲线示例

4.1.6　LonTalk 通信协议

1. 协议概述

LonTalk 协议是为 LON 总线设计的专用协议，和我们以往商用网络的通信协议不同，它具有以下特点：

（1）发送的报文都是很短的数据（通常几个到几十个字节）；

（2）通信带宽不高（几 kb/s 到 2 Mb/s）；

（3）网络上的节点往往是低成本、低维护的单片机；

（4）多节点，多通信介质；

（5）可靠性高、实时性高。

LonTalk 的协议数据单元（PDU，Protocol Data Unit）包含以下 8 部分：

（1）MPDU（MAC Protocol Data Unit）MAC 层协议数据单元，数据称为帧（Frame）；

（2）LPDU（Link Protocol Data Unit）链路层协议数据单元，数据称为帧（Frame）；

（3）NPDU（Network Protocol Data Unit）网络层协议数据单元，数据称为报文（Packet）；

（4）TPDU（Transport Protocol Data Unit）传输层协议数据单元，数据称为消息应答（Message/ACK）；

（5）SPDU（Session Protocol Data Unit）会话层协议数据单元，也称为请求/响应（Request/Response）；

（6）NMPDU（Network Management Protocol Data Unit）网络管理协议数据单元；

（7）DPDU（Diagnostic Protocol Data Unit）网络检测协议数据单元；

（8）APDU（Application Protocol Data Unit）应用层协议数据单元。

LonTalk 是 ISO 组织制定的 OSI 开放系统互连参考模型的七层协议的一个子集，该协议与 OSI 对比如表 4-8 所示。它包容了 LON 总线的所有网络通信的功能，包含一个功能强大的网络操作系统，通过所提供的网络开发工具生成固件，可使通信数据在各种介质中非常可靠地传输。

表 4-8　LonTalk 与 OSI 七层协议对比

层号	指标				
	OSI 层次		标准服务	LON 提供的服务	处理器
7	应用层		网络应用	标准网络变量类型	应用处理器
6	表示层		数据表示	网络变量、外部帧传送	网络处理器
5	会话层		远程遥控动作	请求、响应、认证、网络管理	网络处理器
4	传输层		端对端可靠传输	应答、非应答、点对点、广播、认证等	网络处理器
3	网络层		传输分组	地址、路由	网络处理器
2	链路层	LLC	帧结构	帧结构、数据编解码、CRC 错误检查	MAC 处理器
		MAC	介质访问	P-预测 CSMA、碰撞规避、优先级、碰撞检测	MAC 处理器
1	物理层		电气连接	介质、电气接口	MAC 处理器 XCVR

由于 LonTalk 协议对 OSI 的七层协议的支持，使 LON 总线能够直接面向对象通信，具体实现就是采用网络变量这一形式。网络变量使节点之间的通信实现只是通过网络变量的互相连接便可完成。

LonTalk 协议在物理层协议支持多种通信协议，也就是为适应不同的通信介质而支持不同的数据解码和编码。例如，通常双绞线使用差分曼彻斯特编码、电力线使用扩频、无线通信使用频移键控（FSK）。由于 LonTalk 协议考虑对各种介质的支持，LON 总线可以容许使用非常广泛的通信介质，如双绞线、电力线、无线电、红外线、同轴电缆、光纤甚至是用户自定义的通信介质。LonTalk

支持在通信介质上的硬件碰撞检测，如双绞线。LonTalk 协议可以自动地将正在发送碰撞的报文取消，重新再发。如果没有碰撞检测，当碰撞发生时，只有到响应或应答超时时才会重发报文。

2. LonTalk 协议网络地址结构及对大网络的支持

网络地址可以有三层结构：域（Domain）、子网（Subnet）和节点（Node）。

第一层结构是域。域的结构可以保证在不同的域中通信是彼此独立的。例如，不同的应用的节点共存在同一个通信介质中，如无线电，不同域的区分可以保证它们的应用完全独立，彼此不会受到干扰。

第二层结构是子网。每一个域最多有 255 个子网。一个子网可以是一个或多个通道的逻辑分组，有一种子网层的智能路由器产品可以实现子网间的数据交换。

第三层结构是节点。每个子网最多有 127 个节点，所以一个域最多有 255×127=32 385 个节点。任一节点可以分属一个或两个域，容许一个节点作为两个域之间的网关（Gateway），也容许一个节点将采集来的数据分别发向两个不同的域。

节点也可以被分组（Grouped），一个分组（Group）在一个域中跨越几个子网，或几个通道。在一个域中最多有 256 个分组，每一个分组对于需应答服务最多有 64 个节点，而无应答服务的节点个数不限，一个节点可以分属 15 个分组去接收数据。分组结构可以使一个报文同时为多个节点所接收。另外，每一个神经元芯片有一个独一无二的 48 位 ID 地址，这个 ID 地址是在神经元芯片出厂时由厂方规定的。一般只在网络安装和配置时使用，可以作为产品的序列号。

一个通道是指在物理上能独立发送报文（不需要转发）的一段介质，LonTalk 规定一个通道至多有 32 385 个节点。通道并不影响网络的地址结构，域、子网和分组都可以跨越多个通道，一个网络可以由一个或多个通道组成。通道之间是通过桥接器（Bridge）来连接的。这样做不仅可以实现多介质在同一网络上的连接，而且可以使一个通道的网络信道不致过于拥挤。

4.1.7 开发套件

1. IzoT CPM 4200 Wi-Fi EVK

IzoT CPM 4200 Wi-Fi EVK 是一个完整的硬件和软件平台，用于根据 IzoT CPM 4200 Wi-Fi 模块构建或评估无线传感器、控制器和执行器。该套件的主要功能见表 4-9，外观如图 4-15 所示，资源情况见表 4-10。

表 4-9　IzoT CPM 4200 Wi-Fi EVK 的主要功能

序号	功能详情
1	提供可用于开发使用标准 Wi-Fi 通信和 LonTalk/IP 控制网络协议进行无线通信的智能设备的工具
2	包括 IzoT CPM 4200 Wi-Fi 模块的软件开发工具
3	可使用流行的开源 Eclipse 集成开发环境（IDE）为 CPM 4200 模块开发 C 和 C++应用程序
4	包括两个 IzoT CPM 4200 Wi-Fi EVB 评估板，附带用于对无线设备进行快速原型设计和测试的 Raspberry Pi 兼容 I/O 连接器
5	包括 IzoT 调试工具 EVK 版本，用于轻松安装包含任何有线和无线设备组合的控制网络
6	包括一个带 FT 和以太网接口并用于集成有线和无线设备的 IzoT 路由器
7	包括一个用于定制硬件的初始原型设计的示例 IzoT CPM 4200 Wi-Fi 模块
8	包含用于 Wireshark 网络协议分析器的插件，该分析器可用于采集、分析、描述和显示网络数据包，以便查明网络或设备故障并确定可行的解决方案

图 4-15　IzoT CPM 4200 Wi-Fi EVK 外观图

表 4-10　IzoT CPM 4200 Wi-Fi EVK 技术规格

PC 要求	操作系统： Microsoft Windows 10（64 位和 32 位）、Windows 8.1（64 位和 32 位）、Microsoft Windows 8（64 位和 32 位）或 Microsoft Windows 7（64 位和 32 位）。 最低硬件要求： Pentium 366 MHz 等效处理器或更高版本，用于满足 Microsoft Windows 安装版本的最低要求 2 GB RAM

续表

可用的 I/O 外设	4 个 32 位通用计时器，带可选择时钟源、可编程时钟分频器和前置分频器； 2 个最高支持 115.2 kb/s 的通用异步收发器（UART），带自动流量控制支持和可编程数据格式； 2 I2C 接口，最高支持 2 Mb/s； 1 个四线串行外设接口（QSPI），最高支持 200 Mb/s 同步串行通信； 1 个同步串行协议（SSP）接口，支持 SSP 和 SPI 设备； 2 个模数转换器（ADC），具有可选择抽取率，提供从 10 到 16 位的有效分辨率； 1 个数模转换器（DAC），具有 10 位分辨率和高达 500 kHz 的吞吐量； 17 个通用输入/输出（GPIO），可以配置为通用输入或输出
CPM 4200 EVB 规格	处理器： Marvell 88MC200 ARM Cortex-M3. 处理器时钟： 32 MHz。 处理器内存： CPM 4200 模块，1 MB 闪存； CPM 4200 EVB，1 MB 闪存； 512 KB SRAM。 无线通信： Marvell 88W8801 无线电 IEEE 802.11bgn，信道 1～13，2.4 GHz 波段 DSSS 和 OFDM 调制高达 54 Mb/s，传输率-82 dBm 最低灵敏度 STA 模式，AP 模式，可同时使用板载天线或外部天线，可按应用程序选择。 通信协议： LonTalk/IP、TCP/IP、HTTP、HTTPS、TLS/SSL、DNS、DHCP、WPA、WPS。 工作输入电压： 5 V。 外部电源：

续表

	5 V，5 W壁挂电源。 工作环境： 工作温度：−40～+85 °C； 工作湿度：20 %～85 %。 储存环境： 储存温度：−40～85 °C； 储存湿度：20%～85%。 尺寸： 76 mm×100 mm（3 ” x 4 ”）。 无线电标准和认证： 美国：FCC 15C – FCC ID EW4DWMW077E。 欧洲： EN300 328 –测试报告 10614990S-B EN301 489-1/-17 –测试报告 10614990S-A EN60950-1 –测试报告 10614576H EN62311。 加拿大：RSS-Gen Issue 4：2014 – IC 8093A-DWMW077E。 日本：TELEC T-401 – ID 007-AD0006

2. IzoT FT 6000 EVK

IzoT FT 6000 EVK是功能全面的硬件和软件平台，可用来创建或评估采用6000系列智能收发器和Neuron处理器的LON、LonTalk/IP-FT、BACnet/IP-FT和BACnet MS/TP设备。该套件的主要功能见表4-11，外观如图4-16所示。

表4-11 IzoT FT 6000 EVK的主要功能

序号	功能详情
1	可用于开发采用埃施朗6000系列处理器并兼容LonTalk/IP-FT、BACnet/IP-FT、BACnet MS/TP和ISO/IEC 14908-1/14908-2 LON FT的设备
2	可用于开发采用埃施朗 3100 系列和 5000 系列处理器并兼容 ISO/IEC 14908-1/14908-2 LON FT的设备
3	包含两个带I/O硬件样品并用于初步应用开发和测试的FT 6000 EVB评估板
4	包含用于应用测试的IzoT NodeBuilder软件和用于轻松安装和测试控制网络的IzoT调试工具EVK版本

续表

序号	功能详情
5	包含一个带 FT 和以太网接口的 IzoT 路由器
6	包含五个用于定制硬件的初始原型设计的 FT 6050 智能收发器芯片
7	包含用于自由开源 Wireshark 网络协议分析器的插件，该分析器可用于采集、分析、描述和显示网络数据包，以便查明网络或设备故障并确定可行的解决方案

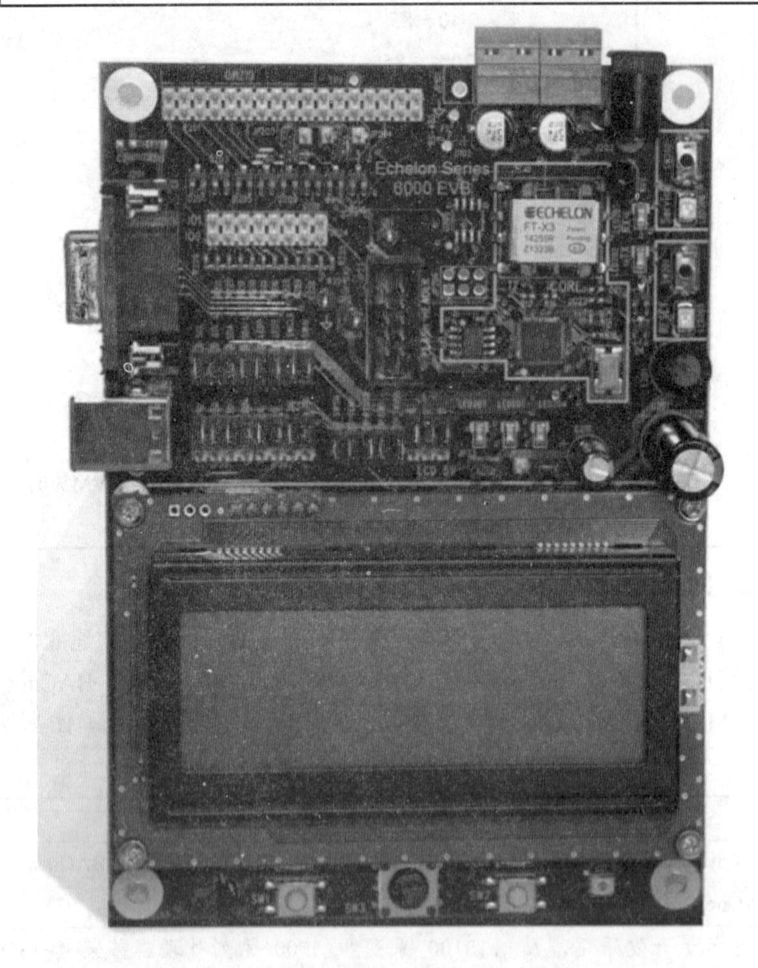

图 4-16　IzoT FT 6 000 EVK 外观图

IzoT FT 6000 EVK 扩展了 USB 接口、变压器隔离收发器接口电路和 485 隔离收发器电路，具体如图 4-17 和 4-18 所示。

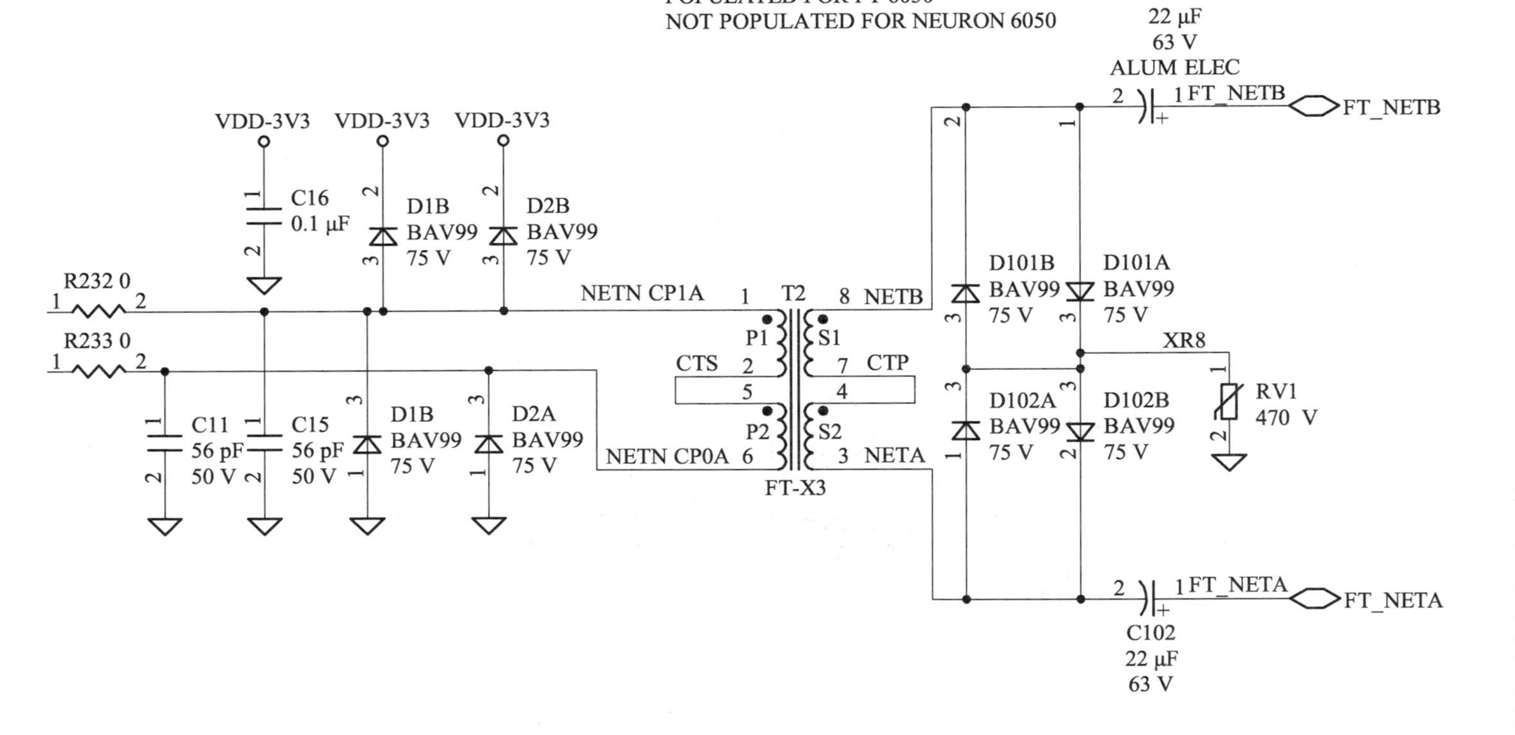

图 4-17　变压器隔离收发器接口电路

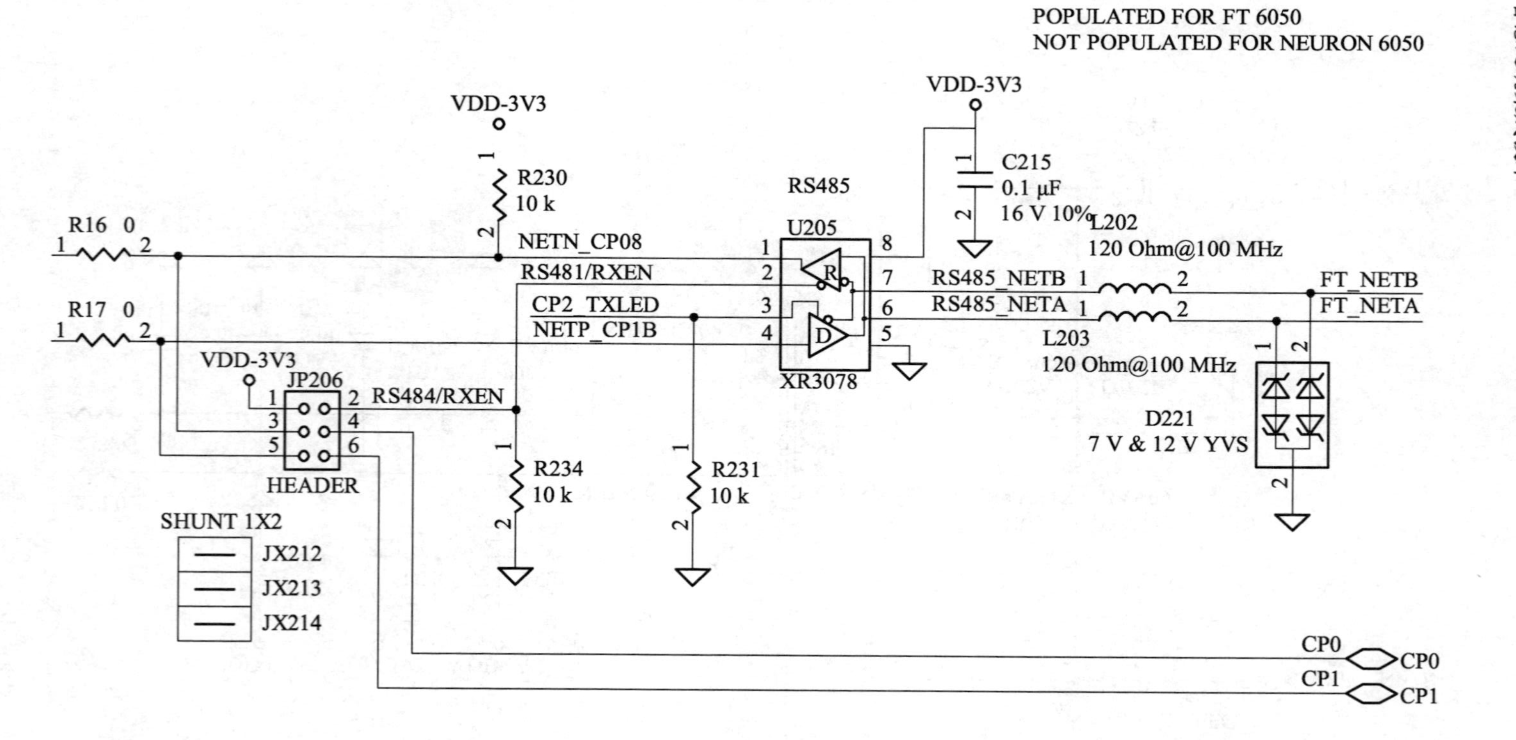

图 4-18 RS485 隔离收发器接口电路

4.2　BACnet 协议

4.2.1　BACnet 协议简介

BACnet（A Data Communication Protocol for Building Automation and Control Network）是一种为楼宇自动控制网络所制定的数据通信协议，由美国采暖、制冷与空调工程师协会（ASHRAE）资助的标准项目委员会（Standard Project Committee：SPC 135P）于 1995 年 6 月制定。1995 年 12 月成为美国标准，2003 年 1 月正式成为国际标准（ISO 16484-5），是智能建筑楼宇自控领域中唯一的国际标准。BACnet 标准产生的背景是用户对楼宇自动控制设备互操作性（Interoperability）的广泛要求，即将不同厂家的设备组成一个一致的自控系统。

BACnet 协议体系结构如图 4-19 所示，BACnet 标准对 ISO/OSI-RM 进行了精简和压缩。其目的是为了解决楼宇自控网络信息通信和互操作的基本问题，在体系结构上可以划分为通信功能和互操作性两个大部分，并且这两大功能部分既相互独立，又相互联系。通信功能由物理层、数据链路层和网络层三个协议层进行定义；互操作功能由应用层单独定义。

<table>
<tr><th colspan="5">BACnet的协议层次</th><th>对应的OSI层次</th></tr>
<tr><td colspan="5">BACnet应用层</td><td>应用层</td></tr>
<tr><td colspan="5">BACnet网络层</td><td>网络层</td></tr>
<tr><td colspan="2">ISO 8802-2
(IEEE 802.2)类型1</td><td>MS/TP
（主从/令牌传递）</td><td>PTP
（点到点协议）</td><td rowspan="2">LonTalk</td><td>数据
链路层</td></tr>
<tr><td>ISO 8802-3
(IEEE 802.3)</td><td>ARCNET</td><td>EIA-485
(RS485)</td><td>EIA-232
(RS232)</td><td>物理层</td></tr>
</table>

图 4-19　BACnet 体系结构

1. BACnet 应用层

BACnet的应用层协议要解决3个问题：① 向应用程序提供通信服务的规范；② 与下层协议进行信息交换的规范；③ 与对等的远程应用层实体交互的规范。BACnet 应用层主要有 2 个功能：① 定义楼宇自控设备的信息模型——BACnet 对象模型；② 定义面向应用的通信服务。

应用进程：为了实现某个特定的应用（例如，节点设备向一个远端的温度传感器设备请求当前温度值）所需要的进行信息处理的一组方法。一般来说，这是一组计算机软件应用进程，分为两部分。一部分专门进行信息处理，不涉及通信功能，这部分称为应用程序。另一部分处理 BACnet 通信事务，称为应用实体。

BACnet 应用进行模型如图 4-20 所示，在应用进程中有一部分位于应用层之外，它们与通信功能无关，这些部分都不属于 BACnet 标准的规范范围。我们将应用进程中位于应用层内的部分称为应用实体（Application Entity）。换句话说，一个应用实体是应用进程中与 BACnet 通信功能相关的部分。一个应用程序（Application Program）通过应用编程接口 API（Application Program Interface）与应用实体进行交互。编程接口不在 BACnet 中定义，但是在具体的实现中它总是一个函数、过程或子程序的调用。在图 4-20 中，阴影部分是应用进程位于 BACnet 应用层中的部分。

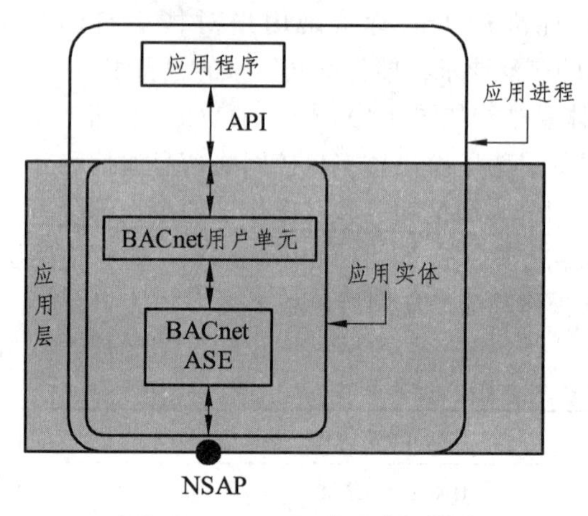

图 4-20 BACnet 应用进行模型

当应用程序需要同远程的应用进程通信时，它所要进行的操作是通过 API 访问本地的 BACnet 用户元素。应用程序调用 API 接口，并且将诸如服务请求接收设备的标识符（或地址）和协议控制信息等作为参数传递给 API，而将通信内容作为数据传递给 API。API 将参数直接下传到网络层或数据链路层，而将数据组成一个应用层服务原语，通过 BACnet 用户元素传递给 BACnet 应用层服务元素。从概念上来讲，由应用层服务原语产生的应用层协议数据单元 APDU（Application Protocol Data Unit），构成了网络层服务原语的数据部分，并通过网络层服务访问点 NSAP（Network Service Access Point）下传到网络层。按照这样的方式，这个请求进一步下传到本地设备协议栈的以下各层，整个过程如图 4-21 所示。于是，报文就这样被传送到远程的设备，并在远程设备协议栈中逐级上传，最后指示原语看起来似乎是直接从远程的 BACnet 应用层服务元素上传到远程的 BACnet 用户元素。同样，任何从远程设备发回的响应，也是以这样的方式回传给请求设备的。

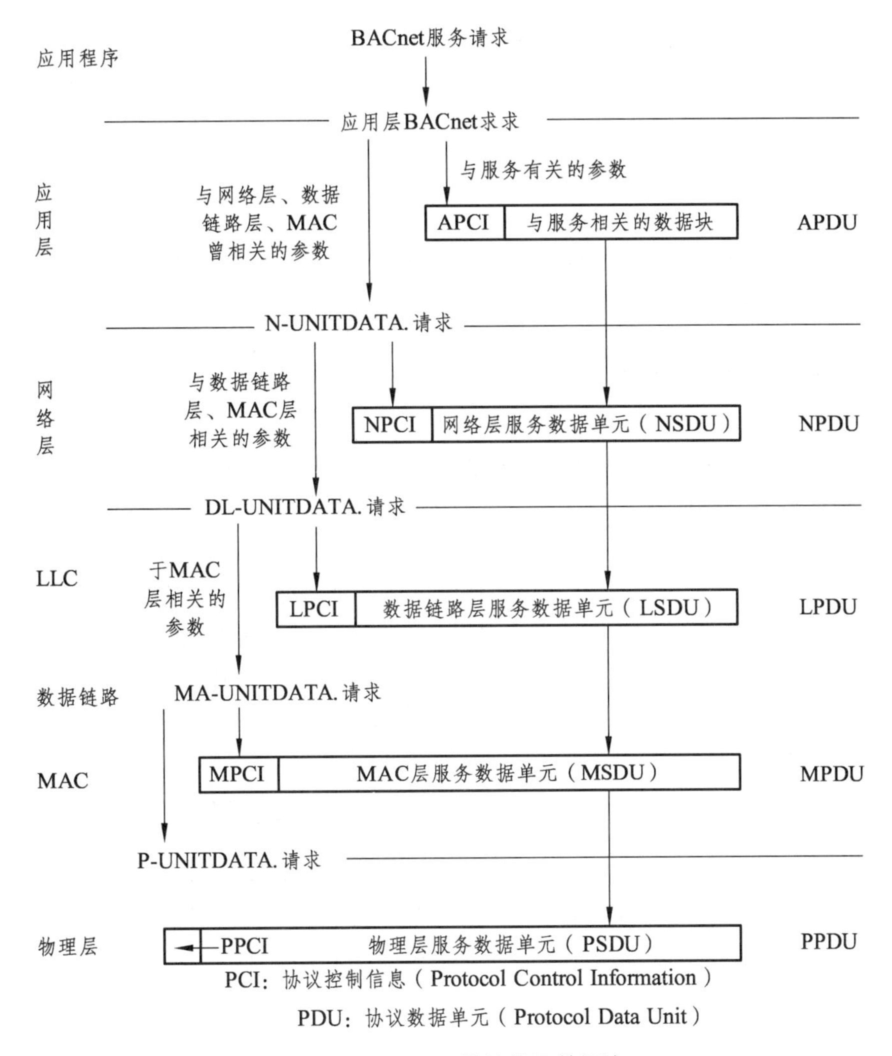

图 4-21　BACnet 协议栈及数据流

应用实体通过 API 与应用程序除了交换服务原语和服务参数之外，还交换接口控制信息 ICI（Interface Control Information）参数。ICI 的具体内容取决于服务原语的类型。应用实体将接收到的 ICI 参数下传至下面各层，从而使得各层可以构建自己的 PDU。而由应用实体回传给应用程序的 ICI 参数，则包含了下面各层从各自 PDU 中得到的信息。

通过 API 与各种服务原语交换信息的 ICI 参数包括：

“目的地址 DA（Destination_address）”：将要接收服务原语设备的地址。其格式（如设备名称、网络地址等）只与本地有关。这个地址也可以是多目地址、本地广播地址或全局广播地址类型。

“源地址 SA（Source_address）”：发送服务原语的设备的地址。其格式只与本地有关。

“网络优先级 NP（Network_priority）”：在 6.2.2 节中所描述的一个四级网络优先级参数。

“期待回复数据 DER（Data_expecting_reply）”：一个逻辑值参数，用来指明某个服务是否需要一个回复的服务原语。

BACnet 设备（BACnet Device）是指任何一种支持用 BACnet 协议进行数字通信的真实的或者虚拟的设备。每一个 BACnet 设备必须且只能包含一个设备（Device）对象。每一个 BACnet 设备，都由一个 NSAP 唯一定位。在 NASP 中，包含了一个网络编号和一个 MAC 地址。在多数情况下，一个 BACnet 设备就是一个物理设备。然而在某些情况下，一个单一的物理设备也可以形成多个“虚拟的”BACnet 设备。

BACnet 基于客户/服务器通信模型定义了有证实的应用层服务。客户方通过具体的服务请求实例向服务器方请求服务，服务器方通过响应请求来为客户方提供服务，这种关系如图 4-22 所示。在交互过程中，担当客户角色的 BACnet 用户，称为请求方 BACnet 用户；担当服务器角色的 BACnet 用户，称为响应方 BACnet 用户。

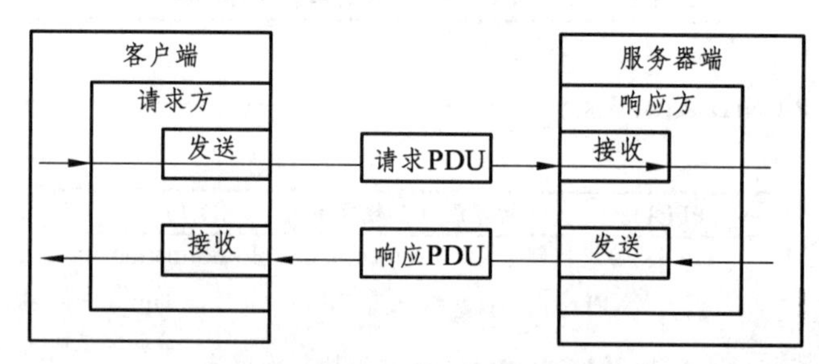

图 4-22 客户与服务器的关系

有证实应用层服务的具体过程如下：由请求方 BACnet 用户发出一个有证实服务请求原语（CONF_SERV.request），形成请求 PDU，发送给响应方 BACnet 用户。当这个请求 PDU 到达响应方 BACnet 用户时，响应方 BACnet 用户则收到一个有证实服务指示原语（CONF_SERV.indication）。同样，由响应方 BACnet 用户发出的一个有证实服务响应原语（CONF_SERV.response），形成响应 PDU 回传给请求方 BACnet 用户。当响应 PDU 到达请求方 BACnet 用户时，请求方 BACnet 用户则收到一个有证实服务证实原语（CONF_SERV.confirm）。无论是请求方 BACnet 用户还是响应方 BACnet 用户，在该过程中都进行了 PDU 的发送和接收。因此,所谓"发送方 BACnet 用户"指的是发起一个 PDU 发送的 BACnet 用户；而"接收方 BACnet 用户"指的是接收到 PDU 到达指示的 BACnet 用户。

在无证实应用层服务中，不存在上述客户/服务器模型、"请求方 BACnet 用户"和"响应方 BACnet 用户"等概念，只有"发送方 BACnet 用户"和"接收方 BACnet 用户"，BACnet 标准用它们来定义无证实的应用层服务的服务过程。

2. 网络层

网络层提供将报文直接传递到一个远程的 BACnet 设备、广播到一个远程 BACnet 网络或者广播到所有的 BACnet 网络中的所有 BACnet 设备的能力。一个 BACnet 设备由一个网络号码和一个 MAC 地址唯一确定。网络层的功能就是实现连接两个异类的 BACnet 局域网使用不同的数据链路层技术的局域网称为异类网络，例如，以太网、ARCnet 网络和 LonWorks 网络等就是异类网络。实现异类网络连接的设备称为"BACnet 路由器"，从协议的观点看，网络层的功能是向应用层提供统一的网络服务平台，屏蔽异类网络的差异。

如图 4-23 所示，BACnet 设备互联网络主要由物理网段、网段、网桥、路由器、中继器及联网设备设备构成，其中各名词含义如下：

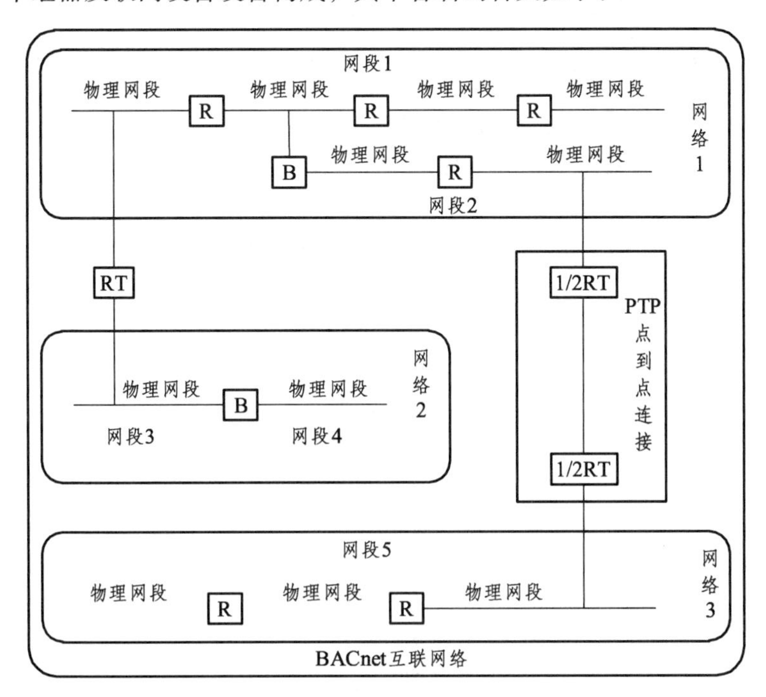

图 4-23　BACnet 互联网络结构图

（其中：B =网桥，RT =路由器，R =中继器，1/2RT =半路由器）

物理网段（Physical Segment）：直接连接一些 BACnet 设备的一段物理介质。

网段（Segment）：多个物理网段通过“中继器”在物理层连接，所形成的网络段。

网络（Network）：多个 BACnet 网段通过“网桥”互联而成，每个 BACnet 网络都形成一个单一的 MAC 地址域。这些在物理层和数据链路层上连接各个网段的设备，可以利用 MAC 地址实现报文的过滤。

互联网络（Internetwork）：将使用不同 LAN 技术的多个网络，用 BACnet“路由器”互联起来，便形成了一个 BACnet“互联网络”。在一个 BACnet 互联网络中，任意两个节点之间恰好存在着一条报文通路。

当网络层从应用层收到一个 N-UNITDATA.request 请求原语后，就用网络层规范所表述的方式发送一个网络层服务数据单元 NSDU。当一个网络实体收到从一个对等网络实体发来的 NSDU 后，它做如下处理：

（1）通过一个直接连接的网络将 NSDU 发送到目的地；

（2）将 NSDU 发送到下一个 BACnet 路由器后再路由到目的地；

（3）如果 NSDU 的地址与它自己的应用层中的某个实体的地址匹配，则向这个实体发送一个 N-UNITDATA.indication 原语，通知有一个 NSDU 到达。

3. 数据链路层/物理层

BACnet 标准将五种类型的数据链路/物理层技术作为自己所支持的数据链路/物理层技术进行规范，用同一种技术建立起来的通信链路连接的一组计算机设备就称为一个类型的计算机网络。用载波侦听多路访问/冲突检测技术建立的网络称为以太网，用 LonTalk 协议技术建立的网络称为 LonWork 网络。不同技术所建立的网络在数据传输速率、传输的数据帧格式、设备使用介质的方式等方面都不相同，其特点如表 4-12 所示。

表 4-12 BACnet 支持的数据链路

类　型	优　点	缺　点
Ethernet（ISO8802-3）局域网	速度高，易于和互联网集成	成本较高，无法穿越 IP 路由器
ARCnet 局域网	成本和 LonTalk 相当	速度适中
主从/令牌传递（MS/TP）局域网	很受欢迎，尤其作为一种底层总线技术，易于安装和配置，成本低廉	速度低
点到点（PTP）连接	成本最低	速度最低
LonTalk 局域网	易于集成成本适中	速度适中

MS/TP（Master Slave/Token Passing）协议是唯一的使用 EIA 485 信号标准的 BACnet 协议。在一个 MS/TP 网络中，最多可以连接 127 个 BACnet 主设备或 127 个从设备。Slave Devices 不能够发出开始（Initiate）数据的请求；它们仅能够回复信息给其他设备。它适用于简单、低要求的功能。Master Devices 能够发出开始（Initiate）数据的请求，这些请求使它比“从设备”需要更多的程序和内存容量。所有的 ComfortPoint AP 控制器都是 MS/TP 主设备。

BACnet 的主从/令牌传递（MS/TP）局域网技术的基础是使用 EIA 485 标准。由于 EIA 485 标准只是一个物理层标准，不能解决设备访问传输介质的问题，BACnet 定义了主从/令牌传递（MS/TP）协议，提供数据链路层功能。MS/TP 网络使用一个令牌来控制设备对网络总线的访问，当主节点掌握令牌时，它可以发送数据帧。凡是收到主节点请求报文的主（从）节点都可以发送响应报文。一个主节点在发送完报文之后，就将令牌传递给下一个主节点。如果主节点有许多报文要发送，当它一次掌握令牌期间最多只能发送 Nmax_info_frames 个数据帧，就必须将令牌传递给下一个主节点，其他数据帧只能在它再一次掌握令牌时，才能发送。

为了使两个 BACnet 设备能够使用各种点到点通信机制进行通信，BACnet 定义了点到点数据链路层通信协议，面向连接的协议，这个协议主要有两大功能：

（1）使两个 BACnet 网络层实体建立点到点数据链路连接，可靠地交换 BACnet PDU。

（2）使用已建立的物理连接执行 BACnet 点到点连接的有序终止。一旦这种连接成功建立之后，两个设备就可以透明地交换 BACnet PDU。不论呼叫设备还是被叫设备都可以启动释放连接过程，而只有每个设备都发送了终止请求之后，连接才会终止。对应的物理连接方式有：EIA-232 连接调制解调器、线路驱动器或者其他数据通信设备。

4.2.2　BACnet 对象模型

在楼宇自控网络中，各种设备之间要进行数据交换，为了能够实现设备的互操作，所交换的数据必须使用一种所有设备都能够理解的“共同语言”。BACnet 的最成功之处就在于采用了面向对象的技术，定义了一组具有属性的对象（Object）来表示任意的楼宇自控设备的功能，从而提供了一种标准的表示楼宇自控设备的方式。在 BACnet 中，所谓对象就是在网络设备之间传输的一组数据结构，对象的属性就是数据结构中的信息，设备可以从数据结构中读取信息，可以向数据结构写入信息，这些就是对对象属性的操作。BACnet 网络中的设备之间的通信，实际上就是设备的应用程序将相应的对象数据结构装入设备的应用层协议数据单元（APDU）中，按照协议规范传输给相应的设备。对象数据结构中携带的信息就是对象的属性值，接收设备中的应用程序对这些属性进行操作，从而完成信息通信的目的。

BACnet 目前定义了 18 个对象，表 4-13 给出了这些对象的名称和应用举例。通过对楼宇自控设备的功能进行分解，形成众多具有特定楼宇自控功能的“功能单元”。当定义了具有复用功能的标准 BACnet 对象后，就可以通过标准 BACnet 对象的不同组合对实际楼宇自控设备进行表示。

表 4-13　BACnet 常用对象

对象名称	应用实例
模拟输入 Analog Input	传感器输入
模拟输出 Analog Output	控制输出
模拟值 Analog Value	设置的阈值或其他模拟控制系统参数
二进制输入 Binary Input	开关输入
二进制输出 Binary Output	继电器输出
二进制值 Binary Value	数字控制系统参数
日历 Calendar	按事件执行程序定义的日期列表
命令 Command	完成诸如日期设置等特定操作而向多设备的多对象写多值
设备 Device	其属性表示设备支持的对象和服务，以及设备商和固件版本
事件登记 Event Enrollment	描述可能处于错误状态的事件（如“输入超出范围”），或者其他设备需要的报警。该对象可直接通知一个设备，也可用通知类（Notification Class）对象通知多对象
文件 File	允许读写访问设备支持的数据文件
组 Group	提供在一个读单一操作下访问多对象的多属性
环 Loop	提供标准化地访问一个“控制环”
多态输入 Multi-state Input	表述一个多状态处理程序的状况，如冰箱的开、关和除霜循环等
多态输出 Multi-state Output	表述一个多状态处理程序的期望状态，如冰箱的开始冷却时间、开始除霜时间等

续表

对象名称	应用实例
通知类 Notification Class	包含一个设备列表，其中包括如果一个事件登记对象确定有一个警告或报警报文需要发送则将要送给的那些设备
程序 Program	允许设备中的一个程序开始、停止、装载、卸载，以及报告程序当前状态等
时间表 Schedule	定义一个按周期的操作时间表

每个楼宇自控中的设备都能抽象为一组对象实例，并且每个设备都必须有且仅有一个 Device 对象实例。例如：一个智能温度传感器只需要 1 个 Device 对象和 1 个 Analog Input 对象表示。而一个楼宇控制器则需要 1 个 Device 对象、多个 Analog Input 对象、多个 Binary Input 对象、多个 Binary Output 对象、多个 Schedule 对象等组合表示。当然，某个产品如果具有某个对象，其本身必须具有该对象表示的功能，才有意义。例如，一个设备不具备时间安排的功能，那么你就不能写该 BACnet 设备的时间安排对象，如图 4-24 所示，一个温度传感器可抽象为一个模拟输入对象。

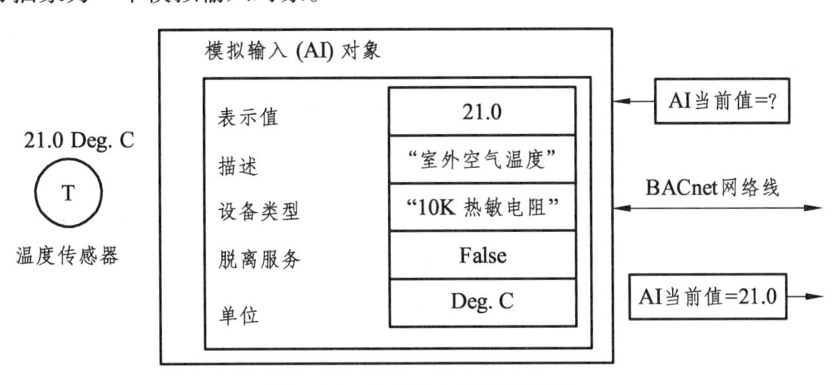

图 4-24　模拟输入量对象模型

属性是对对象内容的详细描述，例如：一个 Analo Output 对象有 Operating Limit、Status 等属性。每个对象至少要包含 Object_Identifier、Object_Name 和 Object_Type 三个属性。每个属性都由两部分组成——属性的名称或标识符及属性值。属性可以是只读或读/写的。其他 BACnet 设备可以读取设备中的属性或者重新赋值给该属性。BACnet 标准规定某些属性必须是必选的，而一些是可选的。

每个对象都有一组属性，属性的值描述对象的特征和功能。在 BACnet 中，对于每个对象来说，属性分为必需的和可选的两种。用三个字母表示属性的类型，其意义分别是：O 表示此属性是可选的，R 表示此属性是必需的且是用 BACnet 服务可读的，W 表示此属性是必需的且是用 BACnet 服务可读和可写的，表 4-14 为模拟量输入对象的属性。

表 4-14 模拟输入对象的属性

属性标识符	属性数据类型	一致性
对象标识符 Object_Identifier	BACnet 对象标识符 BACnetObjectIdentifier	R
对象名称 Object_Name	字符串 CharacterString	R
对象类型 Object_Type	BACnet 对象类型 BACnetObjectType	R
当前值 Present_Value	实数 REAL	R①
描述 Description	字符串 CharacterString	O
设备类型 Device_Type	字符串 CharacterString	O
状态标志 Status_Flags	BACnet 状态标志 BACnetStatusFlags	R
事件状态 Event_State	BACnet 事件状态 BACnet EventState	R
可靠性 Reliability	BACnet 可靠性 BACnetReliability	O
脱离服务 Out_Of_Service	布尔 BOOLEAN	R
更新间隔 Update_Interval	无符号整型 Unsigned	O
单位 Units	BACnet 工程单位 BACnetEngineeringUnits	R
最小值 Min_Pres_Value	实数 REAL	O
最大值 Max_Pres_Value	实数 REAL	O
分辨率 Resolution	实数 REAL	O
COV 增量 COV_Increment	实数 REAL	O②
时间延迟 Time_Delay	无符号整型 Unsigned	O③
通告类 Notification_Class	无符号整型 Unsigned	O③
高阈值 High_Limit	实数 REAL	O③
低阈值 Low_Limit	实数 REAL	O③
阈值宽度 Deadband	实数 REAL	O③
阈值使能 Limit_Enable	BACnet 阈值使能 BACnetLimitEnable	O③
事件使能 Event_Enable	BACnet 事件转换比 BACnetEventTransitionBits	O③
确认转换 Acked_Transitions	BACnet 事件转换比 BACnetEventTransitionBits	O③
通告类型 Notify_Type	BACnet 通告类型 BACnetNotifyType	O③

注：① 当脱离服务为 TRUE 时，该属性必须是可写的。
② 如果对象支持 COV 报告，则该属性是必需的。
③ 如果对象支持内部报告，则该属性是必需的。

BACnet 要求每个 BACnet 设备都要有一个“设备对象”，“设备对象”包含此设备和其功能的信息。当一个 BACnet 设备要与另一个 BACnet 设备进行通信时，它必须要获得该设备的“设备对象”中所包含的某些信息，表 4-15 给出了“设备对象”的属性描述。

表 4-15　设备对象属性

属性标识符	属性数据类型	一致性
对象标识符 Object_Identifier	BACnet 对象标识符 BACnetObjectIdentifier	R
对象名称 Object_Name	字符串 CharacterString	R
对象类型 Object_Type	BACnet 对象类型 BACnetObjectType	R
系统状态 System_Status	BACnet 系统状态 BACnetDeviceStatus	R
生产商名称 Vendor_Name	字符串 CharacterString	R
生产商标识符 Vendor_Identifier	16 位无符号整型 Unsigned16	R
型号名称 Model_Name	字符串 CharacterString	R
固件版本 Firmware_Revision	字符串 CharacterString	R
应用软件版本 Application_Software_Version	字符串 CharacterString	R
位置 Location	字符串 CharacterString	O
描述 Description	字符串 CharacterString	O
协议版本 Protocol_Version	无符号整型 Unsigned	R
协议一致类别 Protocol_Conformance_Class	无符号整型 Unsigned（1～6）	R
协议服务支持 Protocol_Service_Supported	BACnet 服务支持 BACnetServiceSupported	R
协议对象类型支持 Protocol_Object_Types_Supported	BACnet 对象类型支持 BACnet ObjectTypesSupported	R
对象列表 Object_List	BACnet 对象标识符的 BACnet 数组 BACnetARRAY[N] of BACnetObjectIdentifier	R
最大 APDU 长度支持 Max_APDU_ Length_Accepted	无符号整型 Unsigned	R

续表

属性标识符	属性数据类型	一致性
分段支持 Segmentation_Supported	BACnet 分段 BACnetSegmentation	R
虚拟终端类型支持 VT_Classes_Supported	BACnet 虚拟终端类列表 List of BACnetVTClass	O①
活动虚拟终端会话 Active_VT_Sessions	BACnet 虚拟终端会话列表 List of BACnetVTSession	O①
本地时间 Local_Time	时间 Time	O
本地日期 Local_Date	时期 Date	O
时差 UTC_Offset	整型 INTEGER	O
夏令时状态 Daylight_Savings_Status	布尔 BOOLEAN	O
APDU 分段超时 APDU_Segment_Timeout	无符号整型 Unsigned	O②
APDU 超时 APDU_Timeout	无符号整型 Unsigned	R
APDU 重传次数 Number_Of_APDU_Retries	无符号整型 Unsigned	R
会话密钥列表 List_Of_Session_Keys	BACnet 会话密钥列表 List of BACnetSessionKey	O
时间同步容器 Time_Synchronization_Recipients	BACnet 容器列表 List of BACnet Recipient	O③
最大主节点数 Max_Master	无符号整型 Unsigned（1 ~ 127）	O④
最大信息帧数 Max_Info_Frame	无符号整型 Unsigned	O④
设备地址捆绑 Device_Address_Binding	BACnet 地址捆绑列表 List of BACnet AddressBinding	R

注：① 虚拟终端类型支持属性与活动虚拟终端会话必须同时存在。如果 PICS 中有对 VT 服务的支持，那么这两个属性是必需的。

② 如果支持任何形式的分段，那么该属性是必需的。

③ 如果 PICS 指出该设备是时间主设备（Time Master），那么该属性是必需的。如果存在，则该属性必须是可写的。

④ 如果设备是 MS/TP 主节点，那么这些属性是必需的。

从表 4-15 中可以看到，虽然“设备对象”的属性很多，但是大部分是在出厂时就写定了的，且是只读属性。另一点要注意的是，“设备对象”的“对象标识符”属性中的设备实例标号必须是在整个 BACnet 互联网中唯一的，这样才能在安装系统时标识设备。

表 4-15 中的前三项属性，即“对象标识符”“对象名称”和“对象类型”，它们是 BACnet 设备中的每个对象必须具有的属性。“对象标识符”是一个 32 位的编码，用来标识对象的类型和其实例标号，这两者一起可以唯一地标识对象；“对象名称”是一个字符串，BACnet 设备可以通过广播某个“对象名称”而建立与包含有此对象的设备的联系，这将使整个系统的设置大为简化；“设备对象”的属性向 BACnet 网络表述了设备的全部信息。例如，“对象列表”属性提供了设备中包含的每个对象的列表。

4.2.3　BACnet 服务

在楼宇自控网络中，各种设备之间要进行数据交换，BACnet 的对象提供了网络设备进行信息通信的“共同语言”。除此之外，BACnet 设备之间还要有进行信息传递的手段，例如，一个设备要求另一个设备提供信息，命令另一个设备执行某个动作，或者向某些设备发出信息通知已经发生某事件，等等。在面向对象技术中，与对象相关联的是属性和方法，属性用来说明对象，而方法是外界用来访问或作用于对象的手段。在 BACnet 中，把对象的方法称为服务（Service），对象提供了对一个楼宇自控设备的“网络可见”部分的抽象描述，而服务提供了用于访问和操作这些信息的命令。

服务就是一个 BACnet 设备可以用来向其他 BACnet 设备请求获得信息，命令其他设备执行某种操作或者通知其他设备有某事件发生的方法。在 BACnet 设备中要运行一个“应用程序”，负责发出服务请求和处理收到的服务请求。这个应用程序实际上就是一个执行设备操作的软件。例如，在操作工作台，应用程序负责显示一系列传感器的输入信号，这需要周期性地向相应的目标设备中的对象发送服务请求，以获得最新的输入信号值；而在监测点设备中，它的应用程序则负责处理收到的服务请求，并返回包含有所需数据的应答。实现服务的方法就是在网络中的设备之间传递服务请求和服务应答报文。图 4-25 所示为一个 BACnet 设备接收服务请求和进行服务应答的示意图。

BACnet 定义了 35 个服务，并且将这 35 个服务划分为 6 个类别，见表 4-16，这些服务又分为两种类型，一种是确认服务（Confirmed，简单标记为“C”），另一种是不确认服务（Unconfirmed，简单标记为“U”）。发送确认服务请求的设备，将等待一个带有数据的服务应答。而发送不确认服务请求的设备并不要求有应答返回。对于每一个确认服务，BACnet 设备或者能够发送服务请求，或者能够处理并应答收到的服务请求，或者两者都能做。对于每一个不确认服务，BACnet 设备或者能够发送服务请求，或者能够处理收到的服务请求，或者两者都能做。BACnet 并不要求每个设备具有执行每个服务的能力，但是有一个服务是每个设备都必须能够处理的，这就是“读属性”服务。

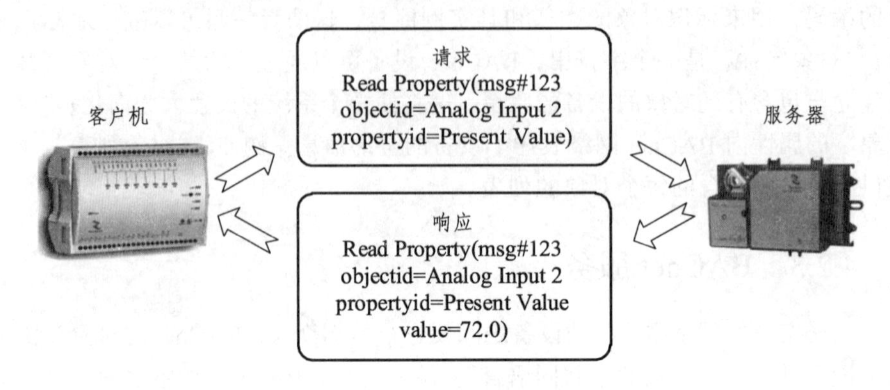

图 4-25　读属性服务示意

表 4-16　设备对象属性

服务分类	服　务	确认性	描　述
报警与事件服务	确认报警 AcknowledgeAlarm	C	用来告知报警发送方，操作者已收到报警
	确认的“属性值改变”通告 ConfirmedCOVNotification	C	告知“属性值改变”的预订设备，一个属性中已发生值的改变
	确认的事件通告 ConfirmedEventNotification	C	用来告知发送者，可能发生一个错误
	获得报警摘要 GetAlarmSummary	C	请求设备提供一份“活动报警”列表
	获得注册摘要 GetEnrollmentSummary	C	请求一份（可能错误的）“事件”列表
	预订“属性值改变” SubscribeCOV	C	由一个设备发送的，请求当在一个对象中有属性值改变发生，要被告知
	不确认的“属性值改变”通告 UnconfirmedCOVNotification	U	告知“属性值改变”的预订设备，在某个对象的一个或多个属性中值的改变已发生
	不确认的事件通告 UnconfirmedEventNotification	U	用来告知多个设备，可能发生一个或多个错误

续表

服务分类	服　务	确认性	描　述
文件访问服务	基本读文件 AtomicReadFile	C	请求获得一个“文件对象”文件的部分或全部
	基本写文件 AtomicWriteFile	C	向一个“文件对象”写入部分或全部文件
对象访问服务	添加列表元素 AddListElement	C	向一个列表的属性添加一个或多个项目
	删除列表元素 RemoveListElement	C	从一个列表的属性中删除一个或多个项目
	创建对象 CreateObject	C	用来在本设备中创建一个对象的新实例
	删除对象 DeleteObject	C	用来在本设备中删除某个对
	读属性 ReadProperty	C	返回一个对象的一个属性的值
	条件读属性 ReadPropertyConditional	C	返回符合条件的多个对象中的多个属性的值
	读多个属性 ReadPropertyMultiple	C	返回多个对象中的多个属性值
	写属性 WriteProperty	C	向一个对象的一个属性写入值
	写多个属性 WritePropertyMultiple	C	向多个对象的多个属性写入值
远程设备管理服务	设备通信控制 DeviceCommunicationControl	C	通知一个设备停止（及开始）接收网络报文
	确认的专用信息传递 ConfirmedPrivateTransfer	C	向一个设备发送厂商专用报文
	不确认的专用信息传递 UnconfirmedPrivateTransfer	U	向一个或多个设备发送一个厂商专用报文
	重新初置设备 ReinitializeDevice	C	对接受的设备进行排序，以使可以自引导冷或热启动
	确认的文本报文 ConfirmedTextMessage	C	向另一个设备传递文本报文
	不确认的文本报文 UnconfirmedTextMessage	U	向一个或多个设备发送一个文本报文

续表

服务分类	服务	确认性	描述
远程设备管理服务	时间同步 TimeSynchronization	U	向设备发送当前时间，可广播
	Who-Has	U	询问BACnet设备中哪个含有某个对象
	I-Have	U	肯定应答 Who-Has 询问，广播
	Who-Is	U	询问关于某 BACnet 设备的存在
	I-Am	U	肯定应答 Who-Is 询问，广播
虚拟终端服务	VT-Open	C	与一个远程 BACnet 设备建立一个虚拟终端会话
	VT-Close	C	关闭一个建立的虚拟终端会话
	VT-Data	C	从一个设备向另一个参与会话的设备发送文本
网络安全服务	验证 Authenticate	C	验证密码
	请求密钥 RequestKey	C	申请一个密钥

1. **动态设备绑定——是谁**（Who-Is）

Who-Is 和 I-Am 服务由客户机在网络上广播；服务器回复 I-Am 消息，包括设备 ID 和 MAC 地址，具体如图 4-26 所示。跨越以太网设备交谈，出于通信的目的，必须用到其他设备的 MAC 地址。称为动态设备绑定是因为，如果某设备死机并被更换，它的 MAC 地址不同但分配的设备 Device ID 是相同的；我们可以发送一个 Who-Is 来发现新设备的新 MAC 地址；Who-Is 服务通常使用网络管理工具学习网络。

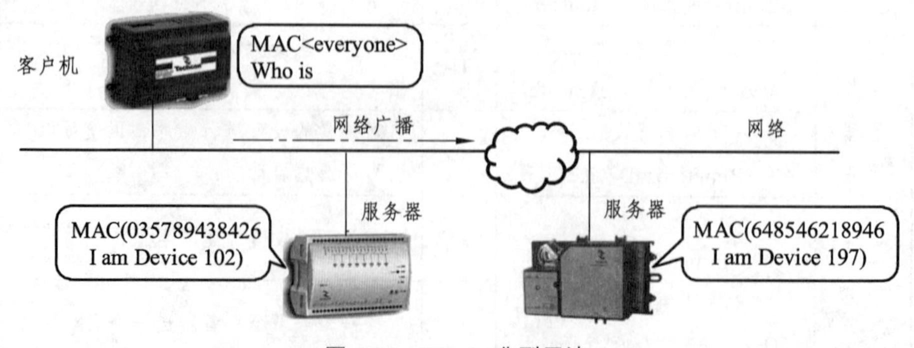

图 4-26 Who-Is 典型用法

2. **动态设备绑定——谁有**（Who-Has）

Who-Has 和 I-Have 服务是为了让你做动态对象绑定，确定哪些设备包含一个特定的对象，具体如图 4-27 所示。设备实例响应的范围可以限制，通常使用网络管理工具学习网络。

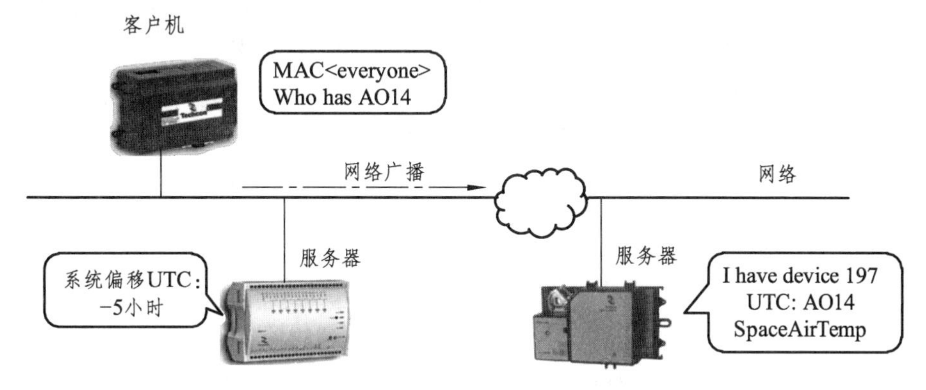

图 4-27 Who-Has 典型用法

4.2.4 BACnet 网络

BACnet 互联网是由两个或者多个 BACnet 网络所组成的网络。BACnet 标准最初只是作为一个楼宇范围的自动控制网络通信协议而制定的标准。随着信息社会的发展，已经有越来越多的要求需要将 BACnet 系统跨越园区、城市、地区、国家和洲而连接起来。最合适的实现方法就是使用现有的 IP 协议和广域网将 BACnet 系统连接。但是，BACnet 设备和 IP 设备使用的是不同的协议、不同的语言，不能将这些设备简单地放置于一个网络中就能使它们在一起工作。

为了使网络中的设备能够通信，网络设备必须使用共同的语言，称之为协议。对于 BACnet 设备，协议就是 BACnet 协议。对于 IP 网络设备，协议就是 TCP/IP 互联网协议。协议定义了设备之间交换的报文分组的格式、传输帧的格式，以及包含有目标地址和协议类型的封装格式。将多个网络连接起来就组成互联网（Internetwork），连接互联网中的网络的设备称为路由器，路由器要与两个以上的网络连接。路由器在接收到一个报文时，需要确定是否要将这个报文转发到另一个网络中，因此它必须能够理解帧的协议。

BACnet 路由器必须理解 BACnet 帧，IP 路由器必须理解 IP 帧。仅仅由只能够理解 BACnet 帧的路由器连接的 BACnet 互联网称之为直接连接的互联网，由 IP 路由器将多个直接连接的互联网互联，组成“超级”互联网。

要将 BACnet 网络通过 IP 广域网互联起来，首先遇到的问题是 IP 路由器不能识别 BACnet 帧。解决这个问题的方法是使用一个也能够理解 IP 协议的特别 BACnet 设备，这个设备能够将 BACnet 报文封装到一个 IP 帧中，从而使得 IP 路由器能够识别该帧，并且通过 IP 互联网进行转发。在目标节点，有另一个这样的设备用来从 IP 帧中拆装出 BACnet 报文，并且进行处理。

BACnet 标准目前使用两种技术来实现 IP 互联 BACnet 网络。第一种技术称之为“隧道”技术，其设备称之为 BACnet/IP 分组封装拆装设备，简称 PAD，其作用像一个路由器，将 BACnet 报文通过 IP 互联网传送。第二种技术称之为 BACnet/IP 网络技术，设备称之为 BACnet/IP 设备，其作用就是直接将 BACnet 报文封装进 IP 帧中进行传输。

1. MS/TP 网络

图 4-28 所示为典型的单网段 MS/TP 网络架构，BACnet MS/TP 协议是一个对等、多主数据总线协议，通过在设备（Master）间传递令牌，共享数据带宽，持有令牌的设备被授权在据总线上发起通信。BACnet MS/TP 是所有 BACnet 实现中比较便宜的方式。它使用 EIA 485 作为物理网络，波特率范围限于 9.6K ~ 76.8 Kb/s。

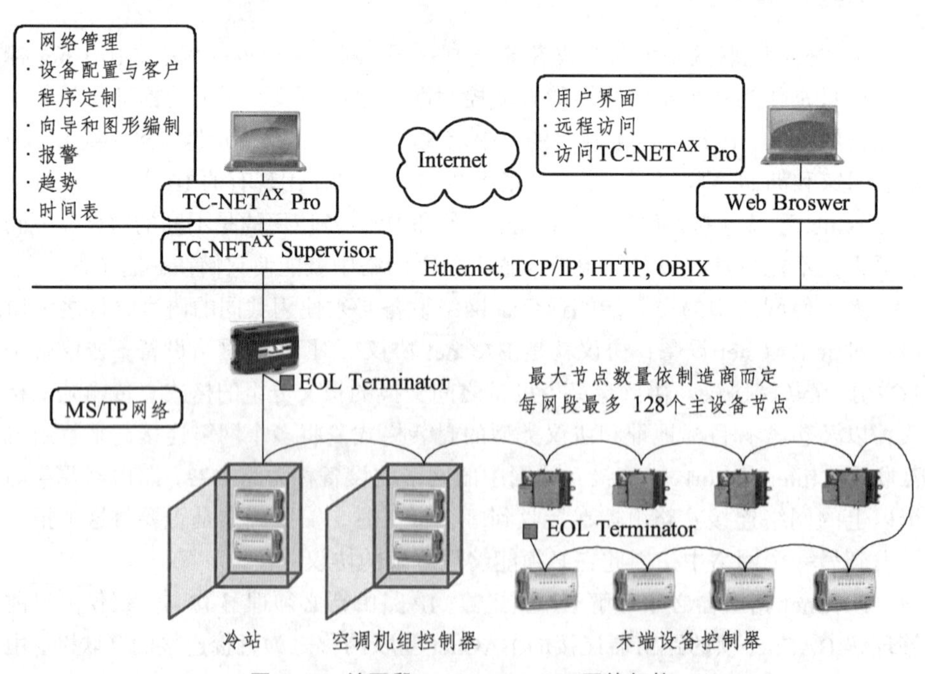

图 4-28　单网段 BACnet MS/TP 网络架构

2. BACnet/Ethernet

Ethernet 是全球知名的协议（IEEE 802.3），也是当今 IP 网络的先驱。它作为技术遗产，仍然很容易实现，且过去几年，其成本已经下降很多；BACnet over Ethernet 同样采用 BACnet/IP 所用的以太网络，不同之处在于 Ethernet 使用 MAC 地址作为网络地址（而 BACnet/IP 使用 IP 地址作为网络地址），它可在 10 Mb/s，100 Mb/s 或 1 Gb/s 速度下运行。最大的缺点是不能通过 IP 路由器在不同的子网间通信，因为通常 IP 路由器使用的不是 MAC 地址，而是 IP 地址。当设备不具备 IP 能力的时候，使用 BACnet Ethernet，如今这种情况已经非常罕见。

3. BACnet/IP

不同于 BACnet 以太网设备，BACnet/IP 设备知道如何使用 IP 地址。一个 BACnet/IP 设备知道如何在 IP 网络上发送信息给另一个 BACnet/IP 设备。设备到设备的信息，例如，ReadProperty 称作“单播”消息，像 Who-Is 这样的服务，要发送给网上所有的设备，则是“广播”消息。如图 4-29 所示，该网络采用了 BACnet/IP 设备、BBMD（BACnet 广播管理设备）和 Router 路由器设备将多网段 MS/TP 网路互联。

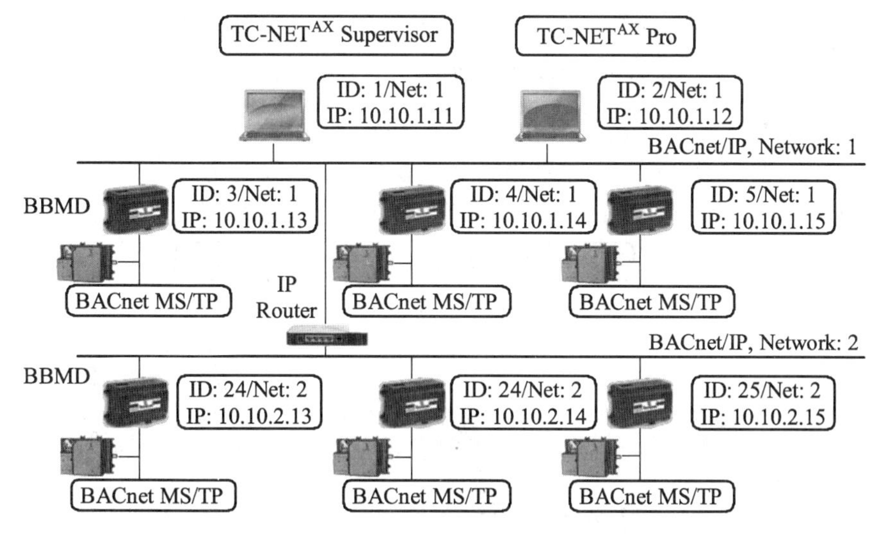

图 4-29　多网段 MS/TP 网络架构

当使用 IP 路由器的时候，广播消息（用于 BACnet 确认服务）通常不能由标准的 IP 路由器播送；这时就需要隧道路由器；BBMDs（BACnet 广播管理设备）就是基于这个目的开发的；它使用一个 BDT（广播分配表）来识别对等的 BBMDs，并由特定的 BVLL（BACnet 虚拟链接层）消息来指示，将封装的消息广播给远程 IP 子网上所有的 BACnet 设备。

在图 4-30 中，设备 5 想要发现 BACnet 网络，并发出一个 Who-Is 请求（细实线箭头）。这个请求被广播在子网 2 上，但它会被路由器阻止，不会在子网 2 上传播。子网 1 上的 BBMD 发送一个单播消息给 BDT 列表中的其他 BBMD（虚线箭头）；子网 2 上的 BBMD 接收到消息在子网 2 上转发广播（点画线箭头）。

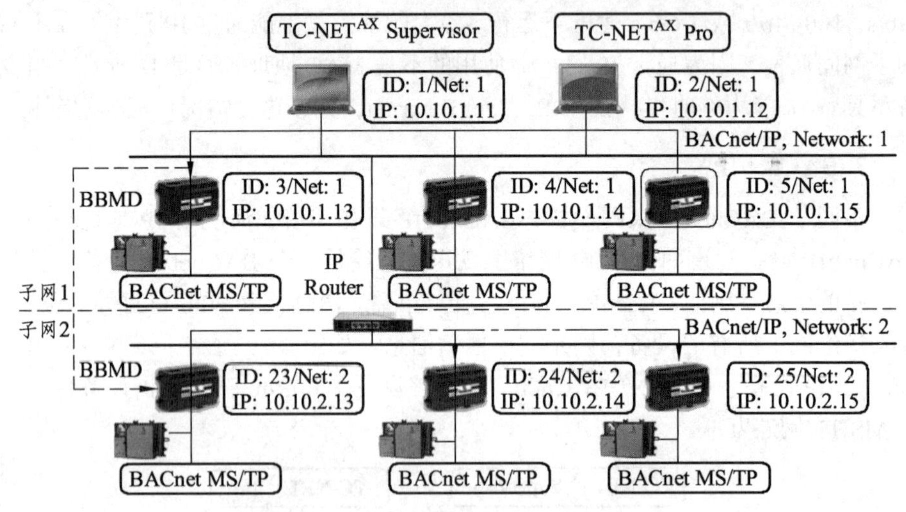

图 4-30　多网段 MS/TP 网络广播转发示意图

在图 4-31 中，使用类似于 BBMDs 和 BDT 的概念，BACnet 外部设备可注册在 FDT（外部设备列表）中；当一个广播消息发送到 IP 子网 1，且子网 3 上没有 BBMDs，控制器就将此消息作为单播，转发给 FDT 中所有的设备。

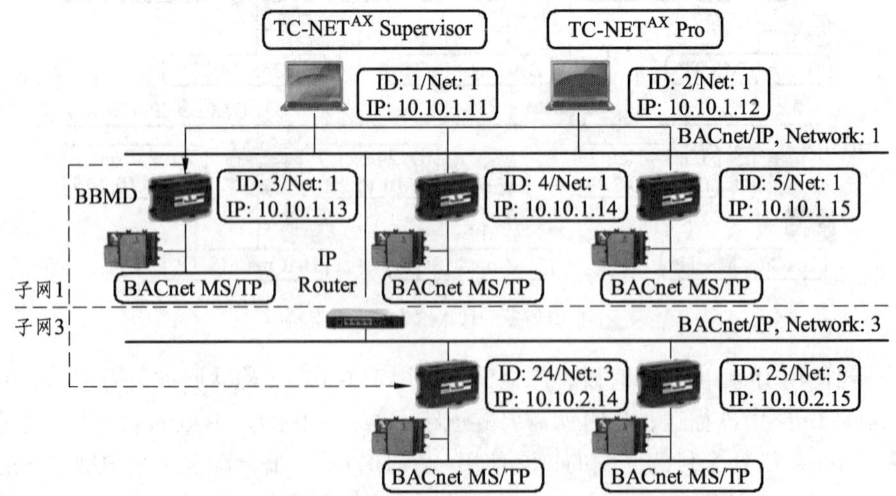

图 4-31　外部设备接收多网段 MS/TP 网络广播示意图

4.3　OPC 技术

4.3.1　OPC 技术概述

OPC（OLE for ProcessControl）即是把 OLE 应用于工业过程控制领域。工业控制领域要用到大量的现场设备，在 OPC 出现以前，软件开发商需要开发大量的驱动程序连接这些设备。由于不同设备或者同一设备不同单元的驱动程序有可能不同，软件开发商很难同时对这些设备进行访问以优化操作，且一旦硬件系统改动或升级，应用程序就可能需要重写；同时不同客户有着不同的应用需求，不同硬件设备也存在不同的数据传输协议，传统集成方法已越来越不适应发展需要。

OPC 技术的出现有效地解决了这一问题。OPC 建立在 OLEOLE/COM 技术基础之上，它为工业控制领域提供了一种标准的数据访问机制。它将底层硬件驱动程序和上层应用程序的开发有效地分隔开，使用统一的数据接口实现了不同设备协议间的数据互访，不仅易于系统维护和升级，而且缩短了开发时间。OPC 规范的内容涵盖了数据存取、事件报警、安全性等诸多方面，主要包括数据存取规范、报警事件规范、历史数据存储规范、批量过程规范和安全性规范等。OPC 开发包括 OPC 服务器和 OPC 客户端两个部分。其实质是在硬件供应商和软件开发商之间建立了一套完整的标准，只要遵循这套标准，数据交互对双方来说就是透明的，OPC 客户端就可以方便地读取 OPC 服务器中的数据，无须重复开发单独的驱动程序，应用程序之间可以很容易地实现信息的共享与交互，从而大大降低集成成本。

OPC 是连接数据源（OPC 服务器）和数据的使用者（OPC 应用程序）之间的接口标准。数据源可以是 PLC、DCS、条形码读取器等控制设备。服务器既可以是本地服务器，也可以是远程服务器。OPC 是具有高度柔软性的接口标准。目前，OPC 技术主要应用于以下几大工业控制：在线数据监测、报警和事件处理、历史数据访问、远程数据访问。OPC 一般采用客户/服务器模式。通常把符合 OPC 规范的设备驱动程序称为 OPC 服务器，它是一个典型的数据源程序。将符合 OPC 规范的应用软件称为 OPC 客户，它是一个典型的数据接受程序。服务器充当客户和硬件设备之间的桥梁。客户对硬件设备的读写操作由服务器代理完成。在客户端和服务器端都各自定义了统一的标准接口，接口具有不变特性。接口明确定义了客户同服务器间的通信机制，是连接客户同服务器的桥梁和纽带。客户通过接口实现与服务器通信，获取现场设备的各种信息。统一的标准接口是 OPC 的实质和灵魂。

1. 为什么需要 OPC

OPC 的优势，在于异构系统的集成可以通过 OPC 技术来解决（也可以通过协议转换桥来解决）。OPC 服务器集成了多种总线协议，在服务器中实现协议转换，并将接收到的数据通过 COM 或 DCOM 传给客户端。如图 4-32 所示，在没有使用 OPC 时，针对异构系统应用程序必须配置复杂的驱动接口，使用 OPC 后则如图 4-33 所示，应用程序数据和设备数据交互变得简单很多，可以很容易将 ABB、施耐德和西门子等国际知名品牌系统集成起来。

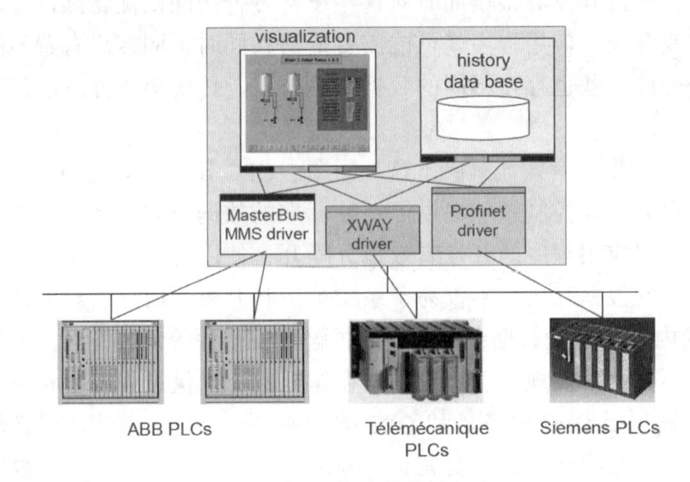

图 4-32　异构网络集成示意

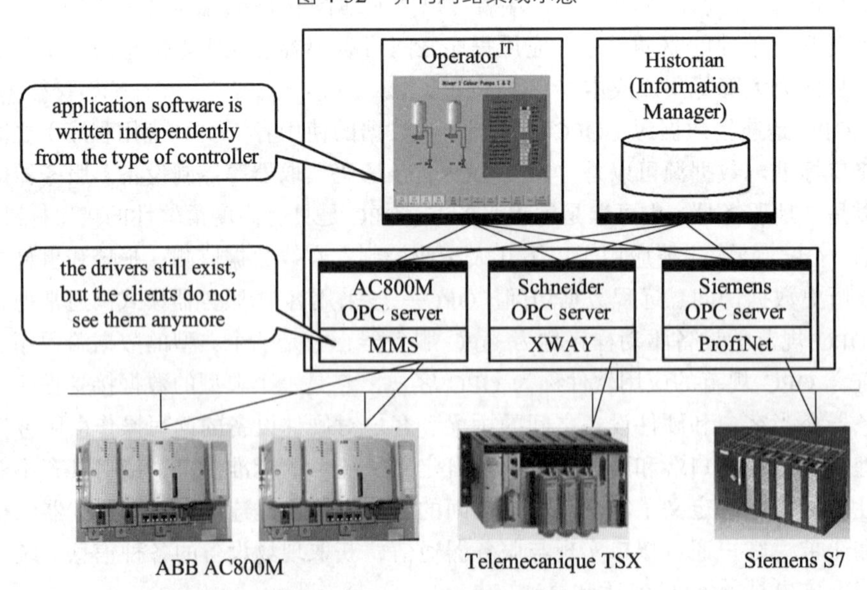

图 4-33　使用 OPC 技术集成示意

2. OPC 原理

OPC 技术基于微软的 OLE（现在的 Active X）、COM（部件对象模型）和 DCOM（分布式部件对象模型）技术，其技术基础框架如图 4-34 所示。OPC 包括一整套接口、属性和方法的标准集，用于过程控制和制造业自动化系统。Active X/COM 技术定义各种不同的软件部件如何交互使用和分享数据。不论过程中采用什么软件或设备，OPC 为多种多样的过程控制设备之间进行通信提供了公用的接口。

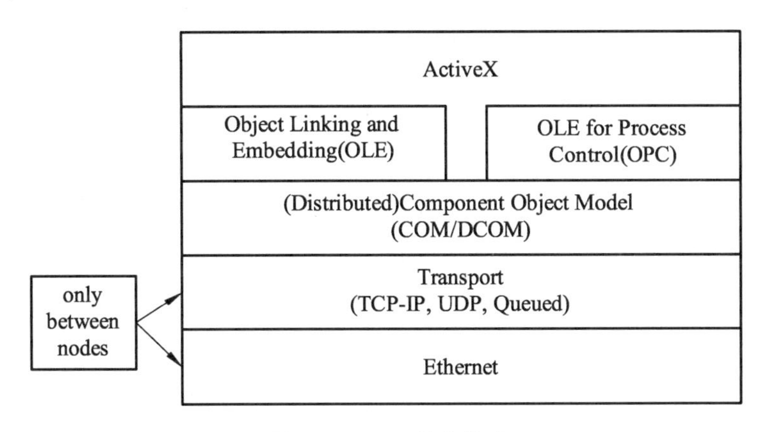

图 4-34　OPC 技术构成

3. OPC 发展历史

Fisher-Rosemount，Rockwell Software，Opto 22，Intellution 和 Intuitive Technology 于 1995 年发起成立了 OPC（OLEfor Process Control）基金会。截至 2011 年底，OPC 基金会的成员已达到 456 个，详细发展历程如表 4-17 所示。随着技术的发展和市场的需求，OPC 技术的发展经历了三个主要阶段，即经典 OPC，OPC XML-DA 和 OPC UA（Uni-fied Architecture）。

表 4-17　OPC 发展历史

	1990s	
微软操作系统统治了整个工业自动化领域。自动化供应商开始在其产品中使用微软的 COM 和 DCOM 技术	1955	自动化供应商 Fisher-Rosemount，Intellution，Opto 22 和 Rockwell Software 形成了一个工作组，负责开发基于 COM 和 DCOM 的数据访问标准，称之为 OPC，即用于过程控制的 OLE（Microsoft

续表

<table>
<tr><td rowspan="2">该工作组成立的首年8月份就发布了用于数据访问（DA）的简化OPC规范的1.0版本。其他的软硬件供应商也开始使用OPC作为其互操作性的机制。但随着时间的推移，人们越来越清晰地意识到行业内需要一个可提供合规性和互操作性的标准检验及认证的正式组织。因此，OPC基金会于9月在芝加哥ISA展会上成立</td><td>1996</td><td>Object Linking＆Embedding）的缩写</td></tr>
<tr><td>1998</td><td rowspan="2">OPC基金会开始将其现有规范放到网上为更多的企业服务</td></tr>
<tr><td rowspan="2">OPC报警和事件（OPC AE）规范发布</td><td>1999</td></tr>
<tr><td>2001</td><td rowspan="2">OPC历史数据访问（OPC HDA）、批处理和安全规范发布</td></tr>
<tr><td rowspan="2">OPC复杂数据、数据交换和XML-DA规范发布。OPC基金会创建的由13个独立的部分组成的OPC统一架构（OPC UA）规范发布。初始的OPC规范现在称为“Classic OPC”或“OPC Classic”</td><td>2003</td></tr>
<tr><td>2004</td><td rowspan="2">OPC命令规范发布</td></tr>
<tr><td rowspan="2">OPC UA版本1.0开始投入使用</td><td>2006</td></tr>
<tr><td>2007</td><td rowspan="2">OPC认证计划和测试实验室建成。自动化供应商开始提供基于OPC UA技术标准的第一个产品</td></tr>
<tr><td rowspan="2">OPC UA版本1.01开始投入使用。OPC UA与Analyzer Devices的配套规范ADI发布，该配套规范用于制药和化学制造行业</td><td>2009</td></tr>
<tr><td>2010</td><td rowspan="2">第一个嵌入式OPC UA设备发布。OPC UA与IEC 61131的配套规范发布</td></tr>
<tr><td rowspan="2">IEC 62541发布（OPC UA）</td><td>2012</td></tr>
<tr><td>2013</td><td>OPC UA 1.02发布。OPC UA与ISA-95的配套规范发布。OPC基金会在中国、欧洲、日本和北美洲拥有超过480名会员</td></tr>
</table>

（1）经典OPC阶段。

OPC第一阶段的技术称为经典的OPC技术。根据工业应用的不同需求，经典OPC包括的规范有：Data Access（DA），Alarm & Events（A&E），HistoricalData Access（HDA），OPC Batch，OPC Security，OPC DX和 OPC Complex Data，

其中应用较多的有 DA、A&E 和 HDA。DA 指出如何访问当前的过程数据，A&E 提供了基于事件信息的接口，HDA 描述了如何访问已存档的数据。所有的接口都提供通过地址空间导航获取可用数据的方法。

OPC 使用基于客户/服务器的方法交换信息。OPC 服务器像一个装置封装了过程信息源并通过接口访问其内的数据。OPC 客户端连接到 OPC 服务器就可以访问到其提供的数据，图 4-35 反映了基于 OPC 客户/服务器的典型应用。

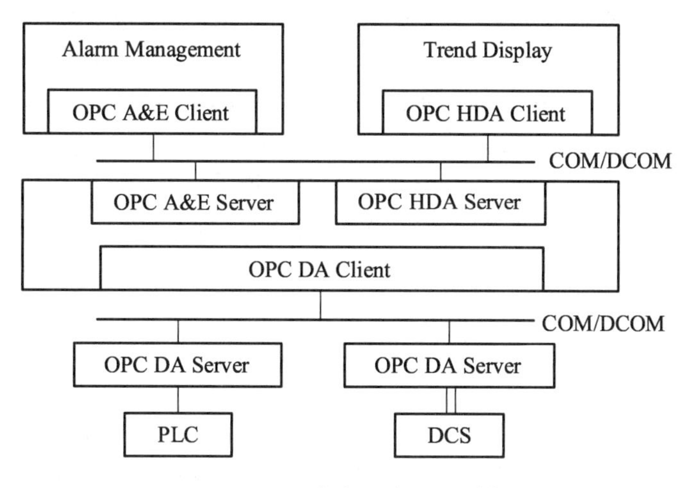

图 4-35　OPC 客户/服务器典型应用

经典 OPC 技术主要存在以下缺陷：

① 缺少跨平台通用性。由于 COM/DCOM 对 Microsoft 平台的依赖性，使得 OPC-COM 接口很难被应用到其他平台上。

② 较难与 Internet 应用程序集成。网络防火墙会过滤掉大多数基于 COM 传输的数据，因此 OPC-COM 不能与 Internet 应用程序进行交互。

③ 较难与企业应用程序连接。企业应用程序（如 ERP）需要实时的工业现场数据，这些数据通常来自具有 OPC-COM 接口的服务器。但是这些上层应用程序大多没有与 OPC-COM 服务器交互的 OPC-COM 接口，因而不能进行连接。

④ OPC DA 规范各自的 API（应用程序接口）是相互独立的，虽然这种分离简化了 OPC 服务器的开发，却把数据集成的重担交给 OPC 客户端软件。

（2）OPC XML-DA 阶段。

OPC XML-DA 是第一个平台独立的 OPC 规范，它用 HTTP/SOAP 和 Web Service 技术替代 COM/DCOM。2003 年 7 月 12 日，OPC 基金会正式发布了 OPC XML-DA 规范 1.0 版。在 OPC XML-DA 中，OPC 数据交换的方法减少到了最小，仅保留 8 种方法。OPC XML-DA 主要用于 Internet 和企业信息的集成。它的平台独立性主要应用于嵌入式系统和非微软平台。由于消耗资源多且性能有限，OPC XML-DA 并没有达到预期的效果。因此，OPC XML-DA 只维持了相对较短的时间，可以看作是 OPC 技术的过渡阶段。

（3）OPC UA 阶段。

虽然基于 Web Service 技术，OPC XML 技术已经很好地实现了数据在互联网上的通信，但其单位时间内所读取的数据项个数要比基于 COM/DCOM 少两个数量级左右。而 OPC UA（OPC Unified Architecture）将现存所有的 OPC 规范连结为一个可整合的统一平台，该平台将从基于 COM/DCOM 架构迁移到基于 Web Service 技术的框架下。而 OPC UA 已全面超越了 OPCXML，OPC UA 的通信机制包含了 DCOM、Web Services、NET Remoting、MSMQ、ASMX、WSE 等的优势，能够提供安全的、可靠的通信，保证了良好的性能和良好的互操作性。所以，OPC 基金会重新定义了 OPC 的含义，即开放性（Openness）、生产力（Productivity）、协作性（Collaboration）。

4.3.2 OPCUA 简介

1. OPCUA 概述

2006 年发布的 OPC 统一架构（UA）将各个 OPC Classic 规范的所有功能集成到一个可扩展的框架中，独立于平台并且面向服务。2010 年 OPCUA 已成为 IEC 标准（IEC 62541），2017 年 7 月 12 日成为国家推荐标准，标准号为 GB/T33863-2017，该标准已于 2018 年 2 月 1 日起实施。

如图 4-36 所示，OPCUA 标准由核心规范（1 ~ 7 部分，概念和概述、安全模型、地址空间模型、服务、信息模型、映射、规约）、访问类型规范（8 ~ 11 部分，数据访问、报警和事件、程序、历史访问）和应用规范（12 发现、13 聚合）共 13 部分组成。

OPC UA 提供一致的、集成的地址空间和服务模型，这允许一个 OPC UA 服务器将数据、报警、事件和历史数据集成到地址空间，并使用集成的服务集对其进行访问，这些服务也包括集成的安全模型。

OPC UA 允许服务器向客户端提供从地址空间访问的对象类型定义，也允许使用信息模型描述地址空间内容。OPC UA 允许数据按不同格式表示，包括二进制结构和 XML 文件。数据格式可由 OPC、其他标准组织或制造商定义。通过地址空间，客户端能向服务器查询描述数据格式的元数据。在许多情况下，没有数据格式的预编程序知识的客户端，能实时确定数据格式并适当地使用数据。

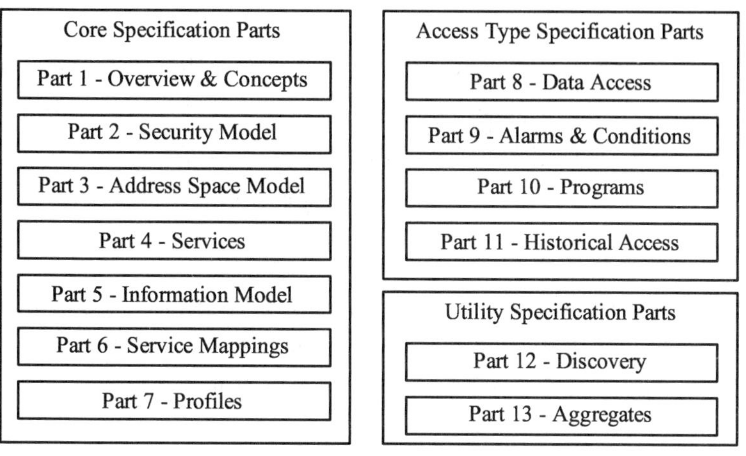

图 4-36　UA 系列标准结构

OPC UA 补充了对节点间多种关联的支持，而不是限定为一种层次结构。在这种方式下，OPCUA 服务器可按不同的经剪裁的层次结构表示数据，使得客户端能按喜欢的方式浏览数据。这种灵活性结合对类型定义的支持，使得 OPC UA 适用于更广泛的应用领域。如图 4-37 所示，使用 OPC UA 的目的不仅是用于 SCA DA、PLC 和 DCS 接口，还可为更高级功能间提供互操作性方法。

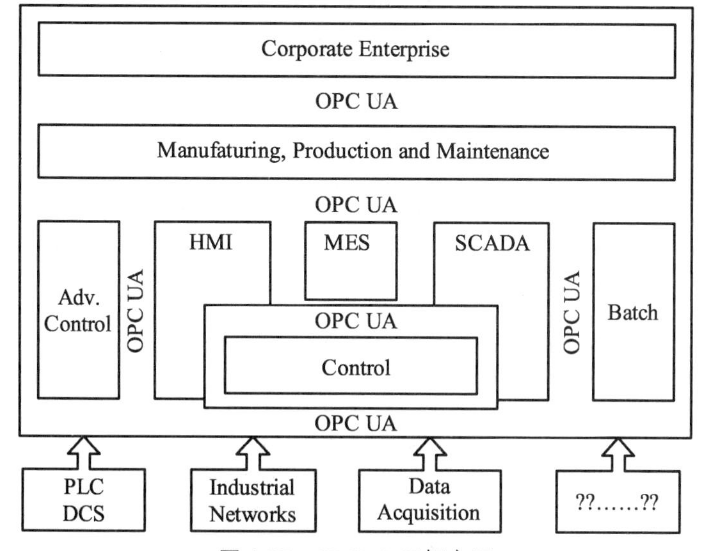

图 4-37　OPCUA 目标应用

OPC UA 被设计为可提供健壮的发布数据。所有 OPC 服务器的主要特点是具有发布数据和事件通知的能力。OPC UA 为客户端提供可实现快速检测并与传输相关联的通信故障中恢复的机制，而无须等待底层协议提供的长超时。

OPC UA 被设计为支持更广泛意义上的服务器，从工厂底层的 PLC 到企业服务器。这些服务器在尺寸大小、性能、执行平台和功能能力方面差异很大，而且 OPC UA 定义了详尽的能力集，服务器可实现这些能力的一个子集。为提高互操作性，OPC UA 定义了子集，称为行规，服务器可以声明其符合哪种行规。客户端能发现服务器的行规，并基于行规调整其与服务器交互。

2. OPCUA 应用架构

OPC UA 系统架构将 OPC UA 客户端和服务器建模为交互伙伴。每个系统可以包含多个客户端服务器。每个客户端可同时与一个或多个服务器交互，每个服务器可以与一个或多个客户端交互。一个应用可以将服务器和客户端部件组合在一起，以允许与其他服务器和客户端的交互，图 4-38 给出了将服务器和客户端组合在一起的架构。

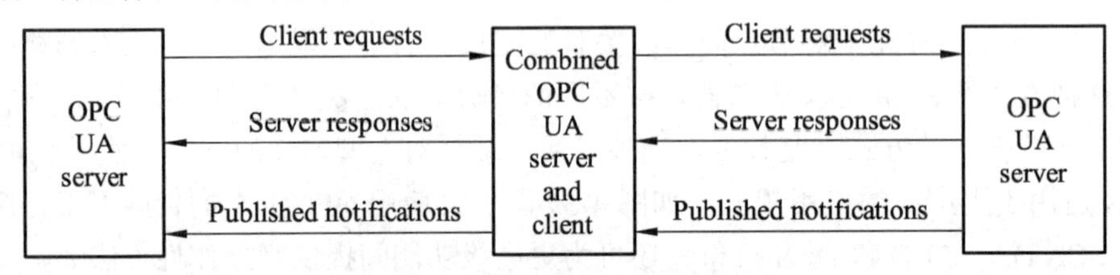

图 4-38　OPCUA 系统架构

OPC UA 客户端架构建立了客户端/服务器交互的客户端端点模型。图 4-39 给出了典型 OPCUA 客户端的主要元素，以及这些元素之间如何关联。客户端应用是实现客户端功能的代码，它使用 OPC UA 客户端 API 向 OPC UA 服务器发送和接收 OPC UA 服务请求和响应。

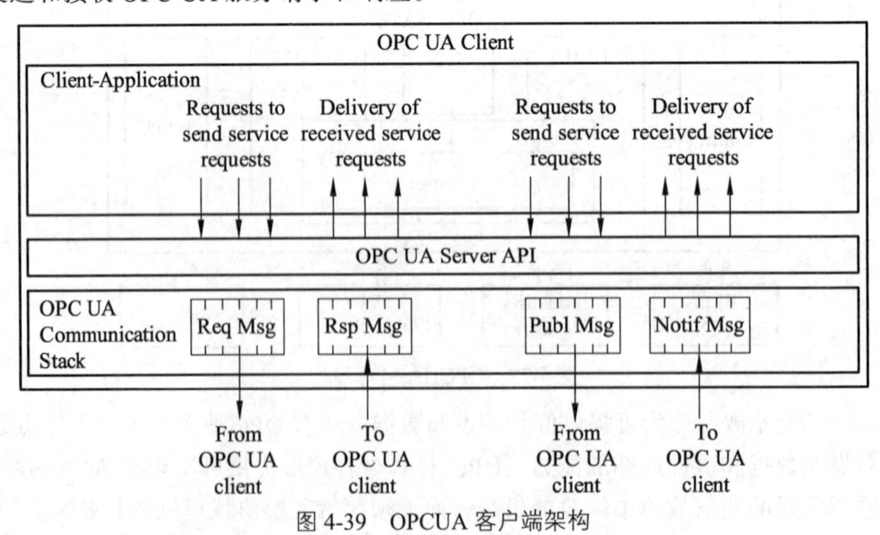

图 4-39　OPCUA 客户端架构

OPC UA 服务器结构建立了客户端/服务器交互的服务器端点模型，图 4-40 给出了 OPC UA 服务器的主要元素和它们关联的方式。

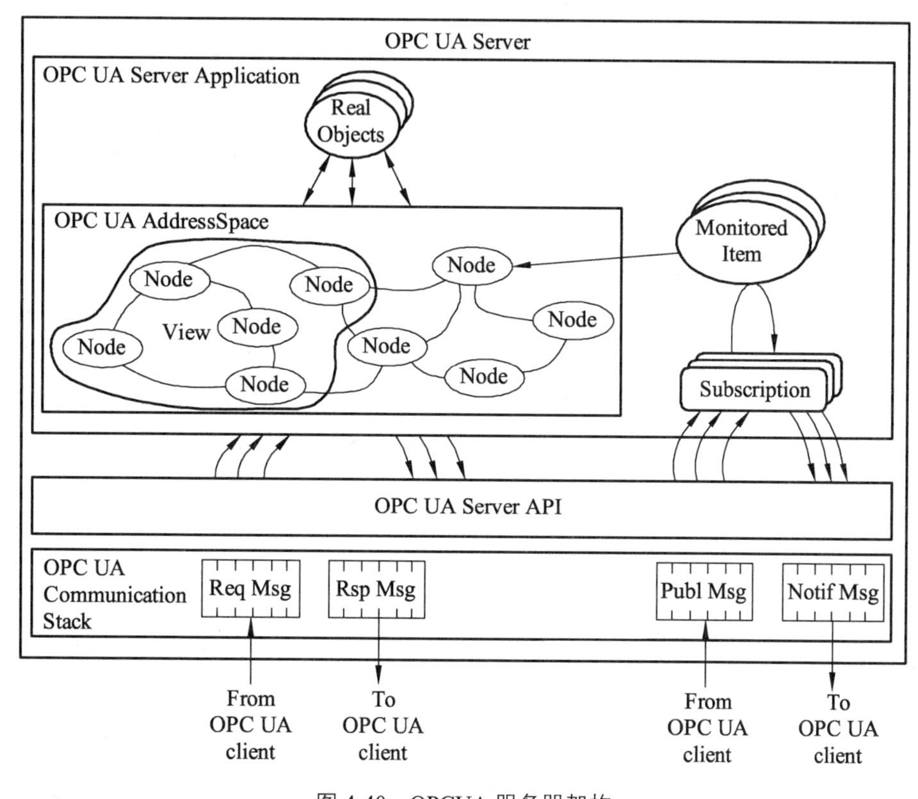

图 4-40　OPCUA 服务器架构

4.3.3　OPCUA 模型和服务

OPC UA 提供一致的、集成的地址空间及服务模型。它允许一个单独的 OPC UA 服务器来集成数据、警报和事件及历史数据到它的地址空间，用一个集成的服务集提供对它们的存取。

1. OPCUA 安全模型

OPC UA 安全模型完成客户端和服务器端的认证、用户认证、数据保密性等操作。在没有指明的任何情况下，安全机制是必须的。由于以太网已经延伸到现场设备层，企业管理人员可以通过 Internet 掌握工厂的实时运营状态。因此，OPC UA 服务器或客户端必须要采用一定的安全策略保证系统的安全。OPC UA

采用了会话建立、审核、传输安全等措施保证控制系统的网络安全。

OPC-UA 安全机制处理客户端和服务器的授权验证、交换数据的完整性、加密算法的一致性及功能配置文件的正确性。OPC-UA 安全机制也是大多数网络平台的安全架构的补充，安全架构图分为三层，包括用户层安全、应用程序层安全、传输层安全。

在通信建立时需要执行 OPC-UA 用户层安全机制。客户端将加密的安全令牌传输给服务器以做身份验证。服务器根据令牌验证用户身份并授权相关功能给客户端。OPC-UA 规范没有规定诸如访问控制列表的授权机制，因为这些由应用程序和/或系统来授权。

在通信建立时，OPC-UA 应用程序层也要进行安全和交换数字签名的验证。实例证书与具体的安装有关。软件证书用来验证客户端和服务器软件及 OPC-UA 配置文件。软件证书描述了服务器的功能，如支持的特定信息模型。传输层用于实现消息签名及消息本身的加密。这样可以防止交换信息被泄露并确保信息不能被复制。

数据流（消息）的签名确保没有人能够改变发送和接收的内容。它需要生成一个可以很容易地被消息接收者重新生成的密码签名。如果有什么变化，接收器将不会得到相同的签名并能告知消息已被更改。加密将签名带到下一级，因为除了接收者之外，没有人能阅读消息中的内容。加密消息的签名和加密机制，如图 4-41 所示。

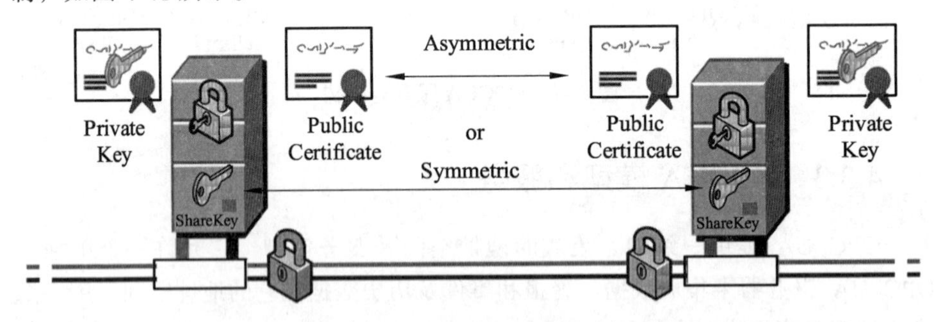

图 4-41　签名与加密

2. OPCUA 集成对象模型

经典 OPC 定义的对象是相互分离独立的，如图 4-42 所示，OPC UA 对象模型是通过对象的变量、方法、事件及其相关的服务来表现对象。对象模型让生产数据、报警、事件和历史数据集成到同一个 OPC-UA 服务器中。例如，通过 OPC UA，能够将一个温度测量设备视为一个具有其温度值、报警参数和相应报警极限值的对象。

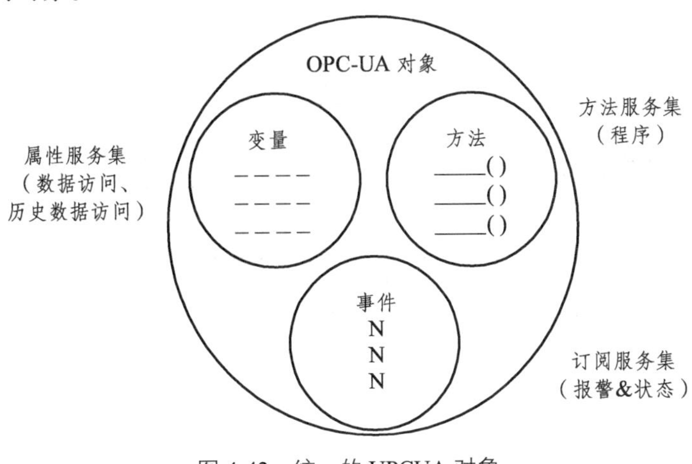

图 4-42　统一的 UPCUA 对象

3. OPCUA 集成地址空间模型

OPC UA 的地址空间是由一系列节点组织构成的，客户端通过 OPC 服务来访问它。地址空间里的节点是用于表现真实对象、对象的定义及对象间的引用。在现有 OPC 规范中，各个规范单独定义自己的地址空间和服务，而 OPC UA 把这种模型统一为一个集成的地址空间。为了提升客户机和服务器的互操作性，OPC UA 地址空间用高层规范来结构分层。尽管地址空间里的节点通过分层通常容易进入，但它们可能都互相引用，允许地址空间代表一个相互联系的网络节点。

OPC-UA 集成和标准化了不同的地址空间和服务，因此，OPC-UA 应用程序仅需要一个导航接口。如图 4-43 所示，OPC-UA 地址空间采用分层设计，以促进客户端和服务器的互操作性。最高层针对所有服务器进行了标准化，地址空间中的所有节点可以通过层次结构到达。节点可以具有其他参考，从而地址空间形成了一个紧密连接的节点网络。OPC-UA 地址空间不仅包含实例（实例空间），而且包含实例类型（类型空间）。

4. OPC UA 集成服务

OPC-UA 以命名空间来限定服务需求，读写变量或者订阅事件方式来更新数据。通过逻辑组合来组织 OPC-UA 服务，即所谓的服务集。通过客户端和服务器的服务请求完成信息交换。OPC-UA 信息交互既可通过基于 TCP/IP 的二进制方式来进行，也可以依据 Web Service 来实现，其传输规范如图 4-44 所示。应用通常支持这两种协议，系统开发人员可以依据实际需求选择最适合的一种。

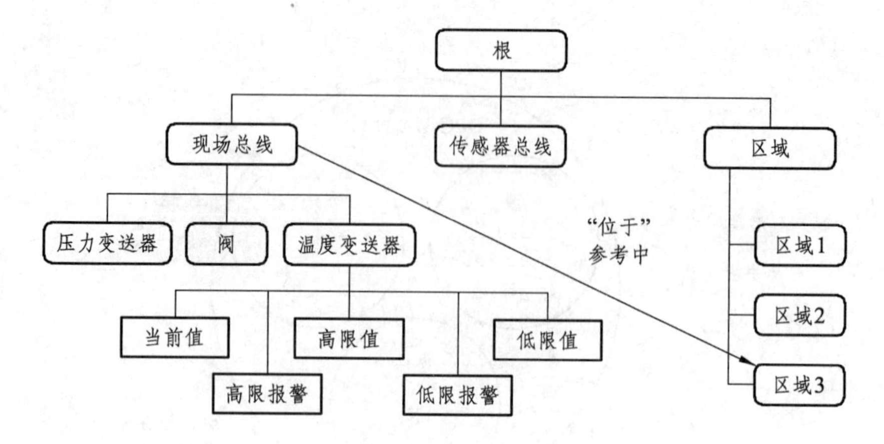

图 4-43　OPCUA 一致的地址空间

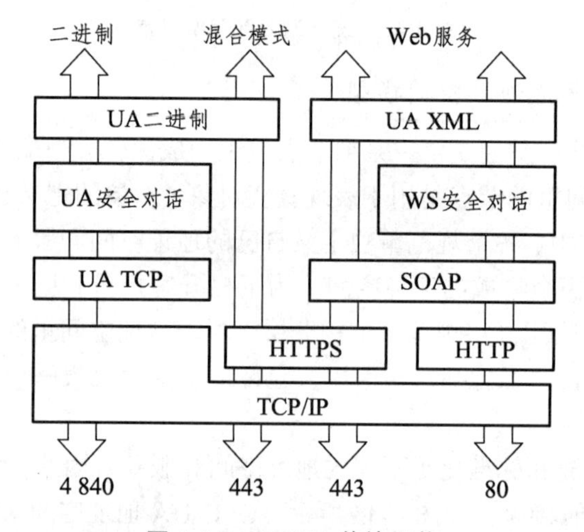

图 4-44　OPCUA 传输规范

OPC-UA 总共提供 9 个基本服务集，这些服务集的简要介绍如表 4-18 所示。配置文件能够适用服务器支持的所有服务子集，这里就不详细介绍配置文件了。

表 4-18　OPCUA 服务集

服务集名称	用　途
安全通道 SECURECHANNEL	该服务集包含确定一台服务器安全配置的服务，并建立通信通道，在这个通道中保证了交换信息的机密性和完整性。这些服务并不在 OPC-UA 应用程序中直接实现，而是通过所使用的通信栈实现

续表

服务集名称	用　途
通信 SESSION	该服务集定义了与特定用户在应用层建立连接（会话）的服务
节点管理 NODEMANAGEMENT	该服务集为服务器配置提供了一个接口，它允许客户端能够添加、修改和删除地址空间中的节点
视图 VIEW	视图服务集让客户端能够通过浏览方式发现节点，浏览方式使得客户端能够向上或向下定位各节点，或者定位两节点之间的对象。这样，客户端就能够定位结构体的地址空间
属性 ATTRIBUTE	属性服务集提供了对象属性读写的功能，而属性则是由 OPC-UA 定义的原始节点
方法 METHOD	方法服务集指提供的功能函数可以被对象所调用，调用完成后返回结果。方法服务集定义了调用函数的方式
监控项 MONITOREDITEM	该服务集可以用于定义地址空间内的哪些项可以被客户端使用，以便通过客户端进行修改，或哪些事件是客户端感兴趣的
订阅 SUBSCRIPTION	可以用于生成、修改或删除监控项信息
查询 QUERY	客户端能够使用这些服务并采用特定滤波方式从标准地址空间中获取指定节点

4.4　基于平台的集成案例

随着物联网、传感技术、云计算、大数据等的发展，OICT（运营 Operational、信息 Information、通信技术 Communication Technology）的融合更加深入。传统模式下，出于安全性考虑，工厂自动化设备是被隔离保护起来的。而信息技术（IT）的发展，使得对自动化设备的数据采集、分析、存储开始向外部转移，如转移到各种工业物联网平台，这些平台能够将各种工业资产设备和供应商相互连接并接入云端，同时提供资产性能管理（APM）和运营优化服务。通过工业物联网平台，IT 与 OT 在工业领域的边界变得模糊，逐步走向深入融合。

OPC 统一架构（OPC-UA）是一套安全、可靠且独立于制造商和平台并用于工业通信的数据交互规范。该规范使得不同操作系统和不同制造商的设备之间可以进行数据交互。OPC-UA 是由制造商、广大用户、研究学院及行业协会共同参与制定的规范，目的是使得不同系统的数据可以进行安全交互。OPC 在业内已经得到了广泛的应用，而且在其他市场中[如物联网（IoT）]也越来越受到青睐。从 2007 年起，工业自动化系统中提出了面向服务架构（SOA）的思想，OPC-UA，即集成了 Web 服务和安全统一的数据模型，为不同性能等级、跨平台交互提供了完整的解决方案。

事实上，想要实现“信息互联”的努力已经有很多年了，然而，这并非易事，因为制造业的细分造成了垂直领域的壁垒，IT 试图访问 OT（Operational Technology）遇到的障碍超出了大多数人的想象，因此，对于如何突破这些壁垒，我们很有必要了解基础互联的问题，必须了解 OPC UA 和 TSN 目前正在国际前沿厂商所寻求的面向未来互联的解决方案。

4.4.1 IT 和 OT 融合障碍

在过去推动的进程里，我们听到最多的是关于底层协议的抱怨，“协议都不开放”“不知道采集的数据是什么？”“我们的时间都耗费在了配置参数上”，这种困境使得人们所描绘的美好互联世界变得让人烦躁不安——“这真的是我们期望的互联世界吗？”

（1）机器间的协议障碍。

现实的工厂远非理想的世界，有些情况是连通信接口都没有，而如果有的话，那也经常会不同，有时候，你甚至发现同一家公司的不同代次的产品都存在这样的连接问题。

（2）语义互操作的障碍。

就像英语你可以说“Hello!”表示问候，中文说“你好!”，不同国家的人都会有不同的语言，不同的机器也有不同的语言，就像有的用“英寸”，而另一个采用“厘米”做单位，这些语义之间的差异使得你不能说“A 机器走了 2 英寸，而 B 机器走了 2 厘米，他们有相同的位移”，尽管从获得的数据上来说都是“2”，但是，这两者却完全不同的尺寸。

（3）多个网络。

对于制造业工厂的 CIO 来说，最理想的世界肯定是不要那么多网络协议，也不要那么多网络接口，更不想为了让不同的接口和协议进行连接而开发“适配器”及“协议软件接口”，这还仅仅是 OT 端，而 IT 与 OT 采用的是非一致的网络及网络层次（ISO-OSI 模型）。IT 与 OT 间的网络所拼接的组合数会是一个巨大的数字，这使得美好的 IT 与 OT 融合在过去的 20 年里被讨论，却直到今天尚未有效实现互联。

OPC UA 解决语义互操作问题：

为了解决互操作也开发了很多标准，就目前而言，声势最大也被广泛认可的是 OPC UA，OPC UA 基金会属于非营利性组织，而 OPC UA 本身也是不为公司掌握的独立技术，成为 IEC 62451 标准及中国国家标准，而且在德国工业 4.0 组织和美国工业互联网组织 IIC 均将 OPC UA 列为了实现语义互操作的标准规范。图 4-45 是关于为什么采用 OPC UA 的总结，读者可以大致了解到它的全局优势。

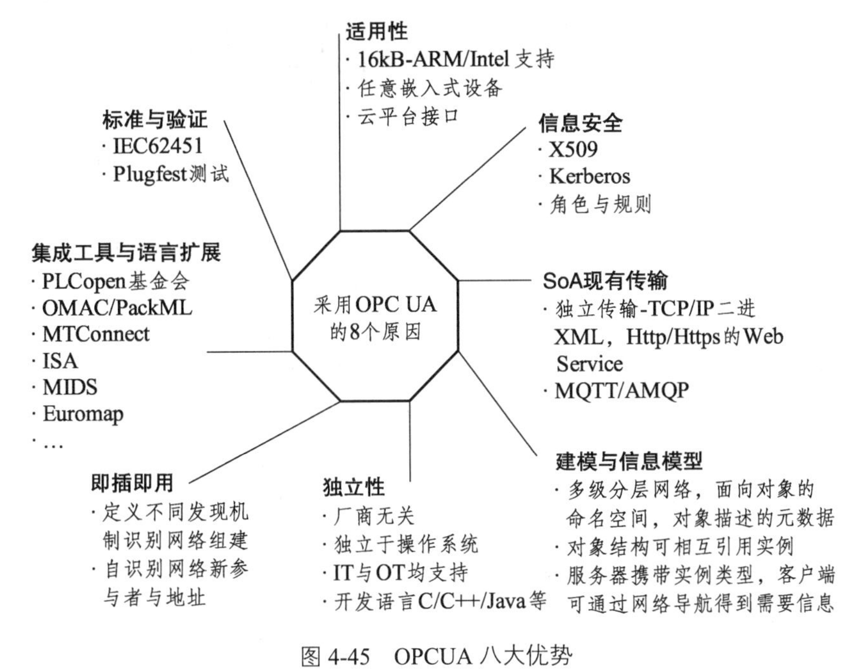

图 4-45 OPCUA 八大优势

OPC UA 在图 4-45 中已经描述了它的优势，但很多人仍然仅仅把它理解为一个通信的规范，而事实上，OPC UA 真正的核心在于信息建模。图 4-46 是 OPC UA 的基础架构，包括内嵌信息模型、行业信息模型与供应商信息模型几个层面的信息模型。

信息模型是什么？如果用 OPC UA 的技术来介绍可能不大易于理解，但是，如果我们想实现机器人与注塑机进行协同的工作的时候，我们必须清楚，他们之间需要哪些数据来保证他们之间的工作一致性呢？这就是数据的应用问题，而同样道理，我们希望实现 OEE 的统计，那么 OEE 的计算就是一个信息模型，我们需要与之相关的数据，而垂直行业的信息模型则在于具体的包装、塑料、印刷行业所采集的对象定义不同。

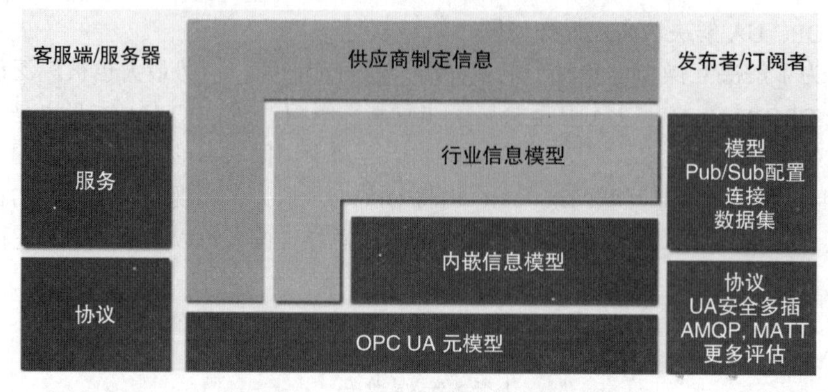

图 4-46 OPC UA 解决信息模型问题

简单理解信息模型就是为了实现特定任务，而对数据所进行的标准封装，OPC UA 提供了一个如何封装信息模型的标准，除了已经纳入 OPC UA 架构下的 PackML、MTConnect、Euromap、Automation ML 等之外，OPC UA 还支持行业自定义的信息模型，OPC UA 采用面向对象的思想，使得这些开发变得简单。

在工业 4.0 中针对设计、生产、制造各个环节的衔接，必须基于信息的标准与规范才能实现协同，那么，如何定义信息之间的协同标准开发了 Administration Shell（管理壳），而这个管理壳同样基于 OPC UA 的规范来设计并实现在各个管理业务单元之间的数据传输。如图 4-47 所示，我们看到了 OPC UA 也同时看到 TSN，尽管目前 TSN 尚未正式投入大量应用，但主流的 IT 厂商如 CISCO、华为及自动化业界的主流厂商均参与 TSN 开发，并逐渐推出 TSN 产品。

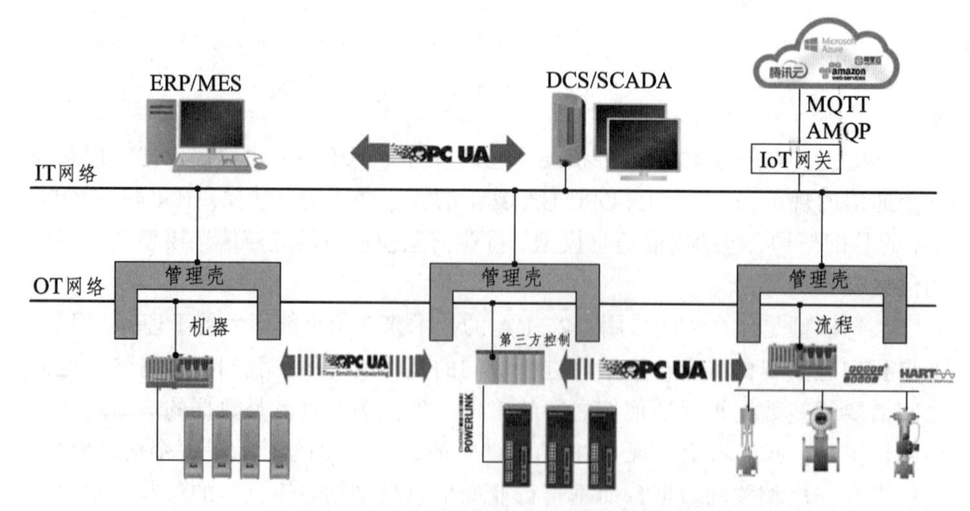

图 4-47 OPC UA TSN 构成的智能集成架构

4.4.2　TSN 网络解决传输问题

要了解 TSN 推出的意义，就先了解一下目前在网络通信上的障碍：

1. 总线的复杂性

总线的复杂性不仅给 OT 端带来了障碍，且给信息采集与指令下行带来了障碍，因为每种总线有着不同的物理接口、传输机制、对象字典，而即使是采用了以太网来标准化各个总线，但是，仍然会在互操作层出现问题，这使得对于 IT 应用，如大数据分析、订单排产、能源优化等应用遇到了障碍，无法实现基本的应用数据标准，这需要每个厂商根据底层设备不同写各种接口、应用层配置工具，带来了极大的复杂性，而这种复杂性使得耗费巨大的人力资源，这对于依靠规模效应来运营的 IT 而言就缺乏经济性，因此，长期以来，虽然大家关注，却很少有公司能够在这一领域获得较大的成长。

2. 周期性与非周期性数据的传输

IT 与 OT 数据的不同也使得网络需求差异，这使得往往采用不同的机制，对于 OT 而言，其控制任务是周期性的，因此采用的是周期性网络，多数采用轮询机制，由主站对从站分配时间片的模式，而 IT 网络则是广泛使用的标准 IEEE 802.3 网络，采用 CSMA/CD，即冲突监测，防止碰撞的机制，而且标准以太网的数据帧是为了大容量数据传输如 Word 文件、JPEG 图片、视频/音频等数据。

3. 实时性的差异

由于实时性的需求不同，也使得 IT 与 OT 网络有差异，对于微秒级的运动控制任务而言，要求网络必须要非常低的延时与抖动，而对于 IT 网络则往往对实时性没有特别的要求，但对数据负载有着要求。由于 IT 与 OT 网络的需求差异性，以及总线复杂性，使得过去 IT 与 OT 的融合一直处于困境。这是 TSN 网络因何在制造业得以应用的原因，因为 TSN 解决了上述几个障碍：单一网络来解决复杂性问题，与 OPC UA 融合来实现整体的 IT 与 OT 融合；周期性数据与非周期性数据在同一网络中得到传输；平衡实时性与数据容量大负载传输需求。

明白这个背景，就会明白 TSN 为何被 OT 厂商所共同关注，希望将其引入制造业以解决现实中的融合问题，否则，网络将成为推动智能制造的第一个难点。IEEE 802.1 本身是为了 Audio/Video 领域而设计的标准，在 2005 年即成立，并一直致力于开发针对音频/视频桥的 IEEE 802.1AVB 标准的开发，由 Avnu 联盟负责其兼容性及市场推广。IEEE 802.1AVB 逐渐受到了其他领域的产业关注，并对此产生兴趣，但是，AVB 并非是一个适合于所有产业的名字，在 2012 年 IEEE

AVB TG 被重命名为 TSN TG，在 2015 年 Interworking TG 与 TSN TG 合并成为新的 TSN 任务组。

4.4.3 OPC UA+TSN 是构成工业互联网的基础

TSN 主要解决时钟同步、数据调度与系统配置三个问题，如图 4-48 所示。时钟同步：所有通信问题均基于时钟，确保时钟同步精度是最为基础的问题，TSN 工作组开发基于 IEEE 1588 的时钟，并制定新的标准 IEEE 802.1AS-Rev。数据调度：为数据的传输制定相应的机制，以确保实现高带宽与低延时的网络传输。系统配置：系统配置方法与标准，为了让用户易于配置网络，IEEE 定义了相应的 IEEE 802.1Qcc 标准。

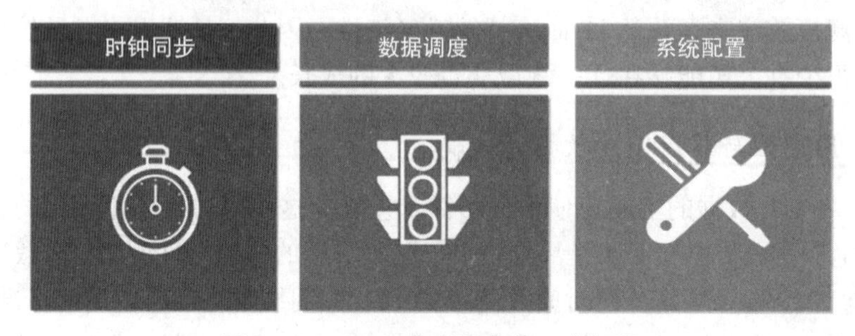

图 4-48 TSN 网络所聚焦的三个问题

Qcc 用于为 TSN 进行基础设施和交换终端节点进行即插即用能力的配置。采用集中配置模式，由 1 或多个 CUC（集中用户配置）和 1 个 CNC（集中网络配置）构成。CUC 制定用户周期性时间相关的需求并传输过程数据到 CNC，CNC 计算 TSN 配置以满足需求。CUC 用于 OPC UA Pub/Sub，另一个用于 OPC UA C/S，也会有其他用于应用协议（如安全）。配置采用标准化的配置协议（TLS 上的 NETCONF）及匹配的配置文件（YANG），如果单一设备则 CUC 和 CNC 并不牵扯协议。如果 CUC 和 CNC 是在分布式网络，RESTCONF 用于它们之间的通信协议。图 4-49 显示了 IEEE 802.1Qcc 的 CNC 与 CUC 的配置，对不同的 Qbv，Qbu，QCB 的配置。图 4-50 所示为 2017 年纽伦堡 SPS 展会上贝加莱展出的 OPC UA TSN 演示系统，针对 200 个 I/O 站、5 个高清视频，达到 100 μs 的数据刷新能力。

如果我们回到最初 Internet 被创建时的 ISO/OSI 七层协议模型，我们就会发现，在 OPC UA 与 TSN 构成的网络中，正是实现了这一“Internet”协议的七层结构。

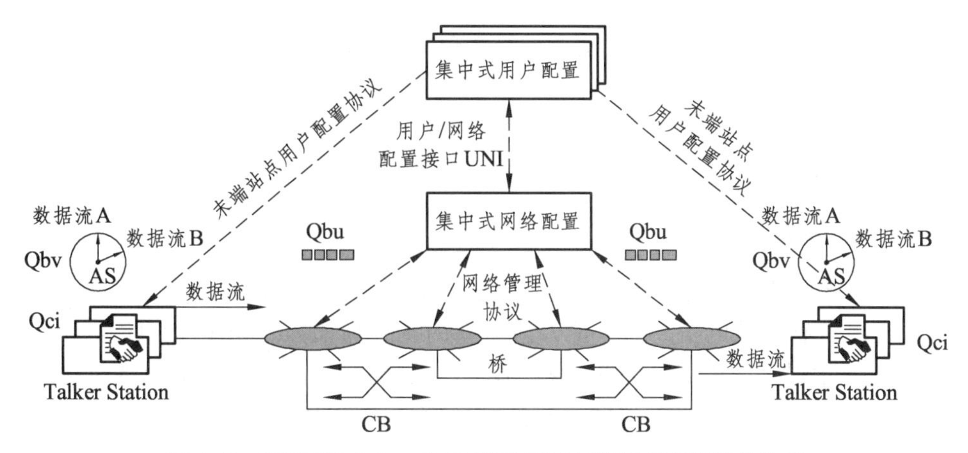

图 4-49　IEEE802.1 Qcc-CNC 用于 TSN 网络与用户配置的协议

图 4-50　贝加莱 2017 年 SPS 展展出 200 OPC UA TSN 演示系统

TSN 解决的是数据链路层的问题，结合标准的以太网物理层，但是，我们去看 TSN 的参考网络及机制，可以看到它能支持到网络交换机制的 Network 和 Transport 层的问题，而 OPC UA 则解决了 Session 会话层、Presentation 表示层与 Application 应用层的问题。

我们可以把 OPC UA TSN 理解为一个 Internet 的工业版协议族，就像当年 Internet 被创建的时代一样。无论技术如何理解，但 OPC UA 与 TSN 对于未来的 IT 与 OT 融合奠定了基础，使得过去人们对于 IT 与 OT 连接的各种障碍得以获得一个清晰而可行的解决之道，最终实现工业互联，在这个基础上，大数据应用、人工智能分析等才能被实现。

4.4.4 OPC UA 行业解决方案

1. AutoID 行业

自动化程度的提高对异构系统的要求越来越高。只有在通信层能够灵活地直接交换所有相关的信息时才能够应对新的挑战和任务。UHF RFID 和其他 AutoID 技术很显然是实现“集成化产业”的关键技术。这也是为什么要尽可能简单地将这些技术集成到如此重要的完整解决方案中，图 4-51 所示为采用 OPC-UA 技术的 AutoID 拓扑结构。

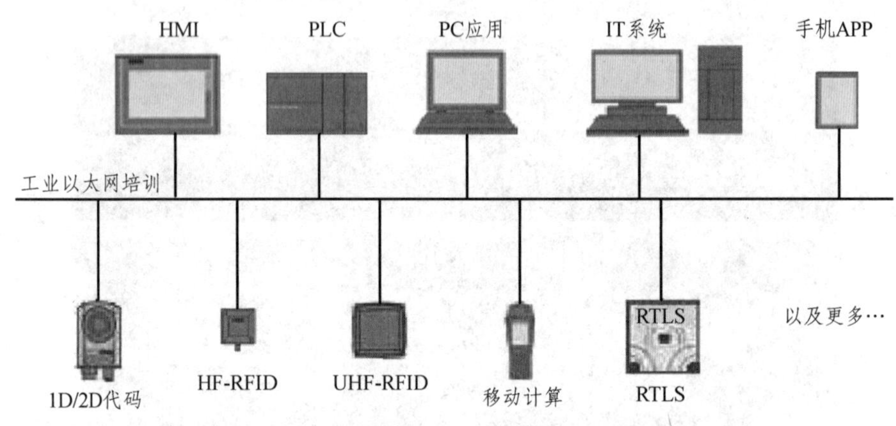

图 4-51　采用 OPC-UA 技术的 AutoID 拓扑结构

早在 2013 年，Harting 就已经针对 AutoID 行业提出了这类跨供应商的标准化建议。一个通用的标准化 AutoID 设备的通信接口将使得系统集成商的工作效率显著提高，受这一认知的驱动，Harting 和西门子于 2014 年初在 AIM 德国（自动识别和行动技术协会）工作组提出了 OPC-UA 技术这一课题。与其他行业领导者一起，这一协会决定与 OPC 基金会合作，为 AutoID 设备定义一个配套规范。

2. 数据采集系统

阿海珐公司从集成有 OPC-UA 协议的传感器中受益，端到端跨层联网是工业 4.0 面临的一项挑战。作为迈向实现第四次工业革命和物联网的进化步骤，阿海珐公司已经朝着嵌入式 OPC-UA 的正确方向迈出了决定性一步。阿海珐很早就意识到 OPC-UA 的潜力，并开始将它们集成到传感器、监测仪器（SIPLUG）及其相关的驱动系统中，如图 4-52 所示。该解决方案用于核工业中，用于远程监测关键系统，不会给系统的可用性带来负面影响。

图 4-52　阿海珐内嵌 OPCUA 的采集仪表

OPC-UA 的本地连通性使得阿海珐产品能够直接嵌入到基础架构中，无须添加组件：解决方案使得阿海珐的报告和趋势监测系统能够直接存取 SIPLUG 数据。这表示完全无须添加驱动程序和基础架构。此外，可以轻松利用在工厂层提供的其他值（如压力和温度值），以便提高数据分析精度。

3. 工业 4.0 生产线

产品自身决定了它将以哪种方式生产出来。理想情况下，这样能够实现灵活生产，无须手动设置。Elster 已经在第一条试点生产线上实现了工业 4.0 的目标。采用 OPC-UA 技术的系统简化了车间编程，如图 4-53 所示。

一个关键因素是在 OPC-UA 基础上实现车间、MES 和 ERP 之间的无缝集成。在每个步骤里，产品通过其唯一的车间控制码（SFC）进行识别。OPC-UA 使得设备控制系统能够与 MES 系统直接连接，从而能够在单件流模式中实现灵活的程序和质量检查。无须花费额外的操作，PLC 变量即可发布为 OPC 标签，并简单地映射到 MES 接口上。这样可以实现快速、一致的数据传输，即使是针对复杂的结构。MES 系统通过来自 ERP 的订单接收 QM 规范，并将成品报告回给 ERP。因此，纵向集成不是一条单行线，而是一个闭合回路。未来，拥有自己的数据存储的智能产品将提供与不止一个车间控制码的设备交换。可以想象，到时可以将工作计划、参数和质量限值装载到产品上，以实现自主生产。

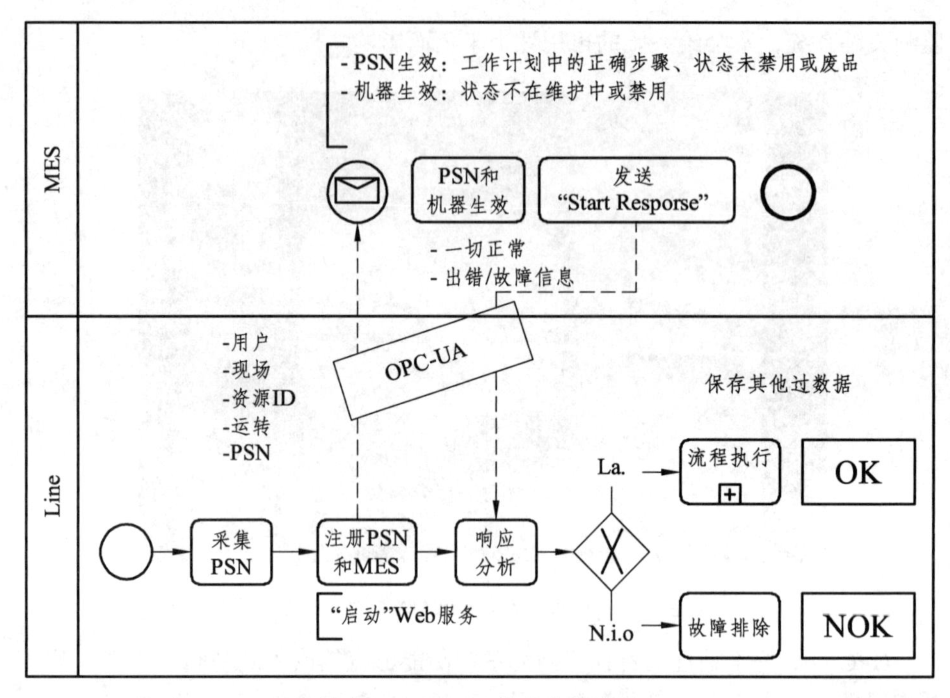

图 4-53 OPCUA 简化车间编程

4. Web 浏览器应用

在自动化行业，人们很早就意识到移动应用是工业 SCADA 系统发展的趋势。随着各种移动设备的不断发展，基于浏览器的解决方案变得更加适合。采用 JavaScript 语言直接访问 OPC-UA 服务器进行了研究，因为 JavaScript 的优点之一就是无须使用专用的浏览器插件。

OPC-UA 的混合通信协议栈，兼顾性能与速度，为高性能解决方案提供了良好的条件，通过采用二进制编码的 HTTPS 协议传输，如图 4-54 所示。由于 HTTPS 是跨浏览器的，JavaScript 并不需要执行太复杂的加密算法。项目开发初期，可以充分利用这些优点轻松创建基于 JavaScript 的 OPC-UA 客户端。OPC-UA 服务端使用代理服务器或集成的小型 Web 服务器直接把用户接口或脚本代码发送到客户端浏览器上。对于实时性较高的需求，基于 Web 的应用是无法满足的，但对于一般的应用已经完全满足，也可以使用手机或者平板电脑直接访问设备中的 OPC-UA 服务器来获取数据，还可以进一步开发报警和权限认证等功能。

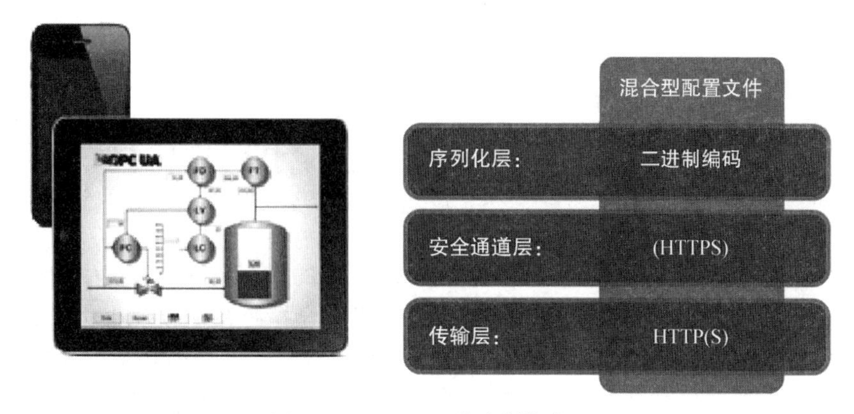

图 4-54　OPCUA 移动浏览应用

第 5 章　开放楼宇信息交换标准体系

OBIX（Open Building Information Exchange）的作用是确保建筑中的机电控制系统能够和企业应用系统联系起来，为开发综合控制系统和企业功能的新型应用提供平台。企业功能包括人力资源、金融、客户关系管理和制造等过程。

目前大多数机电系统都采用 DDC 控制，大部分设备是低成本的且不支持 TCP/IP。这些系统多采用专用通信线缆连接，较大型的 DDC 控制器为这些专用控制器提供网络通信功能，除去许多专有协议之外，有些二进制的协议已经在特定领域取得了一定的市场地位（BACnet、Modbus、DALI）。而且这些二进制协议也能在 TCP/IP 网络上使用，但是它们在路由器、防火墙、安全性和兼容性方面与其他网络应用仍存在挑战。另外一个挑战是工业界被划分成了几个较大的、互不兼容的协议。

由于 OBIX 是基于企业的集成，使用网页服务与商业楼宇中的机电系统进行信息交流。它将使得机电控制系统能够提供连续的、可视化的操作状态和操作性能，缓解系统分析或监控所面临的问题及趋势。OBIX 提供的技术可以确保设备操作者、业主和住户通过综合考虑生产周期、环境、成本和性能等因素，做出准确判断。

本章将介绍 OBIX 的概念、标准构成，重点讲解 OBIX 1.1 中关于 OBIX 对象模型、Lobby、命名、合同及合同列表、操作、对象组合、网络通信、核心合同库、监视、监控点、历史数据、报警、安全机制和一致性等方面的内容。

5.1　OBIX 概述

开放楼宇信息交换标准（OBIX，Open Building Information Exchange）是一种工业界自发提倡的、明确使用基于 XML 和 Web 服务的工作机制，最主要用于楼宇控制系统，OBIX 能将控制系统以抽象仪表接口的形式提供给企业应用。OBIX 也延伸到非控制系统检测，提供包括环境感测、配电箱、电力仪表，以及其他功能仪表的传感器的实时访问。

当很多人还在争论 LonMark 和 BACnet 的优劣时，有一点是很明确的，也就是二者皆不是为了因特网所设计，都是出现在 20 世纪 90 年代中期，当时网络对建筑的意义并不像今时这么深远。OBIX 可以和 LonMark、BACnet 一起工作，此时在一致性程度上，它相当于一种可以让协议在 TCP/IP 协议层工作的媒介。该媒介既可以与传统的专有系统进行集成，也可以与未来基于 TCP/IP 的控制系统集成。

5.1.1 OBIX 发展历史

OBIX 前身是北美大陆楼宇自动化联合会（CABA，Continental Automated Buldings Association）的 Web Services 工作组，于 2003 年更名为 OBIX 委员会，随后加入结构化信息标准促进组织（OASIS，Organization for the Advancement of Structured Information Standards）。OBIX 在 2006 年形成正式的标准，并在 12 月份发布了第一个版本 v1.0，该版本可以在其标准委员会网页上下载。OBIX v1.0 已经被翻译成多种语言，官方公布有英文版和日文版。由于 OBIX 设计理念的先进性，其一出现就引起了广泛的关注和认可，下面列举几个具有代表性的事件，如表 5-1 所示。

表 5-1 OBIX 发展中重要时间节点

时 间	内 容
2007 年 3 月 26 日	OBIX 技术委员会和美国 NBIMS 委员会举行了一个联合研讨会，讨论如何让大家的工作联合起来，为其在建筑设计阶段的应用奠定良好基础
2007 年 4 月 16 日	OASIS 应急管理工作委员会援引了 OBIX 的一个方案，该方案从建筑系统中接收气象服务的通知，并将其作为一个分布单元
2009 年 4 月 17 日	OBIX 委员会开始对 1.1 版本的讨论，该版本的目标是消除 1.0 版本中出现的一些争议，并将 1.1 版本的相关工作流程提交 OASIS
2009 年 6 月 30 日	OBIX 被电力研究学会以报告形式提交给美国国家标准及技术研究所，作为对智能电网发展至关重要的规范，将用于发国家智能电网的开发
2013 年 1 月 16 日	OBIX 有一个初步的完成 v1.1 核心规范的工作计划，并开发一些附加的规范，使得 OBIX 能够与基于 BIM 的规范进行交互，如 BAMie，COBie 等，要解决的关键问题是如何使其具体化到 WS 的日程中
2013 年 7 月 15 日	委员会已经开始 2.0 的先进服务，包含点对点交互、高级查询、面向服务的调度、适应能量标准及其他一些可以基于 1.x 版本内核的服务

续表

时 间	内 容
2014年1月15日	OBIX公布了根据征求意见稿形成的v1.1草案第二稿，该标准主要包含5个方面的内容： （1）OBIX v1.1核心模型和互操作标准； （2）通用编码技术v1.0； （3）REST绑定规范v1.0； （4）SOAP绑定规范v1.0； （5）WebSocket绑定规范v1.0
2014年1月17日	OBIX委员会开始讨论2.0版本中点对点交互和广播交互。OBIX 2.0标准的目标是在自控系统与企业应用之间建立一个通用接口（抽象仪表级接口），使所有企业应用以同一方式与自控系统进行系统集成和互操作

5.1.2 OBIX的作用

OBIX的作用是确保建筑中的机电控制系统能够和企业应用系统联系起来，为开发综合控制系统和企业功能的新型应用提供平台。企业功能包括人力资源、金融、客户关系管理和制造等过程。OBIX的设计是为了提供一条进入嵌入式软件系统的途径来检测和控制我们的周边世界。传统的这些系统的集成需要定义低层协议，通常是定义物理网络接口。但是现在网络的普及性和低成本的嵌入式设备的功能强大的微处理器的运用，使传统的系统变成了一个结构性很强的网络。一般的机器到机器的术语描述了在这个空间中发生的M2M转化，因为它开辟了一个网络-机器自主互相沟通发展的新篇章。OBIX标准奠定了一个用标准的、友好的企业技术，如使用XML，HTTP，URIs来组建M2M网络的基础。

5.2 OBIX标准构成

OBIX是一个可扩展的模型，描述了其他模型——元模型。OBIX允许控制供应商充分描述他们的专有系统，并允许企业发现非标准数据并为其发明新的应用程序。扩展性被编织在OBIX的最基本结构中，这就是所谓的契约。契约是复杂数据所遵循的所有模式的列表。合同用于描述标准化结构，如点、历史趋势和警报；它们还用于描述专有供应商数据。合同的优点是可以在不更改OBIX模式的情况下引入新的契约。

在为业务应用程序构建的典型 Web 服务中，引入新的数据结构需要新的模式文档，这是版本控制的噩梦。企业工具无法处理未知的模式，因此它们只是忽略了意想不到的数据。使用 OBIX，供应商和标准团体可以定义契约，即使客户端不知道如何处理新合同，它仍然可以访问和处理内部的原始值。所有数据都是一级数据，工具不会忽略这些数据。

在另一个方面，OBIX 独一无二的是它可扩展的绑定犯规，因此 OBIX 可以与 Web 服务堆栈互操作，还有 HTTP 绑定使 OBIX 成为 RESTful 标准。OBIX 是建立在 http、URL、XML 和 HTML 这些标准之上的，它用 URL 标识对象，用 XML 表示对象状态，并使用超文本传输协议（HTTP 是传输网页的机制）传输对象。OBIX 服务器可以通过 Web 浏览器访问，因此可以通过搜索引擎进行索引，由其他网页链接，并基本上与任何其他主流 Web 技术进行互操作。图 5-1 所示为 OBIX v1.0 规范框架，在 1.1 版本中，增加了 REST 绑定规范和 WebSocket 绑定规范。

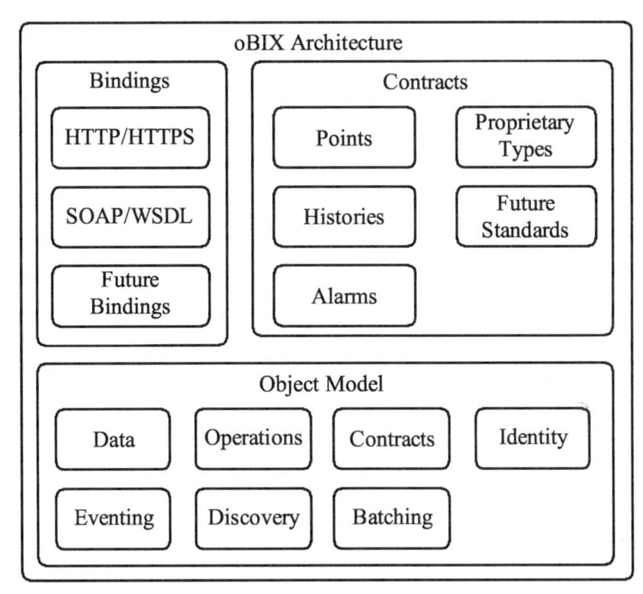

图 5-1　OBIXv1.0 体系结构

OBIX 标准是基于现代 IT 技术的智能建筑系统集成技术标准。正如其他系统集成技术一样，OBIX 标准必须利用 XML/Web Services 技术的数据描述功能和互操作机制等核心内容定义智能建筑系统的信息模型（Information Model）、互操作方式（Interoperation Model）和互操作语义的网络传输（Network Transport）等内容。在 OBIX 标准中，信息模型是以对象（Object）和合同（Contract）为基础的对象模型，互操作方式是建立在对象模型之上以 Read（读）、Write（写）

和 Invoke（调用）为基础的 REST（Representation State Transfer）互操作方式，网络传输采用 SOAP 绑定或 HTTP 绑定。

5.2.1 信息模型

OBIX 标准的信息模型包括对象（Object）和合同（Contract）两种模型。OBIX 标准定义的对象模型如图 5-2 所示。在 OBIX 标准中，对象是与“应用领域无关”的低层次 XML 词汇或命名空间，是 OBIX XML 文档的组成元素项（Element）。该对象模型除用于描述智能建筑系统信息以外，还可以用于其他自控领域的信息描述。所有 OBIX XML 文档均由该对象模型所规定的 XML 词汇或命名空间所构成。另外，由于 OBIX 标准均由 OBIX 对象所组成，为了标识不同类型的 OBIX 对象，OBIX 标准采用了 URI 标识方式。

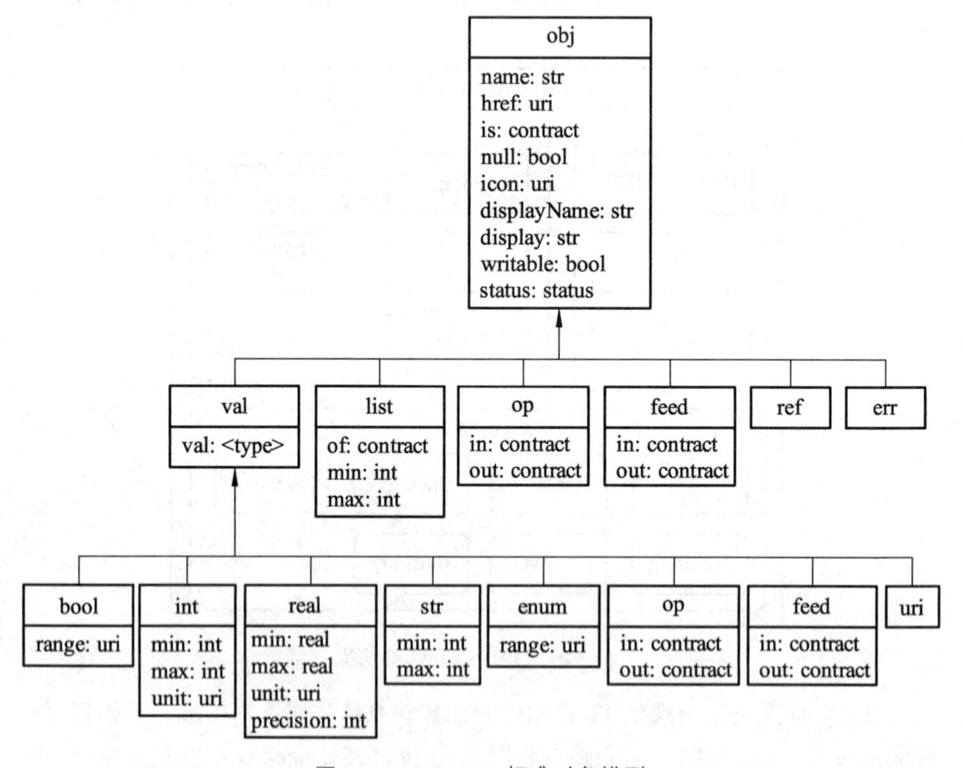

图 5-2 OBIX v1.0 标准对象模型

合同（Contract）是由 OBIX 对象按 OBIX 标准规定的语法所构成的 XML 文档，是与应用相关的语义“对象”模型。也就是说，合同是用对象模型描述具有互操作语义的 XML 文档，或是具有一定互操作语义的 OBIX 对象，其作用是使智能建筑系统的基本单元描述标准化，从而使实现或引用合同的用户均可以知道该合同所描述的互操作语义，这就使合同成为与应用相关的互操作语义实体，即合同是建立在低层次对象模型之上的、具有互操作语义的高层次 OBIX 对象。例如，名称为 OBIX：Alarm 的合同就是 OBIX 标准中与报警相关信息的标准描述单元，该合同用 OBIX 对象模型描述了报警源、报警时间、报警接收者等信息，使实现和引用该合同的用户均可以按照该合同的标准结构及其所蕴含的互操作语义使用和解读该合同，从而实现系统的集成和互操作。

利用上述思想，任何人都可以根据应用需求构造任意类型的合同。为了使常用的合同类型标准化，OBIX 标准经过抽象总结，将常用的合同类型定义为“标准类型合同”，例如，OBIX：Point，OBIX：Alarm 和 OBIX：History 等均为标准合同对象。在 OBIX 标准中，由 OBIX 标准定义的标准合也可以简称为“合同”，而由用户或楼宇自控设备厂家根据应用自己定义的合同通常称为“扩展合同”。

5.2.2　互操作方式

在互操作方式上，OBIX 标准采用了“客户/服务器（C/S）”模型，并将所有互操作过程归纳为 Read（读）、Write（写）和 Invoke（调用）三种操作过程。其中，Read 用于客户读取服务器的 OBIX 信息，Write 用于客户向服务器写入 OBIX 信息，Invoke 用于客户调用服务器的操作过程。这种互操作方式在 Web 网络环境中通常称为 REST（REpresentational State Transfer）方式。REST 方式是上述资源访问方式的总称，是一种面向网络资源访问的设计方式，凡是符合这种访问方式的资源操作均可以称为 REST 方式。具体地说，OBIX 标准利用 REST 方式的具体内容如下：

（1）Read 操作：客户指定访问 OBIX 对象的 URI，当访问的对象在服务器中存在时，则由服务器返回访问对象的结果。当服务器不能执行访问操作时，则向客户返回一个指明访问操作失败的 err 对象，以说明该操作失败的原因。

（2）Write 操作：该操作用于更新对象的状态或信息。客户请求该操作时，必须指定要更新对象的 URI 和更新值。当服务器正确执行该操作时，则返回更新对象的更新值。反之，则向客户返回 err 对象，以说明失败的原因。一般情况下，该操作仅用于对象 val 属性的更新操作，而且当更新带有 unit 属性的 int 或 real 对象的 val 属性值时，更新值必须与原 val 属性具有相同单位。

（3）Invoke 操作：该操作用于调用服务器上的一个操作过程。客户请求该操作时，必须指定调用 op 对象的 URI，若该操作要求输入参数时，则必须指定输入参数的对象值。当正确执行时，该操作按输出参数的形式返回结果。反之，则返回 err 对象，以示操作失败。

5.2.3 网络传输

前述互操作模式只说明了 OBIX 标准的互操作设计模式及其功能和交互规程，一个实际可运行的 OBIX Web 系统必须是上述互操作模式在具体网络环境中的实现（Implementation），这就是所谓的"协议绑定（Protocol Binding）"。从理论上来说，几乎已有的通信协议均可用于 OBIX 标准互操作模式的实现，如 SMTP，POP3，HTTP 等。但考虑到通信协议应用的普遍性和实现效率，同时也为了规范实现过程和易于系统集成，OBIX 标准规定了以下三种协议绑定方式：

（1）HTTP 绑定方式：HTTP 绑定只是简单地将 OBIX 标准的 REST 互操作功能和规程映射为 HTTP 协议。例如，OBIX 标准的 Read（读）请求可简单地映射为 HTTP 协议的 GET 请求，这样只需在 Web 浏览器中输入 Read 请求对象的 URI 即可。表 5-2 列出了 OBIX 请求与 HTTP 协议的映射关系。

表 5-2 OBIX 请求与 HTTP 协议的映射表

OBIX Request	HTTP Method	Target
Read	GET	Any Object with an href
Write	PUT	Any Object with an href and writable=true
Invoke	POST	Any op Object
Delete	DELETE	Any Object with an href and writable=true

在表 5-2 的映射表中，HTTP 协议的 URI 必须与 OBIX 请求的 URI 相同，并且所有对应的 HTTP 协议过程均返回 OBIX 请求操作的 XML 文档。当 OBIX 请求有输入和输出参数时，不仅输入为 OBIX 文档，而且输出结果也是 OBIX 文档。所有 OBIX 文档应通过 HTTP 协议的头部的 MIME 类型指定为"text/xml"，并且建议使用 UTF8 编码。

受限应用协议（CoAP）是用于受限节点和受限（如低功耗、有损耗）网络内的专用 Web 传输协议。CoAP 设计用于由微控制器和网络（如 6LoWPAN）操作的节点，这些节点通常具有高分组错误率和低带宽（10 kbit/s）。它的目的是用于楼宇自动化系统，CoAP 可以被看作是优化的 HTTP 等价物，使用 UDP 进行分组交换而不是 TCP。由于 UDP 是非可靠的面向分组的传输协议，所以 CoAP 提供用于可靠消息传递的自定义工具，并且包括 CoAP 特定的确认机制以提供可靠的点对点通信。通过使用 UDP，它实现了诸如异步和组通信之类的附加交互模式，OBIX 和 CoAP 协议的映射如表 5-3 所示。

表 5-3　OBIX 请求与 CoAP 协议的映射表

OBIX Request	CoAP Method	Target
Read	GET	Any Object with an href
Write	PUT	Any Object with an href and writable=true
Invoke	POST	Any op Object
Delete	DELETE	Any Object with an href and writable=true

（2）SOAP 绑定方式：SOAP 绑定就是将 OBIX 标准的 Read、Write 和 Invoke 操作映射为 SOAP 协议的操作。与 HTTP 绑定方式一样，Read 操作可应用于所有的 OBIX 对象，Write 操作只应用于 Writable 属性为真的 OBIX 对象，调用只应用于 op 对象。但与 HTTP 绑定方式不同的是，SOAP 操作并不是通过访问对象的 URI 进行访问的，而是将访问对象的 URI 编码在 SOAP 信封的主体（Body）中，并通过服务器的 URI 进行访问的。当服务器正确执行请求时，则在返回 SOAP 信封的主体中返回请求的结果。当服务器不能正确执行操作请求时，仍返回正确的 SOAP 信息，但其主体为指明不能正确执行操作请求的 err 对象信息。

（3）WebSocket 绑定方式：指定 OBIX 请求到 WebSocket 的简单映射。在连接到端点 URL 并切换到 WebSocket 协议之后，OBIX 消息可以不断地交换。该绑定方式是 v1.1 版本新增的内容，后文会进行详细介绍。

5.2.4　OBIX 实现架构

根据 OBIX 标准的基本原理，从理论上可以直接利用 OBIX 标准对智能建筑系统现场层和控制层的信息进行描述，并且这种技术的编码比已有的自控网络通信协议标准所定义的格式灵活。但由于 OBIX 标准编码为文本方式，当需要进行高速处理时，对通信带宽和信息处理能力要求较高。这表明基于 OBIX 标准的应用需要较多的计算资源、较大的传输带宽和较强的处理能力。在目前技术水平和经济状况下，直接将 OBIX 标准应用于对价格和效率比较敏感的现场层自控设备是不现实的。因此，OBIX 标准在近期内不会在现场层和控制层与已有自控网络通信协议标准（如 BACnet 或 LonTalk 等标准）形成竞争，更不会取代已有的自控网络通信协议标准，而是这些标准在管理层的补充和扩展，或是在系统管理层取代 OPC 系统集成方式的新技术。尽管如此，在国内外已有这方面的大量研究和尝试。随着信息技术的发展，尤其是微电子技术的发展，当计算成本、传输成本和存储成本降低到一定程度时，OBIX 标准的应用就会延伸至自控网络系统的现场控制层，从而成为真正的“统一标准”，并最终实现智能建筑系统与企业应用的融合和统一。

从上面的分析可知，OBIX 标准通常用于对现有各种智能建筑子系统的集成。基于这种应用方式，本文提出了如图 5-3 所示的智能建筑系统集成方案和系统架构模型。

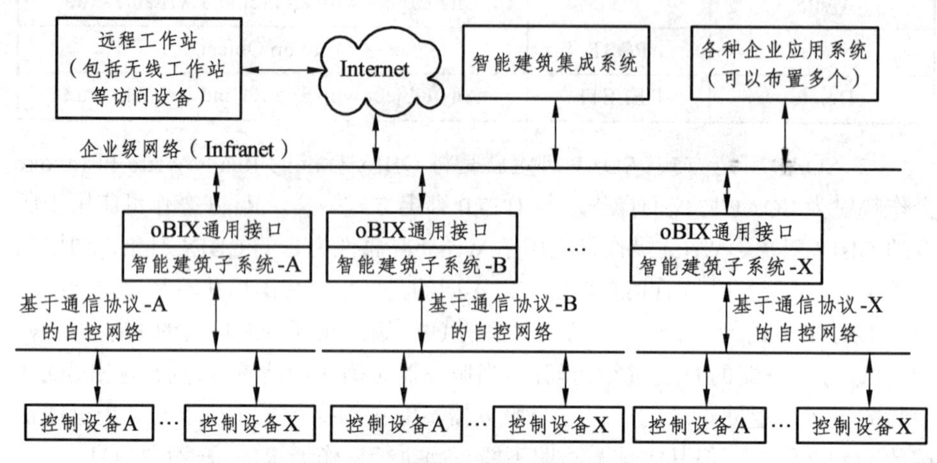

图 5-3 OBIX 集成系统架构模型

图 5-3 所示的“OBIX 通用接口”是利用 OBIX 对象和合同的信息模型映射接口，其作用是将各种已有自控网络通信协议的信息模型转化为通用的 OBIX 标准模型，使各种企业应用通过统一的 REST 操作方式进行访问和控制，从而实现智能建筑系统与企业应用的集成。为了形象地说明地 OBIX 通用接口的作用，北卡罗来纳大学（University of North Carolina）教授 Toby Considine 形象地称之为“抽象仪表级接口”，这种抽象仪表级接口的功能和作用可以用汽车仪表的功能和作用来比拟：无论哪种汽车，不管其发动机是哪家生产的，不管其内部控制系统是如何运行的，只要驾驶仪表提供相同的功能（如行驶速度、发动机转速等），则不论驾驶者是谁，在相同功能仪表的支持下都可以相同的方式进行驾驶。这说是说，OBIX 标准是在系统集成和互操作的基础上向各种企业应用提供统一的应用接口，使企业应用以相同的方式访问和管理智能建筑系统。

5.3 OBIX v1.1 对象模型

5.3.1 对象模型简介

OBIX 指定一组固定的小对象类型，OBIX 类型是不同对象的分类，类似于

XML Schema（XML 架构）中的 complexType 定义或 UML（Unified Modeling Language，统一建模语言）类。OBIX 对象模型由公共基础 Object（obix：obj）类型和派生类型组成。如图 5-4 所示，对象模型列出了每种类型的默认值和属性，包括它们的可选性。这些可选属性也包含在每种类型的 Schema 定义中。本节描述了某些 OBIX 类型可能具有的名为 Facets 的关联属性；介绍每种核心 OBIX 类型，包括它们的使用和解释规则。

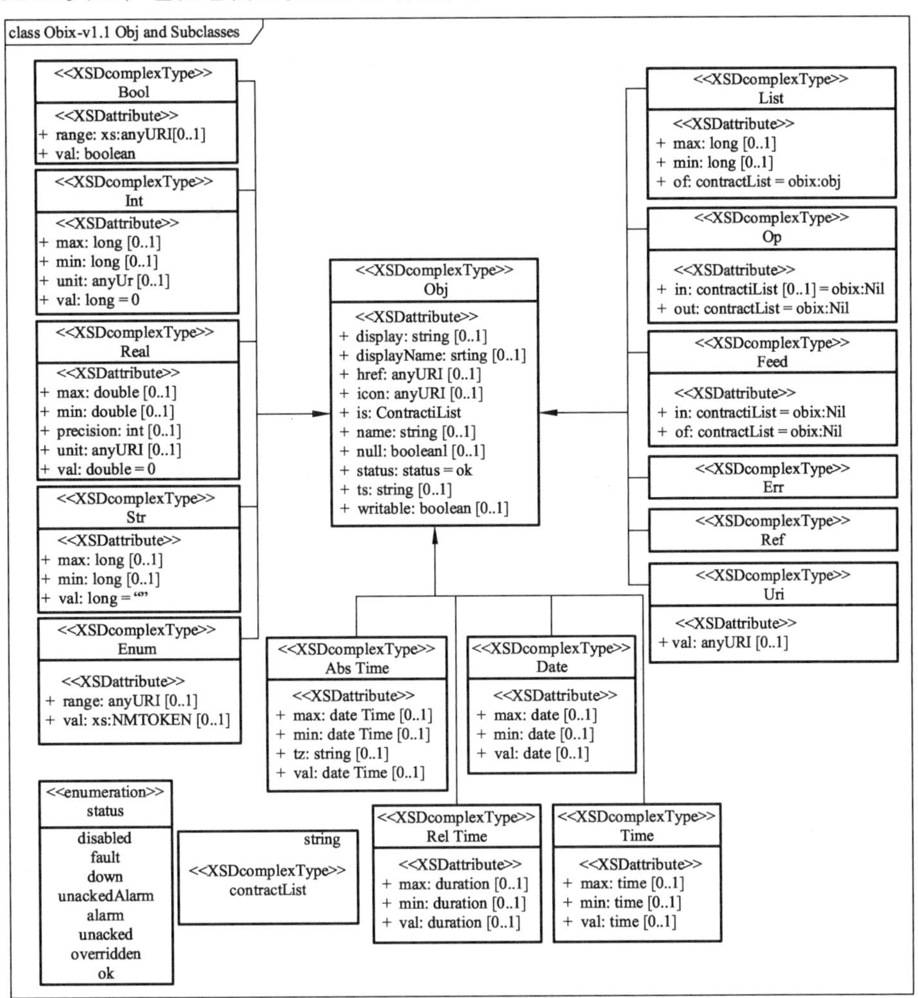

图 5-4　OBIX v1.1 对象模型

5.3.2　对象模型

OBIX 中的根抽象是 Obj，为了简化编码，Object 的名称缩写为 Obj，但为了更方便参考，本书使用术语 Object 与 Obj 同义。OBIX 中的每个 Object 类型都是 Object 的衍生物，任何对象或其衍生物都可以包含其他对象。OBIX 对象类型通过 obj 元素表示，Object 的属性通过元素的 XML 属性表示。用于在 XML 中编码 OBIX 的完整规则参考下节的编码规范。本书中使用的术语 Obj 通常表示 OBIX 对象，而不管它是如何编码的。对象的合同定义由 Obj 元素表示为：

```
<obj href="obix：obj" null="false" writable="false" status="ok" />
```

该定义的解释描述如下：合同定义提供了默认情况下存在于 Object 中的属性，包括合同实现和模式引用，这些属性由扩展此类型的任何 Object（以及派生类型）继承。默认情况下不存在的可选属性（如 displayName）是不包含在“合同定义”中的。href 是可以引用此合同的 URI，因此另一个 Object 可以在其 is 属性中引用此合同。null 属性指定为 false，这意味着默认情况下此 Object“具有值”。writable 属性指示此 Object 是只读的，因此从 obj（所有对象）扩展的任何 Object 类型都将是 readonly，除非它明确覆盖了 writable 属性。除非被覆盖，否则对象的状态默认为“ok”。

Object 及派生对象支持的属性主要有 name、href、is、null、val、ts 和 Facets。

1. name

所有对象都可以具有 name 属性。这定义了 Object 在其父 Object 中的用途，对象的名称遵循驼峰式命名法，有关对象命名的其他注意事项将在 5.5 节中进行讨论。

2. href

所有对象都可以具有 href 属性。这提供了用于标识 Object 的 URI 引用，href 与名称密切相关。

3 is

所有对象都可以具有 is 属性。此属性定义此对象实现的所有合同。该属性的值必须是合同列表。此外，所有对象都来自 Obj 类型，因此绝不能等于 OBIX Nil 合同来表示空的合同列表。

4. null

所有对象都支持 null 属性。null 是缺少值，意味着此 Object 没有值，尚未配置或初始化，或者未定义。使用带有布尔值的 null 属性指示 null。对于枚举，abstime，日期和时间，null 属性的默认值为 true，对于所有其他对象，则为 false。

5. val

某些对象表示一个值，称为值类型对象。这些对象可以具有 val 属性，对象不需要声明 val 属性，因为所有 Value 类型对象都定义了默认值。允许包含 val 属性的值类型对象有 bool，int，real，str，enum，abstime，reltime，date，time 和 uri。值的文字表示映射到 XML Schema（XML 架构），在以下部分中用“xs:”前缀表示。

6. ts

某些对象可用作标签以提供有关其父对象的元数据。标签通常组合在一起形成标签空间并发布供其他人使用。如果一个 Object 是一个 Tag，那么它必须在其 name 属性中使用 Tag 名称，并包含在 ts 属性中定义 Tag 的标签空间。例如，如果名为“foo”的标签空间声明了名为“bar”的标签，则具有此标签的 Object 将按以下方式编码：

```
<obj name="taggedObject">
<obj name="bar" ts="foo"/>
</obj>
```

7. Facets

所有对象都可以使用名为 Facets 的预定义属性集进行注释。Facets 提供有关 Object 的其他元数据，可用 Facets 的集合是：displayName，display，icon，min，max，precision，range，status，tz，unit，writable，of，in 和 out。尽管 OBIX 预定义了许多 Facets，但服务者可以添加其他 Facets。

1）displayName

displayName 属性提供存储为 xs：string，用于描述便于人们识读的对象名称，例如：

```
<obj name = “spaceTemp” displayName = “Space Temperature” />
```

在上述例子中，名称为 spaceTemp 的对象，定义了 displayName 特性，特性值为 Space Temperature，表示该对象是空间温度。通常 displayName 特性应该是 name 属性的人性化的形式，合同中 displayName 的覆盖性没有限制（虽然它应该不常见，因为 displayName 只是一个人性化的名称版本）。

2）display

display 属性提供了对象的人性化可读描述，存储为 xs：string：

```
<bool name = “occupied” val = “false” display = “Unoccupied” />
```

合同中 display 的覆盖性没有限制，display 属性与 Java 或 C # 中的 Object.toString（ ）具有相同的用途。它提供为所有对象指定字符串表示的通用方法，在值对象（如 bool 或 int）的情况下，它应该提供 val 属性的人性化表示。

3）icon

图标属性提供对图形图标的 URI 引用，该图标可在用户代理中代替对象显示：

```
<obj icon = “/ icons/equipment.png” />
```

图标属性的内容必须是图像文件的 URI，图像文件应该是 16×16（分辨率）PNG 文件，在[PNG]规范中定义，合同中的图标覆盖没有限制。

4）min

min 属性用于定义最小值：

```
<int min = “5” val = “6” />
```

min 属性的内容必须与其关联的 val 类型匹配，通常与 int，real，abstime，date，time 和 rcltime 一起使用，以定义值空间的下限。它与 str 一起使用以指示字符串的最小 Unicode 字符数。它与 list 一起使用以指示子对象（已命名或未命名）的最小数量。min Facet 的覆盖可能仅使用更大的值来缩小值空间，min Facet 绝不能大于最大 Facet（尽管它们可能相等）。

5）max

Max 属性用于定义最大值：

```
<real max = “70” val = “65” />
```

max 属性的内容必须与其关联的 val 类型匹配，通常与 int，real，abstime，date，time 和 reltime 一起使用，以定义值空间的上限。它与 str 一起使用以指示字符串的最大 Unicode 字符数。它与列表一起使用以指示子对象（已命名或未命名）的最大数量。max Facet 的覆盖可能仅使用较小的值来缩小值空间。最大 Facet 绝不能小于 min Facet（尽管它们可能相等）。

6）precision

精度属性用于描述用于实际值的小数位数：

```
<real precision = “2” val = “75.04” />
```

precision 属性的内容必须是 xs：int，precision 属性的值等于有意义的小数位数。在上面的示例中，值 2 表示两个有意义的小数位：“75.04”。通常，客户端应用程序使用精度，这些应用程序执行自己的实际值格式，精度覆盖没有限制。

7）range

范围 Facet 用于定义枚举的值空间，range 属性是对 obix：Range Object 的 URI 引用，它与 bool 和 enum 类型一起使用：

<enum range = "/ enums/offSlowFast" val = "slow" />

范围的覆盖规则是指定的范围必须从 Contract 的范围继承，枚举则有所不同，因为枚举的特化通常涉及向范围添加新项。从技术上讲，这会扩大枚举的价值空间，但实际上将项目添加到范围内是所需的行为。

8）status

状态属性用于注释关于信息质量和状态的对象：

<real val = "67.2" status = "alarm" />

status 是一个枚举字符串值，其中包含表 5-4 中的以下值之一（按升序优先级）。

表 5-4　状态属性取值

状　态	说　明
ok	ok 状态表示正常状态，这是所有对象的假定默认状态
overridden	重写状态表示数据正常，但本地覆盖当前有效。覆盖的示例可以是从其正常的预定设定点临时覆盖设定值
unacked	未确认状态用于指示过去未被确认的警报状况
alarm	此状态表示对象当前处于警报状态，警报状态通常意味着对象超出正常的操作边界。在模拟点的情况下，这可能意味着当前值高于或低于其配置的限值，或者它可能意味着数字传感器已转变为不希望的状态
unackedAlarm	unackedAlarm 状态表示存在尚未被用户确认的现有警报条件，它是警报和未确认状态的组合。alarm 和 unackedAlarm 之间的区别在于，alarm 意味着用户已经确认了警报，或者警报条件不需要人工确认。unackedAlarm 和 unacked 之间的区别在于 Object 是否已返回到正常状态
down	down 状态用于指示通信失败
fault	故障状态表示数据因故障情况无效或不可用，例如，数据已过期，配置问题，软件故障或硬件故障，但是涉及通信的故障应该使用 down 状态
disabled	此状态表示已禁用对象正常操作（停止服务），在操作和反馈的情况下，此状态用于禁用对操作或反馈的支持

9）tz

tz 属性用于使用时区注释 abstime，date 或 time 对象，tz 属性的值是 zoneinfo 字符串标识符，如 IANA 时区（[ZoneInfo DB]）数据库中所指定。Timezoneinfo 数据库定义每个区域的当前和历史规则，包括其与 UTC（世界标准时）的偏移量及计算夏令时的规则。OBIX 没有定义用于建模时区的合同，而是仅使用标准标识符引用 zoneinfo 数据库，由 OBIX 启用的软件可以将 zoneinfo 标识符映射到 UTC 偏移和夏令时规则。

以下规则用于计算 abstime，date 或 time 对象的时区：

（1）如果指定了 tz 属性，则将时区设置为 tz；

（2）否则，如果合同定义了继承的 tz 属性，则将时区设置为继承的 tz 属性；

（3）否则，将时区设置为大厅的 About.tz 定义的服务器时区。

使用时区时，实现必须在 abstime 或 time 对象的值中指定时区偏移量，tz 属性与时区偏移存在不一致的情况。例如，纽约在标准时间内与 UTC 的偏差为 −5 h，在夏令时间内偏差为−4 h：

```
<abstime val="2007-12-25T12：00：00-05：00" tz="America/New_York"/>
<abstime val="2007-07-04T12：00：00-04：00" tz="America/New_York"/>
```

10）unit

单位属性定义了 SI Units（国际单位制）中的测量单位，该属性是对 obix：Unit 对象的 URI 引用，它与 int 和 real 类型一起使用：

```
<real unit="obix：units/fahrenheit" val="67.2"/>
```

如果在合同中声明，建议不要覆盖单位属性。如果它被覆盖，那么覆盖应该使用与合同具有相同尺寸的单位对象（它必须测量相同的物理量）。

11）writable

可写属性指定客户端是否可以写入此对象，如果为 false（默认值），则 Object 为只读，它适用于除 op 和 feed 之外的所有类型：

```
<str name="userName" val="jsmith" writable="false"/>
<str name="fullName" val="John Smith" writable="true"/>
```

可写 Facet 仅描述客户端修改此对象值的能力，而不是客户端添加或删除此对象子项的能力。服务器可以允许添加或删除子对象，而与现有对象的可写性无关。如果服务器不支持通过写入添加或删除 Object 子项，则它必须返回适当的错误响应。

12）of

of 属性指定此 Object 包含的子对象的类型，该属性的值必须是合同列表。列表中的所有对象必须实现合同列表中的所有合同，因为客户端将期望从列表中检索的对象能够提供合同列表中所有合同的语法和语义行为，此属性通常与 list 和 ref 类型一起使用。

13）in

in 属性指定此对象使用的输入参数类型，该属性的值必须是合同列表。客户端使用输入参数提供给服务器的对象，必须实现在属性中定义的合同列表中的所有合同。因此，服务器可能依赖于合同列表中每个合同所描述的语法和语义行为，此属性通常与 op 和 feed 类型一起使用。

14）out

out 属性指定此对象使用的输出参数类型，该属性的值必须是合同列表。由于执行操作，服务器返回给客户端的结果对象必须实现合同列表中的所有合同。因此，客户端可能依赖于合同列表中每个合同所描述的语法和语义行为，此属性通常与 op 类型一起使用。

5.3.3　核心类型

OBIX 定义了一些派生自 Object 的核心类型，主要有 val、list、ref、err、op 和 feed。

1. val

某些类型允许具有 val 属性，并称为“值”类型，val 类型不是直接使用的（它是“抽象的”）。它只是反映了类型的实例可能包含 val 属性，因为它用于表示具有特定值的对象。在面向对象的术语中，基本 OBIX val 类型是一个抽象类，其子类型是从该抽象类继承的具体类，表 5-5 列出了为 OBIX 定义的不同值对象类型。

表 5-5　val 属性取值

类型名称	用　途
bool	存储一个布尔值：true 或 false
int	存储一个整数值
real	存储一个浮点数
str	存储一个 UNICODE 字符串

续表

类型名称	用　途
enum	存储固定范围内的枚举值
abstime	存储绝对时间值（时间戳）
reltime	存储相对时间值（持续时间或时间跨度）
date	将特定日期存储为日，月和年
time	将时间存储为小时，分钟和秒
uri	存储通用资源标识符

请注意，任何值类型对象都可以包含子对象。

1）bool

bool 类型表示 true 或 false 的布尔条件。它的 val 属性映射到 xs：boolean 默认为 false，bool 的字面值必须是“true”或“false”（不允许使用文字“1”和“0”）。合同定义是：

```
<bool href="obix：bool" is="obix：obj" val="false" null="false"/>
```

上述合同定义了一个可以通过 URI“obix：bool”引用的布尔对象，它扩展了 obix：obj 类型，其默认值为 false，默认情况下其 null 属性为 false。合同定义中不存在可选属性范围，这意味着默认情况下没有标准值范围附加到 obix：bool。下面是一个定义了范围的 obix：bool 的例子：

```
<bool val="true" range="#myRange">
<list href="#myRange" is="obix：Range">
<obj name="false" displayName="Inactive"/>
<obj name="true" displayName="Active"/>
</list>
</bool>
```

range 属性指定对其 myRange 子级的本地片段引用，其中列出了 false 和 true 状态的显示名称。

2）int

int 类型表示整数，它的 val 属性映射到 xs：long 为 64 位整数，默认值为 0，合同定义为：

```
<int href="obix：int" is="obix：obj" val="0" null="false"/>
```

上述定义了一个可以通过 URI“obix：int”引用的整数对象，它扩展了 obix：obj 类型。默认值为 0，默认情况下其 null 属性为 false。合同定义中不存在可选属性 min，max 和 unit，这意味着默认情况下没有最小值、最大值或单位附加到 obix：int。再看一个例子：

<int val="52" min="0 max="100"/>

此示例显示了一个 obix：int，其值为 52，该对象可取最小值 0 和最大值 100 之间的值，没有单位附加到此值。

3）real

实数类型表示浮点数，其 val 属性映射到 xs：double，为 IEEE 64 位浮点数，默认值为 0，合同定义为：

<real href="obix：real" is="obix：obj" val="0" null="false"/>

上述定义了一个可以通过 URI “obix：real”引用的实数对象，它扩展了 obix：obj 类型。默认值为 0，默认情况下其 null 属性为 false。合同定义中不存在可选属性 min，max 和 unit，这意味着没有最小值、最大值或单位附加到该对象。再看一个例子：

<real val="31.06" name="spcTemp" displayName="Space Temp"
unit="obix：units/celsius"/>

此示例为 name 和 displayName 属性提供了一个值，并指定了要通过 unit 属性设置值的单位为摄氏度（celsius）。

4）str

str 类型表示一串 Unicode 字符，它的 val 属性映射到 xs：string，默认为空字符串。合同定义是：

<str href="obix：str" is="obix：obj" val="" null="false"/>

上述定义了一个可以通过 URI“obix：str”引用的字符串对象，它扩展了 obix：obj 类型。其默认值为空字符串，默认情况下其 null 属性为 false。合同定义中不存在可选属性 min 和 max，这意味着默认情况下没有最小值或最大值附加到该对象。min 和 max 属性是字符串字符长度的约束，而不是字符串的“值”。

5）enum

枚举类型用于表示必须与有限值集匹配的值，有限值的集合称为范围。枚举的 val 属性使用 xs：string 类型的字符串，枚举默认为 null。使用 range 属性通过 Facets 声明枚举的范围，合同定义是：

<enum href="obix：enum" is="obix：obj" val="" null="true"/>

上述定义会覆盖 null 属性的值，因此在默认情况下，obix：enum 具有空值。默认情况下，val 属性被指定为空字符串，但不会直接使用此值，来看一个例子：

```
<enum range="/enums/offSlowFast" val="slow"/>
```

在此示例中，指定了 val 属性，因此 null 属性隐含为 false。有关 null 属性继承的详细信息，会在本章后续内容介绍。

6）abstime

绝对时间类型用于表示绝对时间点。它的 val 属性映射到 xs：dateTime，但它必须包含时区。根据 XML Schema 第 2 部分，abstime 的词汇空间是：

```
'-'? yyyy '-' mm '-' dd 'T' hh '：' mm '：' ss（'.' s+）?（zzzzzz）
```

Abstimes 默认为 null，合同定义是：

```
<abstime href="obix：abstime" is="obix：obj"
val="1970-01-01T00：00：00Z" null="true"/>
```

obix：abstime 的合同定义也会将 null 属性覆盖为 true。因此，val 属性的默认值并不重要，来看一个 2005 年 3 月 9 日下午 1：30GMT 的一个例子：

```
<abstime val="2005-03-09T13：30：00Z"/>
```

在此示例中，指定了 val 属性，因此 null 属性隐含为 false。Val 字符串"2005-03-09T13：30：00Z"中，T 表示时间部分的起始（如果要规定小时、分钟和秒，则此选项为必需）。

时区偏移是必需的，因此 abstime 可用于将 abstime 与 UTC 唯一关联，用后缀 Z 表示无偏移。可选的 tz 属性用于将时区指定为 zoneinfo 标识符，如果可用，这将提供有关时区的其他上下文。如果同时使用，则 val 属性的时区偏移量必须与 tz Facet 指定的时区的偏移量匹配。

GMT 是 Greenwich Mean Time 的简写，表示格林尼治标准时间；UTC 指的是 Coordinated Universal Time——世界协调时间（又称世界标准时间、世界统一时间），是经过平均太阳时（以格林尼治时间 GMT 为准）、地轴运动修正后的新时标及以秒为单位的国际原子时所综合精算而成的时间，计算过程相当严谨精密。因此，若以世界标准时间的角度来说，UTC 比 GMT 来得更加精准。

7）reltime

相对时间类型用于表示相对持续时间，其 val 属性映射到 xs：duration，默认值为 0 秒，合同定义是：

```
<reltime href="obix：reltime" is="obix：obj" val="PT0S" null="false"/>
```

上述合同定义设置 val 和 null 属性的默认值，与 obix：abstime 相反，这里将 null 属性指定为 false。默认值为 0 s（秒），根据 XML Schema 表示为“PT0S”。

```
<reltime val="PT15S" min="PT0S" max="PT60S"/>
```

上边是一个 reltime 的例子，它被限制在 0 ~ 60 s，当前值为 15 s。

8）date

日期类型用于表示日、月和年组成的日期。它的 val 属性映射到 xs：date，根据 XML Schema 第 2 部分，日期的词汇空间是：

```
'-'? yyyy '-' mm '-' dd
```

OBIX 中的日期值必须省略时区偏移量，并且不得使用后缀“Z”。只能使用 tz 属性将日期与时区相关联，日期对象默认为 null。其合同定义与 obix：abstime 类似。

```
<date href="obix：date" is="obix：obj" val="1970-01-01" null="true"/>
```

以 2007 年 11 月 26 日为例，可表示为：

```
<date val="2007-11-26"/>
```

在此示例中，指定了 val 属性，因此 null 属性隐含为 false。使用 tz 属性可以将时区指定为 zoneinfo 标识符。

9）time

时间类型用于表示以小时、分钟和秒为单位的时间，它的 val 属性映射到 xs：time。根据 XML Schema 第 2 部分，时间的词法空间是 xs：dateTime 的左截断表示：

```
hh '：' mm '：' ss（'.' s+）?
```

OBIX 中的时间值必须省略时区偏移量，并且不得使用后缀“Z”。只能使用 tz 属性将时间与时区关联起来，时间对象默认为 null，合同定义是：

```
<time href="obix：time" is="obix：obj" val="00：00：00" null="true"/>
```

表示唤醒时间的示例必须在 7：00 ~ 10：00：

```
<time val="08：15：00" min="07：00：00" max="10：00：00"/>
```

在此示例中，指定了 val 属性，因此 null 属性隐含为 false。使用 tz 属性可以将时区指定为 zoneinfo 标识符。

10）uri

uri 类型用于存储 URI 引用，与普通的旧 str 不同，URI 具有 RFC3986 和 XML Schema xs：anyURI 类型定义的受限词法空间。OBIX 服务器必须使用 RFC3986 描述的 URI 语法来识别资源，OBIX 客户端必须能够识别此 URI 语法。大多数 URI 也将是一个 URL，这意味着它们标识资源及如何检索它（通常通过 HTTP），合同定义是：

```
<uri href="obix：uri" is="obix：obj" val="" null="false"/>
```

以 OBIX 主页为例：

```
<uri val="http：//obix.org/" />
```

2. list

列表类型是用于存储其他对象列表的专用对象类型。使用列表与通用 Obj 的主要优点是列表可以使用 of 属性为其内容指定公共合同。如果指定，则属性必须是格式化为合同列表的 URI 列表。列表的定义是：

```
<list href="obix：list" is="obix：obj" of="obix：obj"/>
```

该定义指出 obix:list 类型包含本身为 OBIX Objects 的元素，属性值为 obix：obj。obix：list 类型的实例可以提供不同的值来指示它们包含的对象的类型，以下是一个字符串列表的例子：

```
<list of="obix：str">
<str val="one"/>
<str val="two"/>
</list>
```

列表通常对用于其子元素的 URI 具有约束，因此它们使用特殊语义来添加子元素。

3. ref

ref 类型用于创建对另一个 OBIX 对象的外部引用，它是 HTML 锚标记的 OBIX 等价物。合同定义是：

```
<ref href="obix：ref " is="obix：obj"/>
```

ref 元素必须始终指定 href 属性，ref 元素应该使用 is 属性指定引用对象的类型。引用列表的 ref 元素（is=“obix：list”）应该使用 of 属性指定列表中包含的对象的类型。

4. err

错误类型是用于指示错误的特殊对象，它的实际语义依赖于上下文。通常，错误的对象应该通过 display 属性包含对问题的可读描述，合同定义是：

```
<err href="obix：err" is="obix：obj"/>
```

5. op

op 类型用于定义操作，所有操作都将一个输入对象作为参数，并返回一个对象作为输出。输入和输出合约通过 in 和 out 属性定义，合同定义是：

```
<op href="obix：op" is="obix：obj" in="obix：Nil" out="obix：Nil"/>
```

6. feed

feed 类型用于定义 feed 事件的主题。feeds 与 watches 一起使用以订阅诸如警报之类的事件流。feed 应该通过 of 属性指定它触发的事件类型，in 属性可用于在订阅 feed（如过滤器）时传递输入参数。

此处 feed 引申为用来接收该信息来源更新的接口，是一种给用户持续提供内容的数据形式，由多个内容提供源组成的资源聚合器，由用户主动订阅消息源并且向用户提供内容。也就是说，feed 将用户主动订阅的若干消息源组合在一起形成内容聚合器，帮助用户持续地获取最新的订阅源内容。

5.4 Lobby

5.4.1 Lobby 对象

所有 OBIX 服务器必须包含一个实现 OBIX 的对象：Lobby。Lobby 对象充当 OBIX 服务器的中心入口点，并列出 OBIX 规范定义的其他已知对象的 URI。从理论上讲，客户端需要知道的引导发现是 Lobby 实例的一个 URI。按照惯例，这个 URI 是“http：// <server-ip-address>/obix”，当然服务商可以自由选择其他 URI，Lobby 合同是：

```
<obj href="obix：Lobby">
<ref name="about" is="obix：About"/>
<op name="batch" in="obix：BatchIn" out="obix：BatchOut"/>
<ref name="watchService" is="obix：WatchService"/>
<list name="tagspaces" of="obix：uri" null="true"/>
<list name="encodings" of="obix：str" null="true"/>
<list name="bindings" of="obix：uri" null="true"/>
</obj>
```

Lobby 对象必须遵循以下规则：

（1）Lobby 必须提供一个对象来实现 obix：About Contract 合同。

（2）Lobby 必须提供一个操作来使用 obix 调用批处理操作。

（3）Lobby 必须提供一个对象来实现 obix：WatchService 合同。

（4）Lobby 必须提供按照合同定义引用的标签空间列表。

（5）Lobby 必须提供支持的编码列表。

（6）Lobby 必须提供支持的绑定列表。

Lobby Object 是进入 OBIX Server 的主要入口点，因此它也是恶意实体的主要攻击点。考虑到这一点，OBIX 服务器的实施者必须仔细考虑如何解决安全问题。在提供任何信息或执行任何请求的操作之前，服务器应该确保客户端经过适当的身份验证和授权。即使提供 Lobby 信息也会显著增加 OBIX 服务器的攻击面。例如，恶意客户端可以使用批处理服务发出进一步的请求，或者可以引用“about”部分中的项目来搜索 Web 以查找与服务器供应商有关的任何漏洞。

5.4.2 About

obix：About 对象是有关 OBIX Server 的摘要信息的标准化列表，客户端可以直接从 Lobby 发现关于 URI，其合同定义是：

```
<obj href="obix：About">
<str name="obixVersion"/>
<str name="serverName"/>
<abstime name="serverTime"/>
<abstime name="serverBootTime"/>
<str name="vendorName"/>
<uri name="vendorUrl"/>
<str name="productName"/>
<str name="productVersion"/>
<uri name="productUrl"/>
<str name="tz"/>
</obj>
```

obix：About 的子项含义如表 5-6 所示。

表 5-6 About 子项含义

名　称	说　明
obixVersion	指定 Server 实现的 OBIX 规范的版本，该字符串必须是由点字符（Unicode 0x2E）分隔的十进制数列表，当前版本字符串为“1.1”
serverName	为服务器提供简短的本地化名称
serverTime	提供服务器的当前本地时间
serverBootTime	提供服务器的启动时间，这应该是 OBIX 服务器软件的开始时间，而不是机器的启动时间
vendorName	实施 OBIX Server 软件的供应商的公司名称
vendorUrl	供应商网站的 URL
productName	OBIX Server 软件的产品名称

续表

名　称	说　明
productVersion	包含产品版本号的字符串，惯例是使用以点分隔的十进制数字
productUrl	产品网站的 URL
tz	为服务器的默认时区指定 zoneinfo 标识符

5.4.3　Batch

Lobby 定义了一个批处理操作，允许客户端将多个 OBIX 请求组合到一个操作中。将多个请求组合在一起通常可以比单个循环网络请求提供明显的性能改进。一般情况下，一个大的请求性能总是会超过网络上的许多小请求。

批处理请求是作为标准 OBIX 操作实现的读取、写入和调用请求的聚合。在协议绑定层，它使用 Lobby.batch URI 表示为单个调用请求。将一组请求批处理到服务器必须在语义上等同于以线性顺序单独调用每个请求，批处理操作输入 BatchIn 对象并输出 BatchOut 对象：

```
<list href="obix：BatchIn" of="obix：uri"/>
<list href="obix：BatchOut" of="obix：obj"/>
```

BatchIn 合同指定使用 Read，Write 或 Invoke 合同标识的要处理的请求列表：

```
<uri href="obix：Read"/>
<uri href="obix：Write">
<obj name="in"/>
</uri>
<uri href="obix：Invoke">
<obj name="in"/>
</uri>
```

BatchOut 合同指定每个相应请求的响应对象的有序列表，例如，BatchOut 中的第一个 Object 必须是 BatchIn 中第一个请求的结果。使用错误对象表示失败，每个通过 BatchIn 传递的 URI 用于读取或写入请求必须在 BatchOut 中具有相应的结果 Obj，其中 href 属性使用来自 BatchIn 的相同字符串表示（不允许规范化或大小写转换）。

由 OBIX 服务器决定如何处理部分故障，通常幂等请求应该使用 err 指示部分失败，并继续处理批处理中的其他请求。如果服务器在遇到错误时决定不处理其他请求，则仍然需要为每个未处理的请求返回错误。来看一个简单的例子：

```
<list is="obix：BatchIn">
<uri is="obix：Read" val="/someStr"/>
<uri is="obix：Read" val="/invalidUri"/>
<uri is="obix：Write" val="/someStr">
<str name="in" val="new string value"/>
</uri>
</list>
------------------------ 输入/输出分割线 ------------------------------------------
<list is="obix：BatchOut">
<str href="/someStr" val="old string value"/>
<err href="/invalidUri" is="obix：BadUriErr" display="href not found"/>
<str href="/someStr" val="new string value">
</list>
```

在此示例中，批处理请求指定对“/ someStr”和“/ invalidUri”的读取请求，然后是对“/ someStr”的写入请求。请注意，写入请求包括要写为名为“in”的子项的值。服务器通过为每个请求 URI 指定一个对象来响应批处理请求。第一个读请求返回一个 str 对象，表示由“/ someStr”标识的当前值。第二个读取请求包含无效的 URI，服务器返回一个指示部分失败的错误对象，并继续处理后续请求。第三个请求是写入“someStr”，服务器更新“someStr”处的值，并返回新值。请注意，请求按顺序处理，因此第一个请求提供原始值“someStr”，第三个请求包含新值，这正是每个请求单独处理时的预期结果。

5.4.4 WatchService

WatchService 是一种为服务器提供数据的重要机制，有关 Watches 和 WatchService 的详细描述和用法将在后文详述。

5.4.5 Server Metadata

Lobby 的几个组件提供了有关服务器实现 OBIX 规范的其他信息，客户端将使用它进行基于可互操作的功能定制，以及与服务器的交互，以下小节介绍了这些组件。

1. tag spaces

服务器用于呈现有关其对象的元数据的任何语义模型（如标记词典）都在标记空间中声明，这是一组名称与特定用途或行业相关的标签。服务器使用的标记空间必须在 tagspaces 元素的 Lobby 中标识，该元素是 uris 的列表。每个 uri 的名称必须是服务器在呈现标签时引用的名称，可以在 displayName 属性中设置易于识读的名称。

uri 的 val 必须包含此模型或字典的引用位置，为了防止更新引用的标记空间发生冲突，服务器必须为 uri 元素中的标记空间提供版本信息（如果可用），版本信息必须表示为名为“version”的子 str 元素。如果 tagspace 发布源不提供版本信息，则服务器必须提供从 tagspace 的发布源检索时间，检索的时间必须表示为名为“retrieve”的子 abstime 元素。

有了这些信息，客户可以使用适当版本的模型或字典来解释服务器元数据。客户端必须使用版本（如果存在）并作为后备检索，以识别用于解释服务器提供的标记空间的版本。除了版本之外，服务器可以检索其他元素，因此除非版本不存在，否则客户端不得使用检索。例如，使用 HVAC 标记字典和 Building Terms 标记字典的服务器可以通过以下方式表达这些模型：

```
<obj is="obix：Lobby">
<!-- ... other lobby items ...-->
<list name="tagspaces" of="obix：uri">
<uri name="hvac" displayName="HVAC Tag Dictionary"
val="http：//example.com/tags/hvac">
<str name="version" val="1.0.42"/>
</uri>
<uri name="bldg" displayName="Building Terms Dictionary"
val="http：//example.com/tags/building">
<abstime name="retrieved" val="2014-07-01T10：39：00Z"/>
</uri>
</list>
</obj>
```

XML 中的命名空间与标记空间类似，但不完全相同。在 XML 中进行对象编码时，XML 编码规则需要命名空间。标签空间作为由标签字典定义的标签的简单集合，甚至可能没有 XML 表达式。因此，所有命名空间本质上都是标记空间，但并非所有标记空间都是 XML 命名空间。其他编码（如 JSON）不需要 XML 命名空间，但也可以实现需求。

如果特定标记字典提供 XML 表示，则它可用于验证使用该标记空间的 XML 编码对象。XML 命名空间（如由 obix：定义的 OBIX 命名空间）被视为标记空间。每个 OBIX 实现必须能够在 OBIX 标记空间中引用和检索对象，并且如果标记的空间不包含在由实现解码的对象中，则必须假设该空间，编码实现可以包括引用它的对象的 OBIX 标记空间。

需要注意的是，使用特定语义模型可能会泄露有关服务器不需要的信息。例如，利用医学标签字典并在 Lobby 中呈现，服务器可能不期望地将其自身宣传为试图访问机密医疗记录的个人目标。因此，服务器应该保护 Lobby 的这一部分，只保留与经过身份验证的授权客户端的通信。

2. versioning

versioning 描述了服务器实现的规范预计会随着时间的推移而发生变化，并且可能无法以相同的速度在服务器上实现。因此，Server 实现可能希望使用描述检索规范日期的对象提供版本控制信息。这些信息应该作为 uri 的子元素包含在内，如果被引用的源提供它，它应该包含在名为“version”的 str 中，其中包含版本信息。如果版本信息不可用，它应该在 abstime 中，名称为“retrieve”，以及从源检索服务器使用的版本的时间。

以下示例显示了示例服务器的 Lobby 结构，该服务器使用 OBIX REST 绑定和独立的非标准 HTTP 绑定。请注意，客户端和服务器之间的实际对话受到管理对象关于其范围编组规则的约束。

```
<obj is="obix：Lobby">
{... other lobby items ...}
<list name="bindings" of="obix：uri">
<uri name="http" displayName="HTTP Binding"
val="http：//docs.oasis-open.org/obix/obix-rest/v1.0/obix-rest-v1.0.pdf">
<abstime name="retrieved" val="2013-11-26T3：14：15.926Z"/>
</uri>
<uri name="myBinding" displayName="My New Binding"
val="http：//example.com/my-new-binding.doc">
<str name="version" val="1.2.34"/>
</uri>
</list>
</obj>
```

3. encodings

服务器必须包含编码 Lobby 对象中支持的编码，这是 str 元素的列表。每个 str 的 val 属性必须是编码的 MIME（Multipurpose Internet Mail Extensions，多用途互联网邮件扩展）类型。可以在 displayName 属性中提供更友好的名称。如果编码不是 OBIX Encodings 文档中定义的标准编码之一，则规范文档应该作为 list 元素的子 uri 包含在内。

发现用于客户端和服务器之间通信的编码是所使用的绑定的特定功能。客户端和服务器都应该支持 XML 编码，因为大多数 OBIX 实现都使用此编码。客户端和服务器必须能够根据绑定的错误消息规则协调可以支持的编码。客户端应该首先尝试使用所需的编码请求通信，然后根据服务器支持的编码，根据需要回退到其他编码。例如，支持 OBIX Encodings 规范中定义的 XML 和 JSON 编码的服务器将具有如下所示的 Lobby（注意所使用的 displayNames 是可选的）：

```
<obj is="obix：Lobby">
{... other lobby items ...}
<list name="encodings" of="obix：str">
<str val="text/xml" displayName="XML"/>
<str val="application/json" displayName="JSON"/>
</list>
</obj>
```

接收不受支持的编码请求时，服务器必须发送 UnsupportedErr 响应。

4. bindings

服务器必须包含 Lobby 对象中支持的可用绑定规范。这是一个 uris 列表，每个 uri 的名称应该是绑定的名称。如相应的规范文档所述，如果绑定不是 OBIX Bindings 规范中定义的标准绑定，则应该包含该绑定 uri 的 val，并且应该包含对绑定规范的引用。

支持多个绑定和编码的服务器可能仅支持可用绑定和编码的某些组合，例如，服务器可以通过 HTTP 和 SOAP 绑定支持 XML 编码，但仅支持通过 HTTP 绑定的 JSON 编码。

举个例子，支持 OBIX REST 和 OBIX SOAP 规范中定义的 SOAP 和 HTTP 绑定的服务器将具有如下所示的 Lobby（请注意所使用的 displayNames 是可选的）：

```
<obj is="obix：Lobby">
{... other lobby items ...}
<list name="bindings" of="obix：uri">
<uri name="http" displayName="HTTP Binding"
val="http：//docs.oasis-open.org/obix/obix-rest/v1.0/obix-rest-v1.0.pdf"/>
```

```
<uri name="soap" displayName="SOAP Binding"
val="http：//docs.oasis-open.org/obix/obix-soap/v1.0/obix-soap-v1.0.pdf"/>
</list>
</obj>
```

接收不受支持的编码请求时，服务器必须发送 UnsupportedErr 响应。

5.5 OBIX 命名

所有 OBIX 对象都有两个潜在的标识符：name 和 href。name 用于定义对象在其父对象中的角色。名称只是程序标识符；displayName facet 应该用于人机交互。名称的主要目的是将语义附加到子对象，名称还用于表示合同的覆盖，名称就像在 Java 或者 C++中的类名。

href 用于将 URI 对应到对象，href 始终是 URI 引用 RFC 3986，这意味着它可能是需要针对基 URI 进行规范化的片段 URI 或者相对 URI。此规则的例外是 OBIX 文档中根对象的 href——此 href 必须是绝对 URI，而不是相对 URI，这允许将根对象的 href 用作规范化的有效基本 URI（xml：base），就好比是 HTML 中的 hrefs。

某些对象可能：同时具有名称和 href、只有名称、只有 href，或两者都没有。列表中的对象通常不使用名称，因为大多数列表都是未命名的对象序列。从实际角度来看，许多服务者可能会构建一个模仿名称结构的 href 结构，但客户端软件绝不能假设这种关系。

5.5.1 name 属性

使用 name 属性表示 Object 的名称，名称是程序标识符，对其有效字符集有限制。名称应该只包含 ASCII 字母、数字、下划线或美元符号，数字不得用作第一个字符。名称应该使用“小骆驼拼写法”，第一个字符小写，如示例“foo”“fooBar”“thisIsOneLongName”。在给定的 Object 中，它的所有直接子节点必须具有唯一的名称，没有 name 属性的对象称为未命名对象。OBIX 文档的根对象不应该指定名称属性，但几乎总是有一个绝对的 href URI。

5.5.2 href 属性

使用 href 属性表示超链接对象的 URI，如果指定，根对象必须具有绝对 URI。

OBIX 文档中的所有其他 href 都被视为可能相对的 URI 引用。因为根对象的 href 始终是绝对 URI，所以它可以用作规范 OBIX 文档中相对 URI 的基础。OBIX 实现必须遵循 RFC 3986 中定义的 URI 语法和规范化的形式规则。

作为一般规则，读取的每个 Object 都必须指定一个 URI。从读取请求返回的 OBIX 文档必须指定根 URI。但是，在某些情况下，Object 是瞬态的，如来自操作调用的计算对象。在这些情况下，可能没有根 URI，这意味着无法再次检索此特定对象。如果未提供根 URI，则服务器的权限 URI 隐含为用于解析相对 URI 引用的基 URI。

5.5.3　URI 标准化

实现者可以自由使用任何 URI 模式，但建议使用 URI，因为它们具有良好定义的规范化语义。使用 URI 的实现必须符合 RFC 3986 中描述的规则和要求。实现应该能够解释和导航 HTTP URI，因为大多数 OBIX 实现都使用它。

URI 是否以斜杠结尾也许是最棘手的问题之一。如果基 URI 不以斜杠结尾，则假定相对 URI 相对于基的父级。如果基 URI 以斜杠结尾，则可以将相对 URI 附加到基上。实际上，组织成分层 URI 的系统应该总是使用尾部斜杠的指定基 URI。使用和不使用尾部斜杠的检索都应该得到支持，因此 OBIX 文档总是在根对象的 href 中添加隐式尾部斜杠。

5.5.4　片段 URI

引用 OBIX 文档的内部对象并不罕见，这是使用以 RFC 3986 的第 3.5 节中所述的“#”开头的片段 URI 引用来实现的，例如：

```
<obj href="http：//server/whatever/">
<enum name="switch1" range="#onOff" val="on"/>
<enum name="switch2" range="#onOff" val="off"/>
<list is="obix：Range" href="onOff">
<obj name="on"/>
<obj name="off"/>
</list>
</obj>
```

在此示例中，有两个片段 URI。任何以“#”开头的 URI 引用必须被假定引用同一 OBIX 文档中的一个对象。客户端不应该执行另一个 URI 检索来取消引用对象，在这种情况下，通过 href 属性识别被引用的对象。

在上面的示例中，具有“onOff”的 href 的对象既是片段 URI 的目标，又具有绝对 URI“http://server/whatever/onOff”。但是考虑一个对象它是文档中片段 URI 的目标，但不能使用绝对 URI 直接寻址。在这种情况下，href 属性应该是片段标识符本身。当 href 属性以“#”开头时，表示可以使用的唯一位置是文档本身：

```
…
<list is="obix: Range" href="#onOff">
…
```

5.6 合同和合同列表

OBIX 合同用于定义 OBIX 对象中的继承。合同是一个模板，定义为 OBIX 对象，通过使用合同定义的 URI 引用其他对象。使用 is 属性引用这些模板，合同解决了 OBIX 中的几个重要问题，如表 5-7 所示。

表 5-7 合同解决的问题

问 题	说 明
语义	合同用于定义 OBIX 中的“类型”，这使得我们可以就共同的对象定义达成一致，从而在供应商实现中提供一致的语义。例如，警报合同确保客户端软件可以使用完全相同的对象结构，从任何供应商的系统中提取标准化的警报信息
默认值	合同还提供了一种指定默认值的便捷机制。注意，在将对象树序列化为 XML（特别是通过网络）时，通常不允许使用默认值，以保持客户端处理简单
导出类型	OBIX 用于与基于静态类型语言（如 Java 或 C#）的控制系统进行交互，合同提供了一种标准机制，以所有 OBIX 客户端可以使用的格式导出类型信息

合同设计的好处是其灵活性和简单性，概念上合同提供了一个优雅的模型，用一个抽象来解决许多不同的问题。可以使用 OBIX 语法本身定义新的抽象，合同还为我们提供了机器可读格式，客户端已经知道如何检索和解析语法完全相同的类和实例。

5.6.1 合同术语

用于讨论合同的常用术语如表 5-8 所示，通过该表的说明，用户可以进一步理解合同。

表 5-8　常见合同术语

属　于	说　明
合同	合同是用作 OBIX 类型系统模板或原型的基础，它们可能包含语法和语义行为
合同定义	通过对标准 OBIX 对象 URI 引用，可对合同重复定义或使用
合同列表	一个或多个合同，表示为引用合同定义的 URI 列表。合同清单用作 is，of，in 和 out 属性的值
实现	当对象在其合同列表中指定合同时，该对象被称为实施合同，这意味着 Object 继承了指定 Contract 的结构和语义
履行	履行合同的对象被认为是该合同的实现

5.6.2　合同列表

Contract 列表属性的语法是一个或多个对其他 OBIX 对象的 URI 引用列表。列表中的 URI 必须用空格字符（Unicode 0x20）分隔，为了表明没有合同，即空的合同清单，使用了特殊的零合同。就像 href 属性一样，Contract URI 可以是绝对 URI、相对服务器，甚至是片段引用。合同列表中的 URI 可以使用 XML 命名空间前缀作为范围。

合同清单不是的 obix：list 类型，它是一个字符串，具有关于空格分隔的 URI 组的特殊结构。合同列表在 OBIX 规范中使用的唯一位置是 is，of，in 和 out 属性的值。实际上，合同本身永远不会出现在 OBIX 对象中，因为对象中的任何实例都只是一个合同的合同列表。下面是实现多个合同并通过其合同清单对其进行广告的一个示例：

```
<real val="70.0" name="setpoint" is="obix：Point obix：WritablePoint
acme：Setpoint"/>
```

从这个例子中，我们可以看到这个“setpoint”对象实现了 Point 和 WritablePoint Contracts。它还实现了一个单独的合同，该合同使用名为 Setpoint 的 acme 名称空间定义。此对象的使用者具有如下特性：它具有每个 Contracts 的所有语法和语义行为，并且可以与这些行为中的任何行为进行交互。

下面的例子在其属性中使用合同列表来描述 obix：list 中包含的项目类型：

```
<list name="Logged Data" of="obix：Point obix：History">
<real name="spaceTemp"/>
<str val="Whiskers on Kittens"/>
```

```
<str val="Bright Copper Kettles"/>
 <str val="Warm Woolen Mittens"/>
</list>
```

5.6.3 is 属性

对象通过 is 属性定义它实现的合同，is 属性的值是合同列表。如果未指定 is 属性，则使用以下规则来确定隐含的合同列表：

（1）如果对象是列表或订阅源中的项目，则使用由 of 属性指定的合同列表。

（2）如果对象覆盖一个合同中指定的对象，则使用被覆盖对象的合同列表。

（3）如果上述所有规则都失败，则使用相应的原始合同。

元素名称（如 bool，int 或 str）是隐含合同的缩写。但是，如果一个对象实现了一个基本类型，那么它必须使用正确的 OBIX 类型名称。如果一个对象实现了 obix：int，那么它必须表示为<int />，并且不能使用<obj is = "obix：int" />形式。一个对象绝不能实现多个值类型，例如，实现 obix：bool 和 obix：int。一个对象绝不能指定一个空的 is 属性（使用 obix：Nil Contract），因为所有的对象都从 obix：obj 派生。

5.6.4 合同继承

1. 结构和语义

合同是一种继承机制，它们建立了经典的"是一种"关系。在抽象意义上，合同允许继承类型，可以进一步区分显式和隐式，含义如表 5-9 所示。

表 5-9 显式和隐式合同

合同类型	说 明
显式合同	对象的所有实现都必须是确定的，可以通过检查对象数据结构来定量评估
隐式合同	定义与合同关联的语义，通常使用自然语言来记录。它是定性解释的，而不是定量解释的

例如，当一个对象实现警报合同时，可以立即推断它将有一个名为 timestamp 的子节点。此结构与 Alarm 的显式合同相关，并在其编码定义中正式定义。当一对象声明自己实现一个合同时，它必须同时满足显式和隐式。

一个对象绝不能把 obix：Alarm 放在合同列表中，除非它真的代表一个报警事件。隐式合同的解释通常要求需要人工，即它们通常不能与纯机器对机器交互的场合一起使用。

2. 覆盖默认值

合同的命名子对象自动实现。实现可以选择覆盖或默认其合同的每个子项，如果实现省略子项，则假定它默认为 Contract 的值。如果实现声明了子节点（通过名称），那么它将被覆盖并且应该使用实现的值，我们来看一个例子：

```
<obj href="/def/television">
<bool name="power"     val="false"/>
<int   name="channel" val="2" min="2" max="200"/>
</obj>
---------------------------------分割线-----------------------------------
<obj href="/livingRoom/tv" is="/def/television">
<int name="channel" val="8"/>
<int name="volume"    val="22"/>
</obj>
```

在此示例中，使用 URI“/ def/television”标识合同对象。它有两个孩子来存储电源和通道。起居室电视实例通过 is 属性在其合同列表中包括“/ def/television”。在此对象中，通道从其默认值 2 重写为 8，但是，省略了电源，因此默认为默认值。

覆盖始终通过 name 属性与其 Contract 匹配。在上面的示例中，很明显“通道”被覆盖，因为声明了一个名为“channel”的 Object。还声明了第二个 Object，其名称为“volume”。由于未在合同中声明音量，假定它是特定于此对象的新定义。

3. 属性和特征

需要注意的是合同的 channel 对象声明了最小和最大 Facet。这两个 Facets 也是由实现继承的。几乎所有属性都从它们的合同继承，包括 Facets，val，of，in 和 out，但是 href 属性永远不会继承，null 属性继承如下：

（1）如果指定了 null 属性，则使用其显式值；

（2）如果指定了 val 属性且未指定 null，则表示 null 为 false；

（3）如果既未指定 val 属性也未指定 null 属性，则 null 属性从合同中继承；

（4）如果指定了 null 属性且为 true，则忽略 val 属性。

这允许我们隐式地将 null Object 重写为非 null 而不指定 null 属性。

5.6.5 覆盖规则

合同覆盖必须遵守隐式和显式合同，隐式意味着实现对象提供与它实现的合同有相同的语义。覆盖显式合同意味着覆盖值、Facets 或合同列表。但是，永远不能将 Object 重写为不兼容的值类型。例如，如果合同将子项指定为 real，则所有实现必须对该子项使用 real。作为一种特殊情况，Obj 可以缩小到任何其他元素类型。

在重写属性时，必须要小心，以免破坏 Contract 定义的限制。从技术上讲，这意味着合同的价值空间可以专门化或缩小，但从不推广或扩大。这个概念称为协方差，回到上面的例子：

```
<int name="channel" val="2" min="2" max="200"/>
```

在此示例中，合同已声明值为 2 ~ 200 的取值范围。此合同的任何实施都必须符合此限制。例如，将 min 重写为-100 会出错，因为这样会扩大值空间。但是，可以通过将 min 重写为大于 2 的数字或将 max 覆盖到小于 200 的数字来缩小值空间。

5.6.6 多重继承

对象的合同列表可以指定要实现的多个合同 URI，这实际上很常见，甚至在许多情况下都需要，与多重合同的实施相关的术语如表 5-10 所示。

表 5-10　多重合同相关术语

术　语	说　明
Flattening	合同清单在指定时应该总是扁平化。当合同有自己的合同清单时，这就发挥作用
Mixins	mixins 设计指定了多个合同如何合并在一起的确切规则，本节还指定了当多个 Contracts 包含具有相同名称的子项时如何处理冲突

1. Flattening

合同对象本身通常实现合同，就像在面向对象语言中链接继承层次结构一样。然而，由于通过网络访问 OBIX 文档的性质，通常希望最小化“学习”复杂合同层次结构可能需要的往返网络请求。考虑这个例子：

```
<obj href="/A" />
<obj href="/B" is="/A" />
<obj href="/C" is="/B" />
<obj href="/D" is="/C" />
```

在此示例中，如果 OBIX 客户端第一次读取对象 D，则需要另外三个请求才能完全了解实现了哪些合同（一个用于 C，B 和 A）。此外，如果客户端只是在寻找实现 B 的对象，那么仅通过查看 D 就很难确定。

由于存在这些问题，在指定 is，of，in 或 out 属性时，服务器必须将其 Contract 继承层次结构展平为列表。在上面的示例中，正确的表示形式为：

```
<obj href="/A" />
<obj href="/B" is="/A" />
<obj href="/C" is="/B /A" />
<obj href="/D" is="/C /B /A" />
```

这允许客户端快速扫描 D 的合同列表，以查看 D 在没有进一步请求的情况下实现 C，B 和 A。由于复杂的服务器通常具有对象类型的复杂合同层次结构，扁平合同层次结构的要求可能会导致详细的合同列表。通常，这些合同中的许多来自同一名称空间，例如：

```
<obj name="VSD1" href="acme : VSD-1" is="acmeObixLibrary : VerySpecificDevice1 acmeObixLibrary : VerySpecificDeviceBase acmeObixLibrary : SpecificDeviceType acmeObixLibrary : BaseDevice acmeObixLibrary : BaseObject"/>
```

为了节省空间，服务器可以选择合并来自同一名称空间的合同，并使用命名空间后冒号，然后是括号括起的合同名称列表来显示：

```
<real name="writableReal" is="obix: {Point WritablePoint}"/>
<obj name="vsd1" href="acme : VSD-1" is="acmeObixLibrary : {VerySpecificDevice1 VerySpecificDeviceBase SpecificDeviceType Base Device BaseObject}"/>
```

客户端必须能够使用这种形式的合同清单并将其扩展到标准形式。

2. Mixins

展平不是合同列表可能包含多个合同 URI 的唯一原因，OBIX 还支持使用 mixin 方法的更传统的多重继承概念，如下例所示：

```
<obj href="acme: Device">
<str name="serialNo"/>
</obj>
<obj href="acme: Clock" is="acme: Device">
<op name="snooze"/>
<int name="volume" val="0"/>
```

```
</obj>
<obj href="acme：Radio" is="acme：Device ">
<real name="station" min="87.0" max="107.5"/>
<int name="volume" val="5"/>
</obj>
<obj href="acme：ClockRadio" is="acme：Radio acme：Clock acme：Device"/>
```

在这个例子中，ClockRadio 实现了 Clock 和 Radio。通过对时钟和无线电进行扁平化，ClockRadio 也实现了 Device。在 OBIX 中，这被称为 mixin，Clock，Radio 和 Device 被混合到（合并到）ClockRadio 中。因此，ClockRadio 继承了四个子节点：serialNo，snooze，volume 和 station。Mixins 是一种类似于 Java/C # 接口的多重继承形式（记住 OBIX 是关于类型继承，而不是实现继承）。

注意，Clock 和 Radio 都实现了 Device。这种继承模式，其中两个类型都从一个基类继承，并且它们本身都由一个类型继承，从表示层次结构时所采用的形状称为“菱形”模式。从 Device，ClockRadio 继承了一个名为 serialNo 的子节点。此外，注意 Clock 和 Radio 都声明了一个名为 volume 的子节点，这种命名冲突可能会对 ClockRoio 中 serialNo 和 volume 的含义造成混淆。OBIX 通过使用以下规则展平 Contract 的子项来解决此问题：

（1）按照列出的顺序处理合同定义。

（2）如果发现了新的孩子，它会被混合到对象的定义中。

（3）如果发现已经通过先前的合同定义处理的子项，则先前的定义优先。如果重复的子项与先前的定义不兼容，则会出错。

在上面的示例中，这意味着 Radio.volume 是用于 ClockRadio.volume 的定义，因为 Radio 具有比 Clock 更高的优先级（它在合同列表中是第一个）。因此，ClockRadio.volume 的默认值为“5”。但是，如果将 Clock.volume 声明为 str，那么它将无效，因为它不会与 Radio 的定义作为 int 兼容，在这种情况下，ClockRadio 无法同时实现 Clock 和 Radio，服务器供应商有责任不在合同中创建不兼容的名称冲突。

列表中的第一个合同具有特殊意义，因为其定义胜过所有其他合同。在 OBIX 中，此合同称为主合同。出于这个原因，主合同应该实现合同列表中指定的所有其他合同（这实际上在许多编程语言中很自然地发生）。如果需要，这使客户端更容易将 Object 绑定到强类型类中。合同不得实现自己，也不得具有循环继承依赖性。

5.6.7 合同兼容性

与另一个合同清单可共同替代的合同清单称为与合同兼容。在讨论 mixin

规则及列表和操作的覆盖时，合同兼容性是一个有用的术语。它是一个类似于先前定义的覆盖规则的概念，但是它不是应用于单个 Facet 属性的规则，而是应用于整个合同列表。

合同列表 X 与合同列表 Y 兼容，当且仅当 X 缩小由 Y 定义的值空间时。这意味着 X 可以缩小实现 Y 的对象集，但不会扩展集。合同兼容性不是可交换的（X 与 Y 兼容并不意味着 Y 与 X 兼容）。实际上，这可以表示为：X 可以将新 URI 添加到 Y 的列表中，但绝不会带走任何内容。

5.6.8　列表和订阅源

从列表或 Feed 派生的实现继承了 of 属性。与其他属性一样，在 Contract 兼容的情况下，实现 Object 可以覆盖 of 属性。列表和订阅源还具有隐式定义合同列表内容的特殊能力。在下面的示例中，隐含每个子元素都有一个/def/MissingPerson 的合同列表，而不实际指定每个列表项中的 is 属性：

```
<list of="/def/MissingPerson">
<obj><str name="fullName" val="Jack Shephard"/></obj>
<obj><str name="fullName" val="John Locke"/></obj>
<obj><str name="fullName" val="Kate Austen"/></obj>
</list>
```

如果列表或 Feed 中的元素确实指定了自己的属性，那么它必须与 of 属性兼容。如果实现希望指定列表应该包含对给定类型的引用，那么实现应该包括在属性的 obix：ref 中，且必须是 of 属性中的第一个 URI，例如，要指定列表应包含对 obix：History 的引用：

```
<list name="histories" of="obix: ref obix: History"/>
```

在许多情况下，服务器将实现自己对列表子元素的 URI 方案的管理。例如，子元素的 href 属性可以是数据库键值，也可以是添加子项时由服务器定义的其他字符串。通常，服务器不允许客户端在添加子元素期间通过直接写入列表的从属 URI 来指定此 URI。

因此，为了将子元素添加到支持客户端添加列表元素的列表中，服务器必须支持通过使用与列表合同相匹配类型的对象写入列表 URI 来添加列表元素。服务器必须在成功完成写入后，返回写入的资源（包括任何服务器分配的 href）。例如，给定一个<real>元素列表，并预先假定服务器强加的 URI 方案：

```
<list href="/a/b" of="obix: real" writable="true"/>
```

如果服务器支持此行为，则写入列表 URI 本身将替换整个列表：

```
WRITE/a/b
<list of="obix：real">
<real name="foo" val="10.0"/>
<real name="bar" val="20.0"/>
</list>
```

返回：

```
<list href="/a/b" of="obix：real">
<real name="foo" href="1" val="10.0"/>
<real name="bar" href="2" val="20.0"/>
</list>
```

写如<real>类型的单个元素会将此元素添加到列表中。

```
WRITE /a/b
<real name="baz" val="30.0"/>
```

返回：

```
<real name="baz" href="/a/b/3" val="30.0"/>
```

现在的列表内容为：

```
<list href="/a/b" of="obix：real">
<real name="foo" href="1" val="10.0"/>
<real name="bar" href="2" val="20.0"/>
<real name="baz" href="3" val="30.0"/>
</list>
```

注意，如果客户端具有引用 list 子元素的正确 URI，则仍可以使用它直接修改元素的值：

```
WRITE /a/b/3
<real name="baz2" val="33.0"/>
```

返回：

```
<real name="baz2" href="/a/b/3" val="33.0"/>
```

并且整个列表被修改为：

```
<list href="/a/b" of="obix：real">
<real name="foo" href="1" val="10.0"/>
<real name="bar" href="2" val="20.0"/>
<real name="baz2" href="3" val="33.0"/>
</list>
```

OBIX 中关于操作、对象组合、网络通信、核心合同库、监视、监控点、历史数据、报警、安全机制和一致性等方面的内容见下方二维码。

OBIX 拓展知识

第 6 章　OBIX 编码规范

楼宇开发信息交换标准委员会发布的最新编码规范名称为 CommonEncodings Version 1.0，发布日期为 2015 年 9 月 14 日。

本章主要包括 XML 编码、OBIX 二进制、JSON 编码、EXI 编码四个部分的内容，大部分来自对 OBIX 的编码规范 Common Encodings v1.0 的翻译。

OBIX 编码的作用是为 OBIX 对象指定不同的编码模型，从而提供核心信息模型和建筑物控制系统进行交互通信。

6.1　XML 编码

本节指定如何使用 XML 编码 OBIX 对象模型。

6.1.1　设计理念

开发 XML 语法有许多不同的方法，因此有必要提供一些有关如何设计 OBIX XML 语法的背景知识。从历史上看，在 M2M 系统中，非标准扩展通常是不透明的。OBIX 的设计原则之一是采用垂直域和供应商特定的扩展，以便所有数据和服务都具有公平的竞争环境。

为了实现这一目标，XML 语法旨在支持所有 OBIX 文档的轻量化固定架构。如果客户端代理程序了解这种非常简单的语法，那么无论这些对象是否实现标准或非标准合同，客户端都可以保证访问服务器的对象树。

通过合同捕获更高级别的语义，合同“Tag”具有类型的对象，并且可以动态应用，这对于在现场动态配置的建模系统非常有用。更重要的是客户可以有选择理解合同，合同不会影响 XML 语法，客户端也不需要使用它们来访问对象树。合同只是一种抽象，它由固定的 XML 语法定义，并且在对象树上被清晰分层。

6.1.2　XML 语法

OBIX XML 语法非常接近抽象对象模型，语法总结如下：

（1）每个 OBIX 对象都映射到一个 XML 元素；

（2）子对象被映射为 XML 子元素；

（3）XML 元素名称映射到内置对象类型；

（4）关于对象的其他所有内容都表示为 XML 属性。

OBIX 核心规范中的对象模型图说明了有效的 XML 元素及其各自的属性。注意 val 对象属于基本抽象类型，它支持 val 属性，但是没有 val 元素。

6.1.3　XML 编码

以下规则适用于 OBIX 文档的编码：

（1）OBIX 文档必须是格式正确的 XML；

（2）OBIX 文档应该从 XML 声明开始来指定它们的编码；

（3）推荐使用 utf-8 按没有字节顺序标记来编码；

（4）OBIX 文档必须不包括文档类型声明，OBIX 文档不能包含一个内部或外部子集；

（5）OBIX 文件应该包含一个 XML 命名空间。

6.1.4　XML 解码

以下规则适用于 OBIX 文档的解码：

（1）必须符合 XML 1.1 定义的 XML 处理规则；

（2）格式不正确的文档必须被拒绝；

（3）解析器不需要理解文件类型声明；

（4）任何未知元素都必须被忽略，而不用考虑 XML 名称空间；

（5）任何未知属性都必须被忽略，而不用考虑 XML 名称空间。

6.1.5　XML 命名空间

OBIX 标准的 XML 名称空间应符合以下形式：

http：//docs.oasis-open.org/obix/ns/{short-identifier and version}

例如，OBIX v1.1 版的 XML 命名空间是：

http：//docs.oasis-open.org/obix/ns/201410/schema

除非另有明确说明，否则认为编码规范中的所有 XML 都具有此命名空间。在该命名空间中简单类型、复杂类型及 OBIXv1.1 的基本名称命名进行了定义，例如，对简单类型的命名如图 6-1 所示。

```
<!--  Simple Types
     =====================  -->
▼<xs:simpleType name="status">
 ▼<xs:restriction base="xs:string">
    <xs:enumeration value="disabled"/>
    <xs:enumeration value="fault"/>
    <xs:enumeration value="down"/>
    <xs:enumeration value="unackedAlarm"/>
    <xs:enumeration value="alarm"/>
    <xs:enumeration value="unacked"/>
    <xs:enumeration value="overridden"/>
    <xs:enumeration value="ok"/>
    <!--  ordered by priority  -->
  </xs:restriction>
 </xs:simpleType>
▼<xs:simpleType name="contract">
  <xs:list itemType="xs:anyURI"/>
 </xs:simpleType>
```

图 6-1　OBIXv1.1 中关于 Simple Types 的规定

6.1.6　合同列表中的命名空间前缀

OBIX 文档中定义的 XML 名称空间前缀可用于为合同列表的 URI 添加前缀，如果合同列表中的 URI 以字符串匹配定义的 XML 前缀后跟“:”冒号字符开始，则通过将前缀替换为其名称空间值来规范化 URI，此规则也适用于 href 属性，以方便定义合约本身。

“obix”的 XML 名称空间前缀是预定义的，此前缀用于所有 OBIX 定义的合同。“obix”前缀字面翻译为 http：//docs.oasis-open.org/obix/ns/201410/def；例如，URI“obix：bool”被翻译为“http：//docs.oasis-open.org/obix/ns/201410/def/bool”。

文档不应该使用前缀“obix”定义 XML 命名空间，前缀“obix”会和预定义的“obix”前缀冲突。如果已定义，则它将被预定义值“http：//docs.oasis-open.org/obix/ns/201410/def”，所有 OBIX 定义的合同都可以使用 HTTP 绑定通过 HTTP URI 访问。

具有 XML 名称空间前缀的标准示例 OBIX 文档：

```
<obj xmlns：acme="http：//acme.com/def/" href="acme：CustomPoint"
   is="acme：Point obix：Point"/>
<obj href="http：//acme.com/def/CustomPoint"
   is="http：//acme.com/def/Pointhttp：//docs.oasis-open.org/obix/ns/
   201410/def/Point"/>
```

6.2 二进制编码

二进制编码允许 OBIX 对象被更大程度地压缩以使用更少的计算资源进行序列化。二进制编码的使用案例是针对严格限制边缘设备和传感器网络。在可能的情况下，XML 编码应该优先于二进制编码。OBIX 对象模型的保真度由二进制编码维护，所有的对象类型和属性都被保留下来了。然而 XML 的扩展，如自定义命名空间、元素和属性并不是二进制编码指定地址。OBIX 二进制编码严格基于 OBIX 数据模型本身，而不是它的 XML 信息集。

6.2.1 二进制概述

OBIX 数据模型由 16 个对象类型（XML 的元素）和 19 个 facets（XML 的属性）组成。OBIX 二进制编码是基于分配一个数字代码给每个对象类型和 facets 类型。我们使用一个结构化的字节头位把这些代码格式化为：

```
7 6 5 4 3 2 1 0
MCCC CCVV
```

最高位 M 是有更多的标识，它是用来说明更多的属性，有多个对象或者元素时，该位置 1，也称为掩码操作。第 6 至 2 位是用来存储一个 5 位数字代码的对象类型和 Facet 类型。后 2 位是用来表示一个 2 位数字代码，用以说明对象或属性的值是如何编码的。

二进制语法根据以下 BNF 制作定义：

```
<obj> : =<objHeader> [objVal]（facet）* [children]
<facet> : =<facetHeader> [facetVal] |
            <facetHeader><string><value>
<children> : =（<obj>）*
```

所有文档都以一个字节 objHeader 开头，结构为 MCCCCCVV 位掩码。5-bit 位 C 掩码表示二进制常量表中指定的 Obj 代码。如果对象类型包含值编码（在 Obj 值列中指定），则 2-bit 位 V 掩码表示后续字节如何用于编码“val”属性。如果 objHeader 具有更多位设置，则接下来是一个或多个 Facet 产生。

使用相同的 MCCCCCVV 位掩码使用一个字节的头编码构面，5-bit 位 C 掩码指属性代码（不是 Obj 代码）。使用 2 位 V 掩码对 facet 值进行编码。如果其中一个 facet 包含 hasChildren 代码，则 endChildren 目标代码将终止一个或多个子对象。

6.2.2 二进制常数

表 6-1 列举了 Obj 代码和 facets 代码，这些代码在 MCCCCCVV 屏蔽位中被编码为 5 位。Obj 值和 facets 值说明了如何解释 2 位 V 类代码。

表 6-1 二进制代码的 Obj 值和 facets 值

NumericCode	Constant	Obj Code	Obj Value	Facet Code	Facet Value
1 << 2	0x04	obj	none	hasChildren	none
2 << 2	0x08	bool	bool	name	str
3 << 2	0x0C	int	int	href	str
4 << 2	0x10	real	real	is	str
5 << 2	0x14	str	str	of	str
6 << 2	0x18	enum	str	in	str
7 << 2	0x1C	uri	str	out	str
8 << 2	0x20	abstime	abstime	null	bool
9 << 2	0x24	reltime	reltime	icon	str
10 << 2	0x28	date	date	displayName	str
11 << 2	0x2C	time	time	display	str
12 << 2	0x30	list	none	writable	bool
13 << 2	0x34	op	none	min	obj specific
14 << 2	0x38	feed	none	max	obj specific
15 << 2	0x3C	ref	none	unit	str
16 << 2	0x40	err	none	precision	int
17 << 2	0x44	childrenEnd	none	range	str
18 << 2	0x48			tz	str
19 << 2	0x4C			status-0	status-0
20 << 2	0x50			status-1	status-1
21 << 2	0x54			customFacet	facet specific

6.2.3 值编码

每个 obj 和 facet 类型有一个关联的编码值，例如，编码 facet precision 我们必须指定 facet 代码 0x40 加 facet 的整数值。对象类型 bool、int、枚举、实数、字符串、uri、abstime、reltime、日期和时间表明它们是有值编码（相当于 XML 中的 val 属性）。

1. 布尔类型

布尔型编码如表 6-2 所示，Obj 代码的布尔型是 0x08，当 val 为假时，这个值与 0 代码按位相或，得到的完整编码是一个字节 0x08；当 val 为真，0x08 与 0x01 相加，得到 0x09。

表 6-2　布尔类型编码

常量	编码	描述	编码
0	false	假	0x08
1	true	真	0x09

```
<bool val="false"/>   =>   08
<bool val="true"/>    =>   09
```

2. 整数类型

0 ~ 255 的整数可以在一个字节中编码，大于 255 的需要 2、4 或 8 个字节，暂时不支持 64 位以外的数字。整数编码如表 6-3 所示，Obj 整型代码为 0x0c，首字节 OBbj 类型码和数值列相加，后续字节为该数值的十六进制编码。

表 6-3　整数编码

常量	编码	描述
0	u1	无符号 8-bit 整型
1	u2	无符号 16-bit 整型
2	s4	有符号 32-bit 整型
3	s8	有符号 64-bit 整型

```
<int val="34"/>              =>   0C 22
<int val="2093 "/>           =>   0D 08 2D
<int val="76000"/>           =>   0E 00 01 28 E0
<int val="-300"/>            =>   0E FF FF FE D4
<int val="12345678901"/>     =>   0F 00 00 00 02 DF DC 1C 35
```

根据表 6-1 整数 int 的 Obj 代码是 0x0C，在第一个示例中，该值可以编码为无符号的 8 位数，因此我们使用值代码 0x00 加上 0x0C，后边是 34 的十六进制表示 22。第二个示例是 u2 编码，因此我们使用值代码 0x01 加上 0x0C 以获得 0x0D，然后使用另外两个字节将 2093 编码为 16 位无符号整数。其他示例说明了如何在 s4 和 s8 中编码值，编码器应该适当的编码类型，从而产生最少的字节数。

3. 实数类型

OBIX 二进制编码支持 IEEE 754 标准的短实数和长实数，暂不支持临时实数。编码说明如表 6-4 所示，首字节 Obj 类型码和数值列相加，后续字节为该实数的 IEEE 754 编码。

表 6-4 实数编码

常量	编码	描述
0	f4	32-bit IEEE floating point value
1	f8	64-bit IEEE floating point value

```
<real val="75.3"/>          =>   10 42 96 99 9A
<real val="15067.059"/>     =>   11 40 CD 6D 87 8D 4F DF 3B
```

4. 字符串类型

字符串编码被用于描述许多对象和 facet 值，每当在给定文档中给字符串编码时，都会为其分配以 0 开始的索引号。编码为 utf8 的第一个字符串分配为 0，第二个字符串分配 1，以此类推，如表 6-5 所示。如果后续字符串值具有完全相同的值，则使用 prev 值编码通过其索引号引用前一个字符串。这需要二进制解码器在解码期间跟踪所有字符串，因为文档中的后续出现可能引用该字符串。

表 6-5 字符串编码

常量	编码	描述
0	utf8	以 null 结尾的 UTF-8 字符串
1	prev	先前编码的字符串的索引

来看一个空字符结尾的字符串的简单例子：

```
<str val="OBIX"/>     =>     14 6F 62 69 78 00
```

相同值的两个字符串的复杂例子：

```
<obj>
<str val="abc"/>
<str val="abc"/>
</obj>
    =>    84 04 14 61 62 63 00 15 00 00 44
```

第一个字节 0x84 是被屏蔽的 Obj 代码，下一个字节 0x04 表明子对象的 hasChildren 标记，下一个字节是被 utf8 值代码 0x00 和字符串对象编码 0x14 的和，后面是 61 62 63 00 的“abc”编码。下一个字节 0x15 是 prev 值代码 0x01 和字符串对象的类型码 0x14 之和；之后 0x00 是索引 0 的 u2（十六位无符号整数）编码，它引用字符串值零“abc”；下一个 0x00 是结尾空字符；最后一个字节 0x44 是子元素结束的标记符。

5. 绝对时间

OBIX 起始时间戳定义为世界标准时 2000 年 1 月 1 日零点，编码分为秒编码和纳秒编码两种，见表 6-6。这个时间之前被表示为负数，秒编码提供了一个 ±68 年的范围，纳秒编码提供了一个 ±292 年的范围，不支持这个范围之外的时间戳。

表 6-6　绝对时间编码

常量	编码	描述
0	sec	signed 32-bit number of seconds since epoch
1	ns	signed 64-bit number of nanoseconds since epoch

例子：

```
<abstime val="2000-01-30T00：00：00Z"/>          => 20 00 26 3B 80
<abstime val="1999-12-01T00：00：00Z"/>          => 20 FF D7 21 80
<abstime val="2009-10-20T13：00：00-04：00"/>
=> 20 12 70 A9 10
<abstime val="2009-10-20T13：00：00.123Z"/>
=> 21 04 4B 10 30 8D 78 F4 C0
```

第一个例子编码为 0x00263b80，这在 OBIX 时间中相当于十六进制 29×24×60×60 秒。第二个例子演示一个在 OBIX 起始时间之前的负数秒时间戳。最后一个例子展示了一个 64 位的纳秒编码。

6. 相对时间

该类型用于表示时间的相对持续时间。如表 6-7 所示，提供一个秒和纳秒编码，不支持任何没有映射到固定秒数的模糊时间，如 1 个月。

表 6-7　相对时间编码

常量	编码	描述
0	sec	signed 32-bit number of seconds
1	ns	signed 64-bit number of nanoseconds

例子：

```
<reltime val="PT5M"/>          =>   24 00 00 01 2C
<reltime val="PT0.123S"/>      =>   25 00 00 00 00 07 54 D4 C0
```

7. 时间类型

如表 6-8 所示，时间编码过程类似于 reltime 编码，都是使用秒或纳秒。

表 6-8 时间编码

常量	编码	描述
0	sec	unsigned 32-bit number of seconds since midnight
1	ns	unsigned 64-bit number of nanoseconds since midnight

例子：

```
<time val="04：30：00"/>        =>   2C   00   00   3F   48
<time val="04：30：00.123"/>
=>   2D   00   00   0E   BB   E2   93   A4   C0
```

8. 日期类型

如表 6-9 所示，日期使用 4 个字节进行编码。年份通过 16 位整数编码表示实际年份，月份为 1 到 12 之间的 8 位整数，而日期为 1 到 31 之间的 8 位整数。

表 6-9 日期编码

常量	编码	描述
0	yymd	u2 year，u1 month 1-12，u1 day 1-31

例子：

```
<date val="2009-10-20"/>   =>   28   07   D9   0A   14
```

上述例子中，28 为 date 对象编码；前 2 个字节 07D9 为 2009 的十六进制，表示年份；0A 表示 10 月，14 表示 20 日。

9. 状态类型

如表 6-10 所示，节点状态共有 7 种，我们只使用值编码中的 2 位来进行编码。状态 facet 是内联编码的，以避免消耗额外的字节。由于有 8 个状态值，但值编码只有 2 位，我们使用 2 个不同的 facet 代码（status-0、status-1）来为我们提供所需的范围，省略状态 facet 则表示 ok 状态。举例如下：

```
<obj status="ok"/>              =>  40
<obj status="disabled"/>        =>  84 4C   // 0x4C | 0x00
<obj status="fault"/>           =>  84 4D   // 0x4C | 0x01
<obj status="down"/>            =>  84 4E   // 0x4C | 0x02
<obj status="unackedAlarm"/>    =>  84 4F   // 0x4C | 0x03
<obj status="alarm"/>           =>  84 50   // 0x50 | 0x00
<obj status="unacked"/>         =>  84 51   // 0x50 | 0x01
<obj status="overridden"/>      =>  84 52   // 0x50 | 0x02
```

表 6-10　状态编码

常量	编码	描述
0	status-0-disabled	disabled status
1	status-0-fault	fault status
2	status-0-down	down status
3	status-0-unacked-alarm	unackedAlarm status
0	status-1-alarm	alarm status
1	status-1-unacked	unacked status
2	status-1-overridden	overridden status

第一个例子说明了 ok 状态，整个文档用一个字节的 Obj 类型代码 0x40 进行编码。其余示例以 0x84 开头，表示用 M 位屏蔽的 Obj 类型代码。从 disabled 到 unackedAlarm 的状态值使用 staus-0，从警报到覆盖使用 status-1，单个对象定义 status-0 或 status-1 facet 代码都是不允许的。

6.2.4　Facets

facets 根据二进制常量部分中指定的值类型进行编码，min/max 值类型由它们的父对象隐含。父对象必须与对象值匹配，而 str 除外，它使用最小/最大的整数。来看一些例子：

```
<list name="foo"/>                            =>30 08 66 6F 6F 00
<list name="foo" displayName="Foo"/>=> B0 88 66 6F 6F 00 28 46 6F 6F 00
<int val="3" min="0" max="100"/>             =>   8C 03 B4 00 38 64
<obj href="p4.2"/>                            =>   84 0C 70 34 2E 32   00
```

第一个例子中 list 的 Obj 编码为 0x30，因此第一个字节为 30；第二个字节 08 为 name 的 facet 编码；66 6F 6F 00 为字符串 foo 的编码。

第二个例子中 list 有多个元素，首字节为 Obj 编码为 0x30 的掩码（最高位置 1），因此是 B0；第二个字节为 name 的 facet 编码和 0x08 的掩码，因此为 88；66 6F 6F 00 为字符串 foo 的编码；之后的 28 为 displayName 的 facet 编码；46 6F 6F 00 为字符串 Foo 的编码。

自定义 facets 支持以下扩展编码，具体说明如表 6-11 所示。

表 6-11 自定义 Facets

常量	编码	描述
0	extension	facte 名称编码为字符串值对象，后跟包含与 facet 关联的值对象

自定义 facets 是本标准规范未指定的方面，而是由特定实现提供的 facets。自定义 facet 将包含紧跟在头字节之后的两个对象：字符串对象，用于指定 facet 的名称，以及值对象，指定与 facet 关联的值。

与 facet 关联的字符串和值对象都必须提供值，并且这 2 个对象都不能包含其他 facet 或任何子对象。此外，与 facet 关联的值对象必须是 bool、in、real、str、enum、uri、abstime、reltime、date 或 time 类型对象之一，其他类型都是不支持的。

例如：

```
<int val="34" my: int="50"/>=>   8C 22 54 14 6D 79 3A 69 6E 6F 00 0C 32
<bool val="false" my: bool="true"/>=> 88 54 14 6D 79 3A 69 6E 74 00 09
<bool val="true" my:str="hi!"/>=> 89 54 14 6D 79 3A 73 74 72 00 14 68 69 21 00
```

6.2.5 子对象

特殊 Facets 编码 hasChildren 和特殊对象代码 endChildren 用于对嵌套的子对象进行编码，我们来看一个简单的例子：

```
<obj><bool val="false"/></obj>   =>   84 04 08 44
```

让我们检查每个字节：第一个字节 0x84 是 Obj 类型代码 0x04 的掩码；0x04 是 hasChildren 的 facet 代码，表示 obj 有子项；下一个字节被解释为新对象的开头，即 bool 对象代码 0x08；未在 bool 对象上设置更多位，因此没有更多 facet；下一个字节是 endChildren 对象代码，表示我们已经到达了 Obj 的子对象的末尾，其用途与 XML 中的结束标记类似。

从技术上讲，hasChildre 可以通过设置 M 位来设置其他 facet。但是，此规范要求 hasChildren 始终在给定对象的 facet 列表的最后声明，这会使得在 hasChildren 代码上设置 M 位会造成错误。让我们看一个有多个嵌套子代的更复杂的例子：

```
<obj href="xyz">
<bool val="false"/>
<obj><int val="255"/></obj>
</obj>                    =>   B0 8C 78 79 7A 00 04 08 84 04 0C FF 44 44

<obj>                     => 84                          // 0x80 | 0x04
href="xyz"                => 8C 78 79 7A 00 // 0x80 | 0x0C | 0x00 + x + y + z
hasChildren               => 04
<bool val="false"/>       => 08
<obj>                     => 84                          // 0x80 | 0x04
hasChildren               => 04
<int val="255"            => 0C FF                       // 0x0C | 0x00 + u1 of 255
endChildren </obj>        => 44
endChildren </obj>        => 44
```

6.3　JSON 编码

JSON 编码

6.4　EXI 编码

EXI 编码

第 7 章　OBIX 传输绑定

一旦我们有了用 XML 表示 M2M 信息的方法，下一步就是提供标准机制，通过网络传输它以供发布和使用。OBIX 将网络分为两部分：一个抽象的请求/响应模型和一系列实现该模型的协议绑定。

OBIX 1.0 版定义了两种旨在利用现有 Web 服务基础结构的协议绑定：HTTP REST 绑定和 SOAP 绑定。OBIX 1.1 在 OBIX 1.0 的两种协议绑定的基础上新增了 WebSocket 绑定。本章将节介绍 REST、SOAP 和 WebSocket 协议绑定的原理和实现过程。

7.1　REST 绑定规范

OBIX 为楼宇自控系统提供了核心的信息模型和交互模式，在具体实施时，必须选择和相应的交互协议进行绑定。楼宇开发信息交换标准委员会发布的最新 REST 绑定规范名称为 REST BindingsVersion 1.0，发布日期为 2015 年 9 月 14 日。

REST（Representational State Transfer）即表述性状态传递，是一组架构约束条件和原则。满足这些约束条件和原则的应用程序或设计就是 RESTful。REST 是设计风格而不是标准，通常基于使用 HTTP，URI，XML（标准通用标记语言下的一个子集）及 HTML（标准通用标记语言下的一个应用）这些现有的广泛流行的协议和标准。在 REST BindingsVersion 1.0 中，主要介绍基于 HTTP 和 CoAP 两种协议的绑定规则。相比于 SOAP，REST 是一种更加简洁的 Web 服务风格，典型数据交互如图 7-1 所示。

REST Web 服务，其具体实现应该遵循 4 个基本设计原则：① 显式地使用 HTTP 方法；② 无状态；③ 公开目录结构式的 URI；④ 传输 XML、JavaScript Object Notation（JSON）或同时传输这两者。

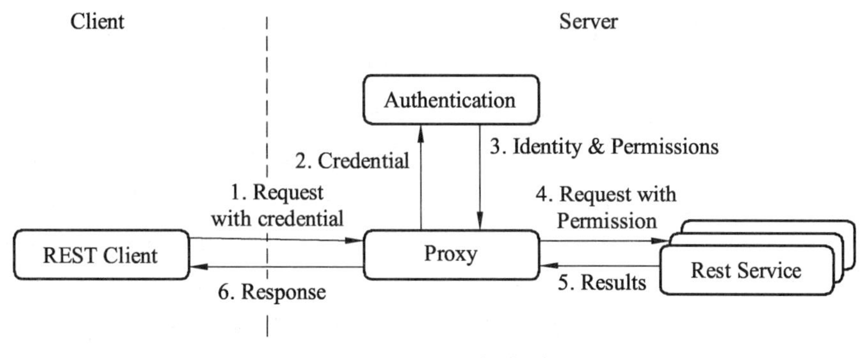

图 7-1　REST 典型工作流程

7.1.1　HTTP

HTTP 绑定指定 OBIX 请求到 HTTP 的简单 REST 映射。例如，读取请求是一个简单的 HTTP GET，这意味着用户可以通过在浏览器中键入对象的 URI 来简单地读取对象。有关 HTTP 1.1 的完整规范，请参阅 RFC 2616。

基于 REST 的 Web 服务的主要特征之一是以遵循 RFC 2616 定义的协议的方式显式使用 HTTP 方法。例如，HTTP GET 被定义为数据产生方法，旨在由客户端应用程序用于检索资源以从 Web 服务器获取数据，或者执行某个查询并预期 Web 服务器将查找某一组匹配资源，然后使用该资源进行响应。

REST 要求开发人员显式地使用 HTTP 方法，并且使用方式与协议定义一致。这个基本 REST 设计原则建立了创建、读取、更新和删除（Create，Read，Update and Delete，CRUD）操作与 HTTP 方法之间一对一映射。根据此映射：

（1）若要在服务器上创建资源，应该使用 POST 方法。

（2）若要检索某个资源，应该使用 GET 方法。

（3）若要更改资源状态或对其进行更新，应该使用 PUT 方法。

（4）若要删除某个资源，应该使用 DELETE 方法。

许多 Web API 中所固有的一个令人遗憾的设计缺陷在于将 HTTP 方法用于非预期用途。例如，HTTP GET 请求中的请求 URI 通常标识一个特定的资源。或者，请求 URI 中的查询字符串包括一组参数，这些参数定义服务器用于查找一组匹配资源的搜索条件。至少，HTTP/1.1 RFC 是这样描述 GET 方法的。但是在许多情况下，不优雅的 Web API 使用 HTTP GET 来触发服务器上的事务性操作——例如，向数据库添加记录。在这些情况下，GET 请求 URI 属于不正确使用，或者至少不是以基于 REST 的方式使用。如果 Web API 使用 GET 调用远程过程，则应该类似如下：

```
GET /adduser?name=Robert HTTP/1.1
```

这不是非常优雅的设计，因为上面的 Web 方法支持通过 HTTP GET 进行状态更改操作。换句话说，该 HTTP GET 请求具有副作用。如果处理成功，则该请求的结果是向基础数据存储区添加一个新用户——在此例中为 Robert。这里的问题主要在语义上。Web 服务器旨在通过检索与请求 URI 中的路径（或查询条件）匹配的资源，并在响应中返回这些资源或其表示形式，从而响应 HTTP GET 请求，而不是向数据库添加记录。从该协议方法的预期用途的角度看，然后再从与 HTTP/1.1 兼容的 Web 服务器的角度看，以这种方式使用 GET 是不一致的。

除了语义之外，GET 的其他问题在于，为了触发数据库中记录的删除、修改或添加，或者以某种方式更改服务器端状态，它请求 Web 缓存工具（爬网程序）和搜索引擎简单地通过对某个链接进行爬网处理，从而意外地做出服务器端更改。克服此常见问题的简单方法是将请求 URI 上的参数名称和值转移到 XML 标记中。这样产生的标记是要创建的实体的 XML 表示形式，可以在 HTTP POST 的正文中进行发送，此 HTTP POST 的请求 URI 是该实体的预期父实体（见图 7-2 中的清单 1 和 2）。

清单 1. 之前

```
1 | GET /adduser?name=Robert HTTP/1.1
```

清单 2. 之后

```
1 | POST /users HTTP/1.1
2 | Host: myserver
3 | Content-Type: application/xml
4 | <?xml version="1.0"?>
5 | <user>
6 |   <name>Robert</name>
7 | </user>
```

图 7-2 基于 REST 的 HTTP 请求示例

上述方法是基于 REST 的请求的示例：正确使用 HTTP POST 并将有效负载包括在请求的正文中。在接收端，可以通过将正文中包含的资源添加为请求 URI 中标识的资源的从属资源，从而处理该请求；在此例下，应该将新资源添加为 /users 的子项。POST 请求中指定的这种新实体与其父实体之间的包含关系类似于某个文件从属于其父目录的方式。客户端设置实体与其父实体之间的关系，并在 POST 请求中定义新实体的 URI。

REST 并非始终是正确的选择。它作为一种设计 Web 服务的方法而变得流行，这种方法对专有中间件（如某个应用程序服务器）的依赖比基于 SOAP 和

WSDL 的方法更少。在某种意义上，通过强调 URI 和 HTTP 等早期 Internet 标准，REST 是对大型应用程序服务器时代之前的 Web 方式的回归。正如已经在所谓的基于 REST 的接口设计原则中研究过的一样，XML over HTTP 是一个功能强大的接口，允许内部应用程序[如基于 Asynchronous JavaScript+XML（Ajax）的自定义用户界面]轻松连接、定位和使用资源。

7.1.2　CoAP

CoAP 是受限制的应用协议（Constrained Application Protocol）的代名词。由于通常物联网设备都是资源限制型的，有限的 CPU 能力，有限 RAM，有限的 FLASH，有限的网络带宽，针对此类特殊场景，CoAP 协议借鉴了 HTTP 协议机制并简化了协议包格式。CoAP 是一种应用层协议，它运行于 UDP 协议之上而不是像 HTTP 那样运行于 TCP 之上。CoAP 协议非常小巧，最小的数据包仅为 4 字节。该协议由 IETF 的 CoRE 工作组提出，通常应用于一些低功耗物联网场合，例如，6LowPAN 协议栈中的应用层协议就采用了 CoAP。

CoAP 和 HTTP 协议都是通过 4 个请求方法（GET，PUT，POST，DELETE）对服务器端资源进行操作。两者之间明显的区别在于 HTTP 是通过文本描述方式描述协议包内容，协议包里面会包含一些空格符、换行符等，协议包可读性很强。而 CoAP 是通过定义二进制各位段功能来描述协议包内容。因此，CoAP 协议包更小，更紧凑。CoAP 协议最小的协议包只有 4 B。协议包需要经过解析后才能知道里面具体内容，另外还有一个明显的区别是，传统的 HTTP 协议中主机与 web 服务器之间是单向通信的（用 WebSocket 除外）。而 CoAP 系统中 CoAP Client 与 CoAP Server 是可以双向通信，双方都可以主动向对方发送请求。

CoAP 采用与 HTTP 相同的请求响应工作模式，CoAP 协议共有 4 种不同消息类型：

（1）CON——需要被确认的请求，如果 CON 请求被发送，那么对方必须做出响应。

（2）NON——不需要被确认的请求，如果 NON 请求被发送，那么对方不必做出回应。

（3）ACK——应答消息，接收到 CON 消息的响应。

（4）RST——复位消息，当接收者接受的消息包含一个错误，接受者解析消息或者不再关心发送者发送的内容，那么复位消息将会被发送。

CoAP 消息报文格式如图 7-3 所示，由 Header（必选）、Token（可选）、Option（可选，0 个或者多个）和 Payload（可选）四大部分构成。其中，报文头 Header

的含义如表 7-1 所示。

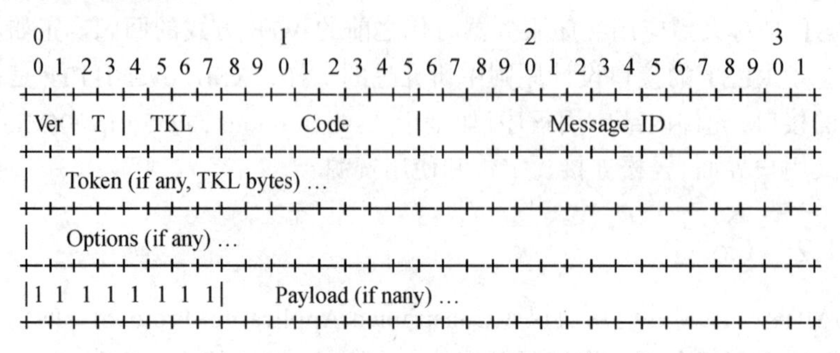

图 7-3 CoAP 报文格式

表 7-1 报文头含义

代号	长度/bit	含义描述
Ver	2	代表版本信息，当前是 1
T	2	代表该消息类型，CON，NON. ACK，RST
TKL	4	token 长度，当前支持 0～8 B 长度，其他长度保留将来扩展用
CODE	8	分成前 3 b（0～7）和后 5 b（0～31），前 3 b 代表类型
Message ID	16	代表消息 MID，每个消息都有一个 ID，重发消息的 MID 不变

服务器上可访问资源统一用 URL 来定位（如/deviceID/temp 访问某个设备的温度信息）。客户端通过某个资源的 URL 来访问服务器具体资源，通过 4 个请求方法（GET，PUT，POST，DELETE）完成对服务器上资源增删改查操作。例如，某个设备需要从服务器端查询当前温度流程，如图 7-4 所示。

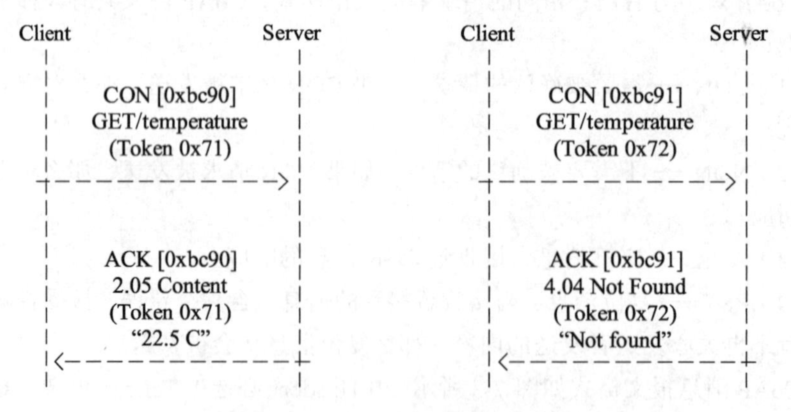

图 7-4 两个温度查询报文流程

请求消息（CON）：GET /temperature，请求内容会被包在 CON 消息里面。

响应消息（ACK）=2.05 Content "22.5 C"，响应内容会被放在 ACK 消息里面。

具体的消息流程和报文格式如图 7-5 所示。

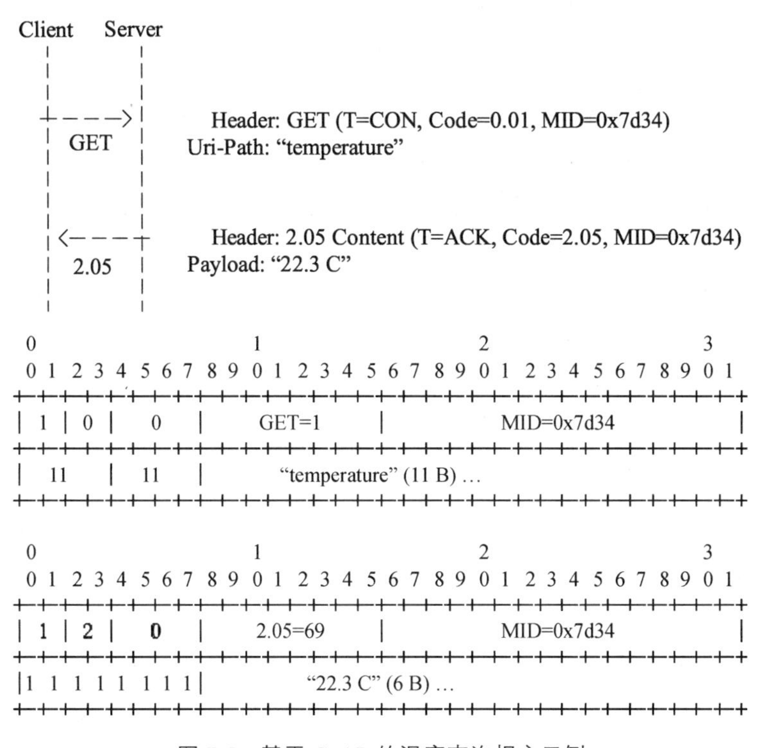

图 7-5　基于 CoAP 的温度查询报文示例

CoAP 通过扩展协议方式也简单地实现了订阅与发布模型。当一个客户端需要定期去查询服务器端某个资源的最新状态时，订阅与发布模型就非常有用。订阅与发布协议在 CoAP 基础协议上增加了 1 个 Observe option，其值为整数，通过该 option 来实现订阅与发布模型管理在 GET 请求消息里面：

oberser value 为 0：代表向 CoAP 服务器端订阅一个主题。

oberser value 为 1：代表向 CoAP 服务器端移除一个已订阅主题。

在 notification 消息里面的 oberser value 代表主题发生变化时，检测到顺序，以便客户端可以知道状态变化的先后。一个 CoAP Client 可以分次向 CoAP server 订阅多个资源主题。一个 CoAP server 上的主题可以被多个观察者（CoAP Client）订阅。这样就通过了 CoAP server 实现了 CoAP Client 之间直接数据转发通信。

可以通过灵活设计服务器上的资源链接，来实现对某个主题的条件订阅（类似触发器或者阈值等）。例如，订阅主题是：<coap：//server/temperature/critical?

above=42>，当温度超过 42，CoAP Server 需要发送通知。

7.2 SOAP 绑定规范

楼宇开发信息交换标准委员会发布的最新 REST 绑定规范名称为 SOAP BindingsVersion 1.0，发布日期为 2015 年 9 月 14 日。SOAP（Simple Object Accrss Protocol，简单对象访问协议）以 XML 形式提供了一个简单、轻量的用于在分散或分布环境中交换结构化和类型信息的机制。SOAP 本身并没有定义任何应用程序语义，如编程模型或特定语义的实现；实际上它通过提供一个有标准组件的包模型和在模块中编码数据的机制，定义了一个简单的表示应用程序语义的机制，这使得 SOAP 能够被用于从消息传递到 RPC 的各种系统。

SOAP 基于 XML 语言和 XSD 标准，其定义了一套编码规则，编码规则定义如何将数据表示为消息，以及怎样通过 HTTP 协议来传输 SOAP 消息，由 4 部分组成：

（1）SOAP 信封（Envelope）：定义了一个框架，框架描述了消息中的内容是什么，包括消息的内容、发送者、接收者、处理者，以及如何处理消息。

（2）SOAP 编码规则：定义了一种系列化机制，用于交换应用程序所定义的数据类型的实例。

（3）SOAPRPC 表示：定义了用于表示远程过程调用和应答的协定。

（4）SOAP 绑定：定义了一种使用底层传输协议来完成在节点间交换 SOAP 信封的约定。

SOAP 消息基本上是从发送端到接收端的单向传输，常常结合起来执行类似于请求/应答的模式。不需要把 SOAP 消息绑定到特定的协议，SOAP 可以运行在任何其他传输协议（HTTP、SMTP、FTP 等）上。另外，SOAP 提供了标准的 RPC 方法来调用 Web Service 以请求/响应模式运行。

SOAP 消息是一个 XML 文档，包括一个必需的 SOAP 封装，一个可选的 SOAP 头和一个必需的 SOAP 体。SOAP 为相互通信的团体之间提供了一种很灵活的机制：在无须预先协定的情况下，以分散但标准的方式扩展消息。可以在 SOAP 头中添加条目实现这种扩展，典型的例子有认证、事务管理、支付等等。头元素编码为 SOAP 封装元素的第一个直接子元素。头元素的所有直接子元素称作条目。

SOAP 体元素提供了一个简单的机制，使消息的最终接收者能交换必要的信息。使用体元素的典型情况包括配置 RPC 请求和错误报告。体元素编码为 SOAP

封装元素的直接子元素。如果已经有一个头元素，那么体元素必须紧跟在头元素之后，否则它必须是 SOAP 封装元素的第一个直接子元素。体元素的所有直接子元素称作体条目，每个体条目在 SOAP 体元素中编码为一个独立的元素。

7.2.1　在 HTTP 中使用 SOAP

把 SOAP 绑定到 HTTP,无论使用或不用 HTTP 扩展框架,都有很大的好处：在利用 SOAP 的形式化和灵活性的同时，使用 HTTP 种种丰富的特性。在 HTTP 中携带 SOAP 消息，并不意味着 SOAP 改写了 HTTP 已有的语义，而是将构建在 HTTP 之上 SOAP 语义自然地对应到 HTTP 语义。SOAP 自然地遵循 HTTP 的请求/应答消息模型使得 SOAP 的请求和应答参数可以包含在 HTTP 请求和应答中。注意，SOAP 的中间节点与 HTTP 的中间节点并不等同，即不要期望一个根据 HTTP 连接头中的域寻址到的 HTTP 中间节点能够检查或处理 HTTP 请求中的 SOAP 消息。在 HTTP 消息中包含 SOAP 实体时，按照 RFC 2376 规定，HTTP 应用程序必须使用媒体类型 "text/xml"。

一个 HTTP 请求头中的 SOAPAction 域用来指出这是一个 SOAP HTTP 请求，它的值是所要的 URI。在格式、URI 的特性和可解析性上没有任何限制。当 HTTP 客户发出 SOAP HTTP 请求时必须使用在 HTTP 头中使用这个域。

```
soapaction = "SOAPAction" ":  " [ <"> URI-reference <"> ]
URI-reference = <as defined in RFC 2396>
```

HTTP 头中 SOAPAction 域使服务器（如防火墙）能正确地过滤 HTTP 中 SOAP 请求消息。如果这个域的值是空字符串（""），表示 SOAP 消息的目标就是 HTTP 请求的 URI。这个域没有值表示没有 SOAP 消息的目标的信息。例子：

```
SOAPAction: "http: //electrocommerce.org/abc#MyMessage"
SOAPAction: "myapp.sdl"
SOAPAction: ""
SOAPAction:
```

SOAP HTTP 遵循 HTTP 中表示通信状态信息的 HTTP 状态码的语义。例如，2xx 状态码表示这个包含了 SOAP 组件的客户请求已经被成功地收到、理解和接受。在处理请求时如果发生错误，SOAP HTTP 服务器必须发出应答 HTTP 500 "Internal Server Error"，并在这个应答中包含一个 SOAP Fault 元素表示这个 SOAP 处理错误。

一个 SOAP 消息可以与 HTTP 扩展框架一起使用以区分是否有 SOAP HTTP 请求和它的目标。是使用扩展框架或是普通的 HTTP 关系到通信各方的策略和能力。通过使用一个必需的扩展声明和"M-"HTTP 方法名前缀，客户可以强制使用 HTTP 扩展框架。服务器可以使用 HTTP 状态码 510 "Not Extended"强制使用 HTTP 扩展框架。也就是说，使用一个额外的来回，任何一方都可以发现另一方的策略并依照执行。

7.2.2 SOAP HTTP 举例

例 1：使用 POST 的 SOAP HTTP。

```
POST /StockQuote HTTP/1.1
Content-Type：text/xml；charset="utf-8"
Content-Length：nnnn
SOAPAction："http：//electrocommerce.org/abc#MyMessage"
<SOAP-ENV：Envelope...
HTTP/1.1 200 OK
Content-Type：text/xml；charset="utf-8"
Content-Length：nnnn
<SOAP-ENV：Envelope...
```

例 2：使用扩展框架的 SOAP HTTP。

```
M-POST /StockQuote HTTP/1.1
Man："http：//schemas.xmlsoap.org/soap/envelope/"；ns=NNNN
Content-Type：text/xml；charset="utf-8"
Content-Length：nnnn
NNNN-SOAPAction："http：//electrocommerce.org/abc#MyMessage"
<SOAP-ENV：Envelope...
HTTP/1.1 200 OK
Ext：
Content-Type：text/xml；charset="utf-8"
Content-Length：nnnn
<SOAP-ENV：Envelope...
```

7.2.3 OBIX 的 SOAP 绑定举例

例 3：使用 SOAP 请求 OXBI 服务器的对象“about”对象。

```
<env：Envelope xmlns：env="http：//schemas.xmlsoap.org/soap/envelope/">
<env：Body>
<obixWS：read xmlns：obixWS=" http：//docs.oasis-open.org/obix/ns/201312/
```

```
wsdl"
            xmlns="http：//docs.oasis-open.org/obix/ns/201312/schema"
        href="http：//localhost/obix/about" />
</env：Body>
</env：Envelope>
```

例 4：对例 3 中请求的应答。

```
<env：Envelope xmlns：env="http：//schemas.xmlsoap.org/soap/envelope/">
<env：Body>
<obixWS：response xmlns：obixWS=" http：//docs.oasis-open.org/obix/ns/
201312/wsdl"
            xmlns="http：//docs.oasis-open.org/obix/ns/201312/schema">
  <obj name="about"
          href="http：//localhost/obix/about/">
   <str name="obixVersion" val="1.1"/>
   <str name="serverName" val="obix"/>
   <abstime name="serverTime" val="2006-02-08T09：40:55.000+
   05:00:00Z"/>
   <abstime name="serverBootTime" val="2006-02-08T09：33:31.980+
   05:00:00Z"/>
   <str name="vendorName" val="Acme，Inc."/>
   <uri name="vendorUrl" val="http：//www.acme.com"/>
   <str name="productName" val="Acme OBIX Server"/>
   <str name="productVersion" val="1.0.3"/>
   <uri name="productUrl" val="http：//www.acme.com/obix"/>
   </obj>
  </obixWS：response>
 </env：Body>
</env：Envelope>
```

7.3　WebSocket 绑定规范

7.3.1　WebSocket 简介

在浏览器与服务器通信时，传统的 HTTP 请求在某些场景下并不理想，如实时监控、实时数据展示、分析等，其面临主要两个缺点：① 无法做到消息的实时性；② 服务端无法主动推送信息。为克服上述问题，基于 HTTP 的主要解决思路有长连接和 ajax 轮询。

基于 ajax 的轮询：客户端定时或者动态相隔短时间内不断向服务端请求接口，询问服务端是否有新信息，该方案主要缺点是多余的空请求（浪费资源）且数据获取有延时。

Long Poll：其采用的是阻塞性的方案，客户端向服务端发起 ajax 请求，服务端挂起该请求不返回数据直到有新的数据，客户端接收到数据之后再次执行 Long Poll。该方案中每个请求都挂起了服务器资源，在大量连接的场景下是不可接受的。

可以看到，被动性还是基于 HTTP 协议的方案的本质缺陷，服务端无法下推消息，仅能由客户端发起请求不断询问是否有新的消息，同时客户端与服务端都存在性能消耗。

WebSocket 是 HTML5 开始提供的一种浏览器与服务器间进行全双工通信的网络技术。WebSocket 通信协议于 2011 年被 IETF 定为标准 RFC 6455，WebSocketAPI 被 W3C 定为标准。在 WebSocket API 中，浏览器和服务器只需要做一个握手的动作，之后浏览器和服务器之间就形成了一条快速通道，两者之间就直接可以数据互相传送。WebSocket 的属性、事件和方法见表 7-2 ~ 7-4，应用示例如图 7-6 所示。

表 7-2　WebSocket 的属性及其含义

属　性	描　述
Socket.readyState	只读属性 readyState 表示连接状态，可以是以下值： 0——表示连接尚未建立； 1——表示连接已建立，可以进行通信； 2——表示连接正在进行关闭； 3——表示连接已经关闭或者连接不能打开
Socket.bufferedAmount	只读属性 bufferedAmount 表示已被 send ( ) 放入正在队列中等待传输，但是还没有发出的 UTF-8 文本字节数

表 7-3　WebSocket 事件说明

事　件	事件处理程序	描　述
open	Socket.onopen	连接建立时触发
message	Socket.onmessage	客户端接收服务端数据时触发
error	Socket.onerror	通信发生错误时触发
close	Socket.onclose	连接关闭时触发

表 7-4　WebSocket 方法说明

方　法	描　述
Socket.send（ ）	使用连接发送数据
Socket.close（ ）	关闭连接

```
// 初始化一个 WebSocket 对象
var ws = new WebSocket("ws://localhost:9998/echo");

// 建立 web socket 连接成功触发事件
ws.onopen = function () {
  // 使用 send() 方法发送数据
  ws.send("发送数据");
  alert("数据发送中...");
};

// 接收服务端数据时触发事件
ws.onmessage = function (evt) {
  var received_msg = evt.data;
  alert("数据已接收...");
};

// 断开 web socket 连接成功触发事件
ws.onclose = function () {
  alert("连接已关闭...");
};
```

图 7-6　WebSocket 对象应用示例

7.3.2　OBIX 的 WebSocket 绑定

OBIX 的 WebSocket 绑定出现在 OBIX 1.1 规范中，所有的 OBIX 服务器必须包含一个实现 obix:lobby 的对象。Lobby 对象用作 obix 服务器的中心入口点，并列出由 OBIX 规范定义的已知对象的 URI。理论上，一个客户机需要知道的所有潜在组件都是一个大厅实例的 URI。按照惯例，这个 URI 形如“http://<server ip address>/obix”，当然服务者也可以自由选择另一个 URI，Lobby 合同样例如下：

```
<obj href="obix：Lobby">
<ref name="about" is="obix：About"/>
<op  name="batch" in="obix：BatchIn" out="obix：BatchOut"/>
<ref name="watchService" is="obix：WatchService"/>
<list name="tagspaces" of="obix：uri" null="true"/>
<list name="encodings" of="obix：str" null="true"/>
<list name="bindings" of="obix：uri" null="true"/>
</obj>
```

因为 Lobby 对象是 OBIX 服务器的主要入口点，所以它也成为恶意对象的主要实体攻击点。有鉴于此，OBIX 服务器的实现人员必须仔细考虑如何解决安全问题。在提供任何信息或执行任何请求的操作之前，服务器应确保客户机经过正确的身份验证和授权。即使提供 Lobby 信息也可以显著增加 OBIX 服务器的攻击面，例如，恶意客户端可以使用批处理服务发出进一步的请求，或者引用“关于”部分中的项目来搜索 Web，以查找与服务器供应商关联的任何的漏洞。

WebSocket 绑定指定一个简单的 obix 请求到 WebSocket 的映射，在连接到端点 URL 并切换到 WebSocket 协议（或类似于 MQTT 之类的可识别子协议）之后，可以连续交换消息。WebSocket 绑定应在 Lobby 中进行以下声明，示例如下：

```
<uri name="ws" displayName="WebSocket Binding"
val="http：//docs.oasis-open.org/obix/obix-websocket/v1.0/csprd01/obix-
websocket-v1.0-csprd01.html"/>
```

表 7-5 描述了 OBIX 请求及其 WebSocket 等效项的映射，由于 WebSocket 是一种基于消息的协议，它不能直接映射，但是由于 OBIX 消息包含命名，可以使用这种协议发送消息。

表 7-5 OBIX 请求与 WebSocket 操作映射

OBIX	WebSocket	适用目标
Read	连接后，使用 obix：read 消息去读取对象；使用 watchservice 功能订阅对象并接收其状态的连续更新（使用 obix：update 类型的消息）	Lobby
Write	发送一个 obix：Write 消息去控制一个对象	任何具有 href 和可写属性的对象
Invoke	发送一个 obix：Invoke 消息，该消息包含将输入参数保存为子元素的操作元素；接收具有相应请求 ID 的 obix：Response 消息	具有 href（特别是 Watch）的任何对象
Delete	如果对象定义了删除操作，则使用此操作	具有删除操作的任何对象

为了确保 WebSocket 异步消息交换中的请求和响应绑定在一起，引入了定义了请求 ID（表示为属性 RID）的请求概念。对请求的响应包含特定的请求 ID，以便客户机能够匹配请求和响应。如果服务器发送的消息没有请求和响应上下文，那么它使用 obix：update 类型来表示这种情况。

7.3.3　OBIX 的 WebSocket 通信流程

OBIX 的 WebSocket 通信流程

第8章　基于OBIX的集成技术

OBIX设计的初衷是解决信息系统和自动化系统之间信息交互的问题，使建筑中的机电系统能够和企业应用系统正确通信。其应用不限于智慧建筑领域，早在2009年OBIX被电力研究学会以报告形式提交给美国国家标准及技术研究所，作为对智能电网发展至关重要的规范，将用于发国家智能电网的开发。

OBIX委员会已经开始委员会已经开始着手研究OBIX 2.0的先进服务，包含点对点交互、高级查询、面向服务的调度、适应能量标准，以及其他一些可以基于 1.×版本内核的服务。当然企业应用系统和机电设备系统信息交互，除了OBIX，还有其他途径，如OPCUA，而OPCUA在发展过程中，不断克服自身缺陷，其很多阶段都参考了OBIX的思路。

基于 OBIX 标准的集成技术，本质是基于信息的系统集成，只不过和常规Web 信息集成系统区别在于，信息交换有了统一规范的标准和约定，使之具有更好的开放性。基于OPCUA的集成系统也属于基于信息的集成，和基于OBIX的集成技术没有本质区别，只是在信息模型、编码规范、传输规约等方面有差异，对用户来讲差异很小。未来哪种技术更有发展潜力，由于影响因素太多，尚无法断言。从技术发展规律来看，优秀的技术都有共同的特质，如开放性、易用性和平台无关性等，用户和工程师都容易接受和使用。而且有竞争力的技术，也都在相互借鉴，对于工程师来讲，掌握其基本规律，就能够很快掌握并运用。

8.1　基于信息的集成技术特点

随着计算机网络的迅速发展和互联网的普及，原来基于客户端/服务器（Client/Server，简称C/S）模式的传统智能建筑集成管理系统已难以适应新的要求，需要向更方便、更优越的基于浏览器/服务器（Browser/Web/Server，简称B/S）的模式发展，即成为面向 Intranet 的智能大厦信息集成管理系统 I3BMS（Intranet Integrated Intelligent Building Management System）。对于B/S模式而言，程序和数据的物理位置变得已不重要，客户端直接与Web服务器相联，实现整个网络上的信息交换与共享、统一的人机界面，真正做到远程信息的监控和管理。I3BMS 系统采用基于 Web 的 Browser/Web/Server 三层结构，系统结构如图 8-1 所示。

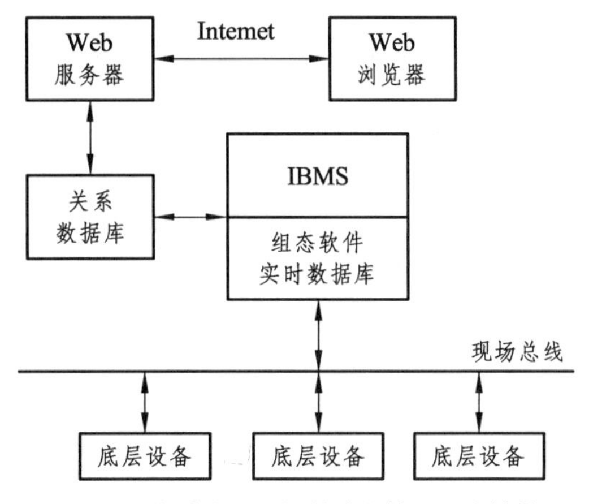

图 8-1　典型的 B/S 智慧建筑管理系统结构

随着物联网、云计算及移动互联网的发展，基于信息的系统集成技术呈现出了鲜明的特征：

（1）云服务器应用越来越广泛；

（2）数据传输的方式越来越多，特别是新兴 NB-IOT，WF-IOT，LoRa 等无线链路；

（3）移动监控的需求激增，用户使用手机 APP 或者小程序对系统和设备进行管理。

特别是移动互联网的迅猛发展为智慧建筑带来的影响尤其大，尽管移动互联网是目前 IT 领域最热门的概念之一，然而业界并未就其定义达成共识。认可度比较高的定义是中国工业和信息化部电信研究院在 2011 年的《移动互联网白皮书》中给出的：移动互联网是以移动网络作为接入网络的互联网及服务，包括 3 个要素：移动终端、移动网络和应用服务。

一些学者在综合多方观点后，给出如下定义：移动互联网是指以各种类型的移动终端作为接入设备，使用各种移动网络作为接入网络，从而实现包括传统移动通信、传统互联网及其各种融合创新服务的新型业务模式。

8.2　云服务器

云服务器，是将传统服务器集中在一起，进行弹性分配与管理，节约计算成本，简化 IT 运维工作，为用户提供一种高效、安全、可伸缩的计算处理方式，使项目实施团队更专注于核心业务的创新。云服务器的主要特点如表 8-1 所示，国内有众多云服务器厂商可供选择。

表 8-1 云服务器的主要特点

特 点	描 述
资源按需取用	灵活性是“云”的本质特征，也是云服务器迅速获得认可并充分占领市场的根本原因。云服务器有着灵活扩展优势，可以实现资源按需取用，用多少买多少，高峰期增量，低谷期减量，有效避免了资源的浪费
高效：轻松实现部署	云服务器最快可以在几分钟到十几分钟内完成系统 IT 部署，并且服务商还提供专业的技术团队指导，不用担心遇到难以解决的问题
简单：日常管理方便	云服务器的管理较之传统服务器更为方便，技术门槛也相对较低，因此，企业无须专门聘用一个经验丰富的运维人才，在管理方面更加轻松
低价：有效控制成本	由于云的集群与规模化效应，云服务器的成本已经可以做到很低，实现 IT 采购、运维的良好成本控制

相比传统服务器，云服务器确实好处多多，选择云服务器也是现在服务器市场的一个主要趋势，那么如何需要根据项目的需求进行选型呢？实际应用中选型主要考虑服务器备份、升级和迁移等三方面因素，国内知名的云服务器厂商主要有阿里云、腾讯云、百度云、华为云和金山云等。

1. 服务器备份

相比较于传统的服务器，像虚拟主机 VPS，都是单点备份。而云服务器选购采用网络分布式集群存储，数据实时读写多处备份。

2. 服务器升级

由于云服务采用的集群的云虚拟技术，可以在线直接对云服务器的 CPU、带宽、数据盘等的平滑升级，不需要对服务器环境进行重新配置搭建。

3. 服务器迁移功能

在服务器的使用中，不可避免地会出现一些故障。对于云服务器来说，如果某一台服务器出现故障，可以通过热迁移功能将上面的云主机瞬间迁移至其他节点，云服务器上的业务不会中断，不需要重启。

8.3　移动端开发技术

移动互联网终端软件主要包括操作系统和第三方应用软件，其特点是以智能终端操作系统为基础，结合各种层次或类别的中间件实现对应用服务的支持。

终端操作系统的发展趋势是：开放性、安全性。终端目前应用软件的主要发展趋势是开发操作本地化、服务全能化，以及传统电信业务替代产品。

开发框架主要定义了整体结构、类和对象的分割及其之间的相互协作、流程控制、强调设计复用，便于应用开发者能集中精力于应用本身的实现细节。常用的移动 JavaScript 开发框架有 jQueryMobile，Sencha Touch 和 Android Annotations 等。其中，jQueryMobile 是 jQuery 公司发布的针对手机和平板设备，经过触控优化的 Web 框架，在不同移动设备平台上可提供统一的用户界面。SenchaTouch 是一款 HTML5 移动应用框架，通过它创建的 Web 应用，在外观上感觉与 iOS 和 Android 本地应用十分相像。Android Annotations 是一个开源的 Native 应用开发框架，该框架提供的 Android 依赖注入（dependency injection）方法，使得开发 Android 应用和 J2EE 项目一样方便。

8.3.1　移动应用开发模式分析

从总体上讲，现有的移动互联网终端应用开发方式主要有原生模式、Web 模式和混合模式 3 种类型。这 3 种不同的开发模式，各自具有自身的优缺点，因而也各自有着不同的应用场景。

1. 原生应用开发模式

原生应用开发模式也称 Native 开发模式，开发者需要根据不同的操作系统构建开发环境、学习不同的开发语言及适应不同的开发工具。原生应用开发模式如图 8-2 所示。原生应用开发模式其最大的优势是，基于操作系统提供的原生应用程序接口（API），开发人员可以开发出稳定、高性能、高质量的移动应用；缺点是，需要具备多种不同开发语言和开发工具的开发能力，开发、更新、维护的周期长，所以对于专业性要求比较高的移动应用，大都由具有较高技术水平的团队作为保障，团队内部不同操作系统版本的应用开发人员之间的工作需要密切合作，确保版本质量及不同版本被消费者使用时具有一致性的用户体验，团队间的沟通协调成本也较高。

Native 应用开发模式适用场景是针对那些高性能、快速响应类的面向广大用户的终端应用。例如：有些 3D 游戏类应用（APP）需要提供实时响应的丰富用户界面，对这类 APP 而言，Native 开发模式可以充分展示其性能和稳定性优势，只要投入足够的研发力量，都可以开发出高质量的 APP。

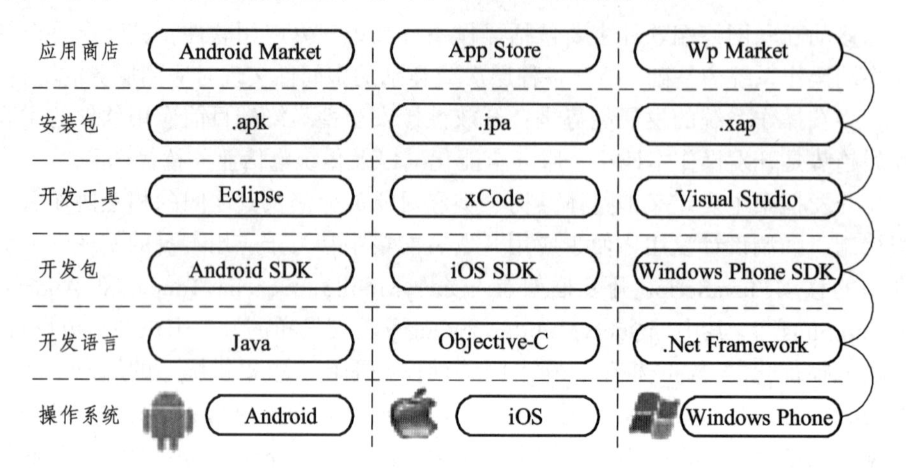

图 8-2 移动互联网终端原生应用开发模式示意图

2. Web 应用开发模式

超文本链接标记语言（HTML5）技术的兴起给 Web APP 注入了新的生机。由于浏览器作为移动终端的基本组件及浏览器对 Web 技术的良好支持能力，熟悉 Web 开发技术的人才资源丰富，使得 Web APP 具有开发难度小、成本低、周期短、使用方便、维护简单等优点，非常适合企业移动信息化的需求。特别是上一轮的企业信息化在 PC 端大多选择了 B/S 架构，这样就能和 Web APP 通过手机浏览器访问的方式无缝过渡，重用企业现有资产。对于性能指标和触摸事件响应不苛刻的移动应用，Web APP 完全可以采用 Web 技术实现，但是对于功能复杂，实时性能要求高的应用，Web APP 还无法达到 Native APP 的用户体验。

3. Web 跨平台 Hybrid 应用开发模式

Hybrid APP 是一种结合 Native 开发和 Web 开发模式的混合模式，通常基于跨平台移动应用框架进行开发，比较知名的第三方跨平台移动应用框架有 PhoneGap、AppCan 和 Titanium。这些引擎框架一般使用 HTML5 和 JavaScript 作为编程语言，调用框架封装的底层功能如照相机、传感器、通信录、二维码等。HTML5 和 JavaScript 只是作为一种解析语言，真正调用的都是类似 Native APP 的经过封装的底层操作系统（OS）或设备的能力，这是 Hybrid APP 和 Web APP 的最大区别。

企业移动应用采用 Hybrid APP 技术开发，一方面开发简单，另外一方面可以形成一种开发的标准。企业封装大量的原生插件（Native Plugin），如支付功能插件，供 JavaScript 调用，并且可以在今后的项目中尽可能地复用，从而大幅降低开发时间和成本。Hybrid APP 的标准化给企业移动应用开发、维护、更新都带来了极高的便捷性，如工商银行、百度搜索、街旁、东方航空等企业移动应用都采用该方式开发。

8.3.2　3 种移动应用开发模式分析

在运行态下，3 种不同应用运行所需要的运行环境各不相同，其中和 Web 相关的应用模式，其运行环境需要浏览器或浏览器模块（如 Webview）的支持。Native、Web 和 Hybrid 运行图如图 8-3 所示。下面，我们从不同的维度，对 3 种不同类型的移动应用开发模式进行分析和比较，并对其适用场景做简要说明。3 种不同开发模式的比较如表 8-2 所示。每一种开发模式都有自己的优缺点，企业或开发者需要根据用户的需求、自身的技术储备能力、产品上线时间压力、成本等多个因素综合考虑，选择适用的开发模式，最优的开发模式不是一成不变，而是在于选择、搭配灵活的架构解决方案。

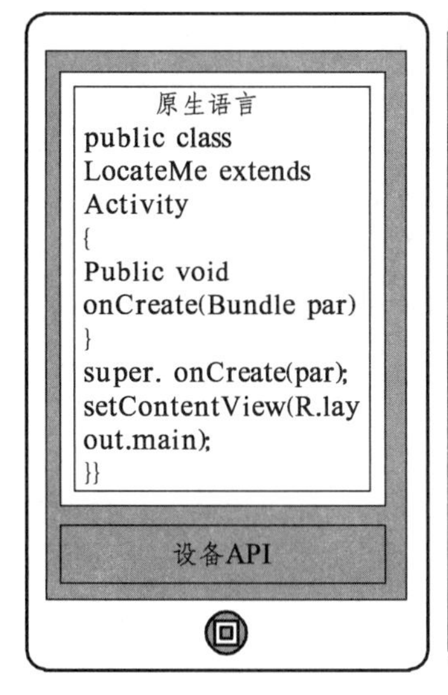

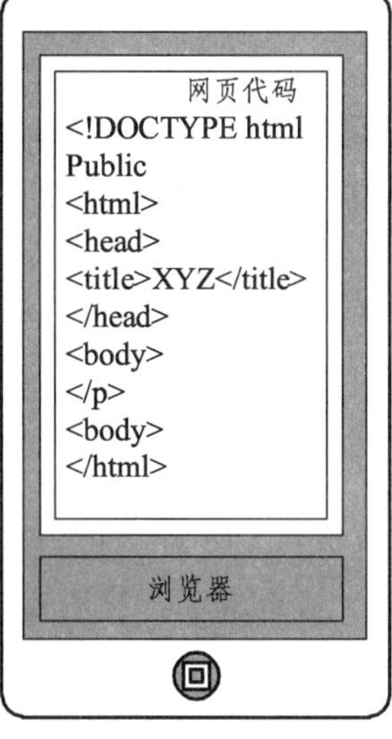

图 8-3　Native、Web 和 Hybrid 运行图

表 8-2　3 种移动开发模式对比

特点	Native 开发模式	WebAPP	Hybrid 开发模式
开发语言	原生语言	HTML5/JS/CSS	原生语言+HTML5/JS
跨平台性	不支持	支持	支持

续表

特点	Native 开发模式	WebAPP	Hybrid 开发模式
设备访问能力	高	低	较高
开发难度	高	低	较低
性能	高	低	较高
应用体验	好	一般	较好
兼容性	差	好	较好
使用范围	适用范围广	移动办公、企业应用等	适用范围广

8.3.3 一种移动互联网终端应用开发架构

国内研究者基于对移动互联网应用开发模式及其关键技术的分析，提出了一种移动互联网终端应用开发的统一架构，如图 8-4 所示。移动互联网终端应用的统一架构包括移动互联网终端应用的统一开发框架和开发环境两部分，其中统一开发框架采用分层架构，减少了模块间的耦合，使得应用组件、系统中间件具有良好的扩充性。开发环境是应用开发人员物理上感知到的最前端，让开发者可以通过简单易用的开发工具，基于开发框架和模板开发，快速构建移动应用。

统一开发框架主要分为系统中间件和应用组件，系统中间件主要完成对底层系统能力的封装，使应用层可以通过系统中间件的桥梁和系统通信，提供能力接入、能力暴露、安全控制和能力封装功能，从而避免应用组件直接和 OS 层交互，可实现与应用开发语言无关，减少对 OS 层依赖。应用组件层主要提供了可复用的应用组件，包括能力组件、可视化组件等。能力组件主要提供应用基础类库（如企业应用的安全数据加密），对应用进行日常的日志记录等；同时还提供系统层面的服务方法。可视化组件主要提供基础的用户可感知的组件，展现层提供了 Native 和 Web 可视化组件。此外，终端应用还可以通过远程调用接口与各种云服务进行交互，实现与云计算服务有机的结合，为用户提供更加丰富和快捷的功能。

8.4 基于 B/S 的智慧建筑管理系统开发技术

目前主流的 B/S 架构开发技术有 ASP、J2EE、PHP 等，典型结构如图 8-5 所示。随着 Python 语言的流行，目前也有不少 Web 项目使用 Python 语言开发（使用 Django 框架、Flask 的框架）；除此之外基于 JS 语言的服务端开发技术也已经出现，通过利用 Node.js 配合前端开发技术，使得前后端的开发语言统一起来，这种轻量化的开发方式具有入门容易、开发周期短等特点，应用也越来越广泛。

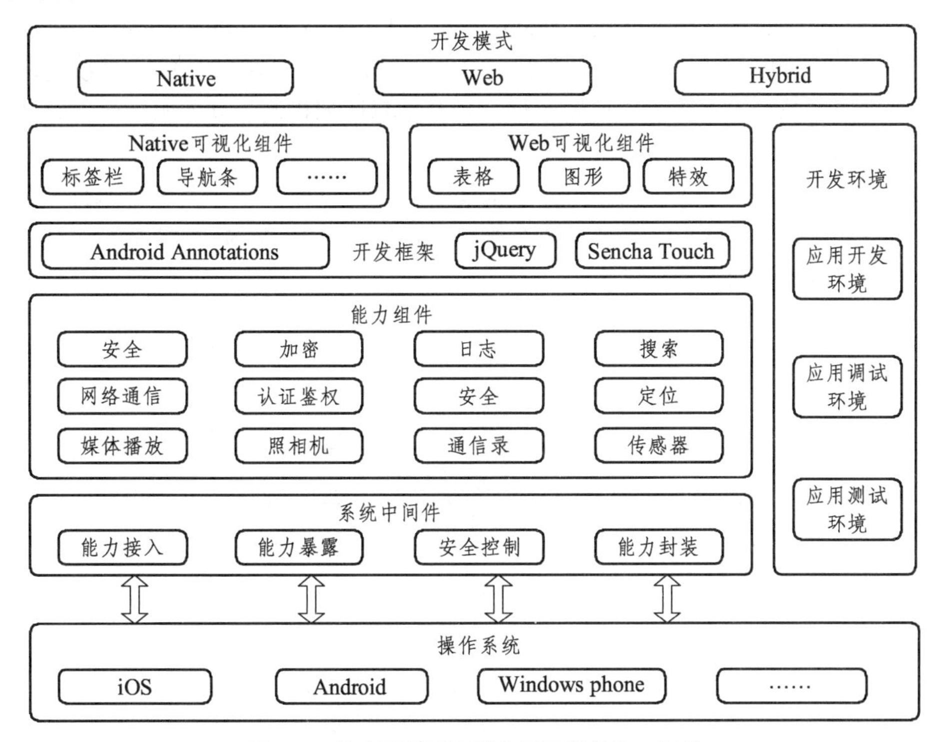

图 8-4　移动互联网终端应用开发的统一架构

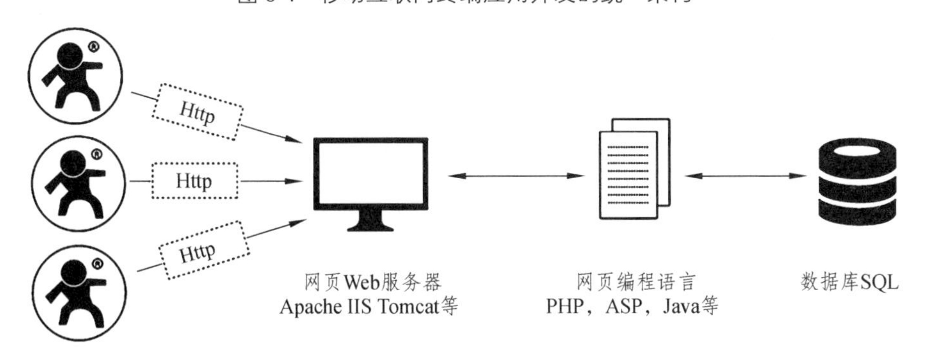

图 8-5　B/S 架构信息系统典型结构

8.4.1　ASP 技术

.NET 技术是微软公司推出的一个概念，它代表了一个集合、一个环境和一个可以作为平台支持下一代 Internet 的可编程结构。

.NET 的最终目标就是让用户在任何地方、任何时间，以及利用任何设备都能访问所需的信息、文件和程序。.NET 开发平台包括编程语言（C#，Visual Basic，Visual C++）、开发工具（Visual Studio .NET）和设计架构，如图 8-6 所示。

该架构可以同时使用多种开发语言进行开发，充分利用 Windows 系统的应用程序服务功能，如先进快速的事件处理和消息队列机制、软件服务的发布和良好的继承性；利用 ADO.NET，数据访问更加简单。

CLR 是 Common Language Runtime 的简写，中文翻译是公共语言运行。全权负责托管代码的执行（主要有内存管理和垃圾收集），是.NET 的基石，其程序编译运行流程如图 8-7 所示。

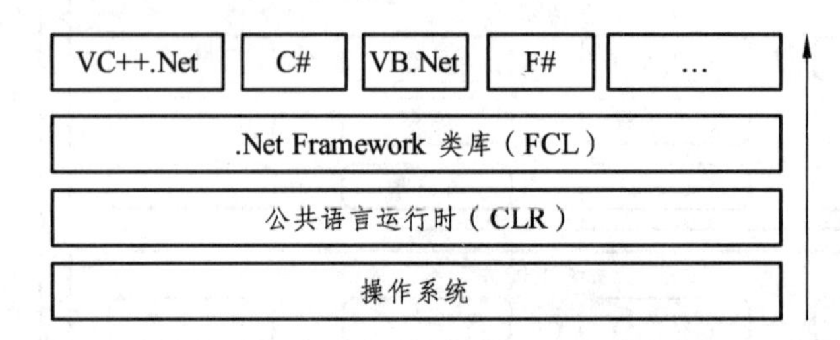

图 8-6 .NET 架构构成

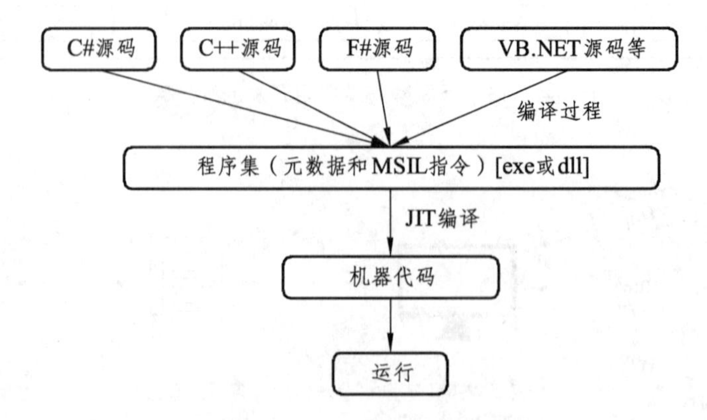

图 8-7 .NET 程序运行编译流程

ASP.NET 是一个开发框架，属于.NET 技术之一，用于通过 HTML、CSS、JavaScript 及服务器脚本来构建网页和网站。ASP.NET 支持 Web Pages、MVC 和 Web Forms 三种开发模式，其主要特性如表 8-3 所示。

表 8-3　ASP.NET 开发模式对比

Web Pages 单页面模型	MVC 模型视图控制器	Web Forms 事件驱动模型
最简单的 ASP.NET 模型，类似 PHP 和 ASP。 内置了用于数据库、视频、社交媒体等的模板和帮助器	MVC 将 Web 应用程序分为三种不同的组件： ① 针对数据的模型； ② 针对现实的视图； ③ 针对输入的控制器	传统的 ASP.NET 事件驱动开发模型，添加了服务器控件、服务器事件及服务器代码的网页

8.4.2　J2EE 技术

Java 平台包括标准版（J2SE）、企业版（J2EE）和微缩版（J2ME）三个版本，共同组成了 SunONE（Open Net Environment）体系。J2SE 就是 Java 的标准版，主要用于桌面应用软件的编程；J2ME 主要应用于嵌入式系统开发，如手机和 PDA 的编程；J2EE 是 Java 的企业版，主要用于分布式的网络程序的开发，如大数据、物联网平台，电子商务网站和 ERP 系统。

J2EE（Java 2 Enterprise Edition）是 Sun 公司提出的开发基于 Web 的应用软件的技术、规范、各种服务的框架。严格意义上讲，J2EE 是一套用于实现分布式、企业（Enterprise）计算的 API、服务和协议的集合。其目标是为开发人员提供支撑工具，以便降低开发复杂性，缩短开发周期，提高系统性能。J2EE 适合开发大规模的业务系统。这种级别的系统分布和运行在多台计算机上，互相之间的交互异常频繁。J2EE 平台提供了实现此能力的技术、规范和标准服务，J2SE 和最新的 Java SDK 是 J2EE 的基础和核心。

J2EE 主要包含以下主要技术：

（1）JSP（Java Server Pages）：JSP 页面由 HTML 代码和嵌入其中的 Java 代码所组成。服务器在页面被客户端所请求以后对这些 Java 代码进行处理，然后将生成的 HTML 页面返回给客户端的浏览器。

（2）Servlet：Servlet 是一种特殊的 Java 程序，当被浏览器访问时开始执行并生成 HTML 响应页面。

（2）JDBC（Java Database Connectivity）：JDBC 为访问不同的数据库提供了一种统一的途径。

（4）EJB（Enterprise JavaBean）：J2EE 技术之所以赢得广泛关注的重要原因就是 EJB。它们提供了开发和实施分布式程序的整套框架，由此显著地简化了具有可伸缩性和高度复杂性的企业级应用的开发。EJB 规范定义了 EJB 组件在何时、如何与它们的容器进行交互作用。容器负责提供公用的服务，如目录服务、事务管理、安全性、资源缓冲池及容错性。

（5）其他技术：JNDI（Java Name and Directory Interface）、JMS（Java Message Service）、JSF、JavaMail、JavaRMI、JTS（Java Transaction Service）等。

J2EE 组件是组成 J2EE 应用程序的功能模块，一般由功能代码类及相关文件组成，并和其他组件合作，完成对应层次的功能。J2EE 组件分为 3 种：

（1）客户端应用组件：包括 Java 应用程序、Applet 等，运行在客户端。

（2）Web 组件：包括 JSP、Servlet、JSF 组件等，运行在服务器上。

（3）EJB 组件：用于完成业务逻辑的 Java 类，运行在服务器上。

通常，多层的瘦客户型应用涉及网络通信、事务管理、多线程、状态管理等多种低层实现细节。而基于 J2EE 平台的应用利用可重用的组件和组件相关的底层服务，更加方便地开发、部署和运行。容器是组件和低层平台服务之间的接口，并为组件提供运行环境，如图 8-8 所示。组件必须组装成 J2EE 模块，并部署到对应的容器内才能运行。J2EE 容器分为以下 4 种：客户端应用容器用于运行 Application 程序；Applet 容器用于运行 Applet 程序；Web 容器用于运行 JSP 和 Servlet 组件；EJB 容器用于运行 EJB 组件。

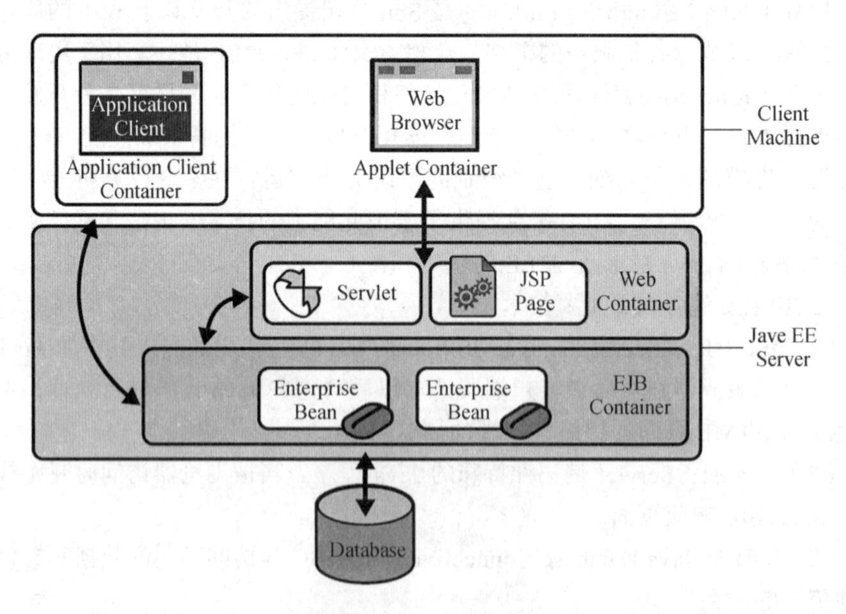

图 8-8　J2EE 中的容器

J2EE 常见的应用服务器有 Apache Tomcat、Boss、BEA WebLogic、IBM WebSphere 和 GlassFish，常用的开发工具有 Eclipse、MyEclipse 和 NetBeans。

Eclipse 是主流的开源 Java 和 C/C++程序开发工具。如果要开发 J2EE/J2EE5 程序，需要安装对应的应用服务器（Tomcat、JBoss 等），同时还需要在 Eclipse 中添加 Lomboz 等插件，或者下载高版本的、含有 J2EE 开发功能的 Eclipse 软件。

MyEclipse 是一款商业软件，主要用于开发 J2EE 程序。该软件同时集成了各种辅助功能插件，如数据库浏览器、Tomcat 服务器、Struts 和 Hibernate 支持库等，从而方便软件开发。

NetBeans 是 Sun 公司的免费开发工具，利用它可以开发包括 Java Application、Java Applet、Java Enterprise Applicaiotn 在内的各种应用软件。相对于 Eclipse 产品，该软件开发功能比较集中，入门容易，从而变成与 Eclipse 相媲美的流行开发工具。

8.4.3　Node.js 技术

简单地说，Node.js 就是运行在服务端的 JavaScript。Node.js 是一个基于 Chrome JavaScript 运行时建立的一个平台。Node.js 是一个事件驱动 I/O 服务端 JavaScript 环境，基于 Google 的 V8 引擎，V8 引擎执行 Javascript 的速度非常快，性能非常好。由于其拥有异步非阻塞、环境搭建简单、实践应用快等特性，使得其在新一代编程开发中更为流行。

当前，Node.js 主要应用于 HTTP Web 服务器的搭建和快速实现的独立服务器应用。在实践项目中，Node.js 更适合做一些小型系统服务或者一些大项目的部分功能的实现。由于其版本不稳定，很多公司中主要将其应用于一些小项目中。如果以后其版本能够更加稳定可控，相信会有更多的公司将它应用于各种项目和服务中。

如果你是一个前端程序员，你不懂得像 PHP、Python 或 Ruby 等动态编程语言，然后你想创建自己的服务，那么 Node.js 是一个非常好的选择。Node.js 是运行在服务端的 JavaScript，如果你熟悉 JavaScript，那么你将会很容易地学会 Node.js。当然，如果你是后端程序员，想部署一些高性能的服务，那么学习 Node.js 也是一个非常好的选择。

如果我们使用 PHP 来编写后端的代码时，需要 Apache 或者 Nginx 的 HTTP 服务器，并配上 mod_php5 模块和 php-cgi。从这个角度看，整个“接收 HTTP 请求并提供 Web 页面”的需求根本不需要 PHP 来处理。

不过对 Node.js 来说，概念完全不一样了。使用 Node.js 时，我们不仅仅在实现一个应用，同时还实现了整个 HTTP 服务器，而实现这些功能所需代码不到 10 行，如图 8-9 所示。

```
var http=require ('http')
http.createServer (function (request, response){
    //发送 HTTP 头部
    //HTTP 状态值：200：OK
    //内容类型：text/plain
    response.writeHead (200,{ 'Content-Type': 'text/plain'})
    //发送响应数据 “Hello World”
    respinse.end ('Hello World\n');
}).listen (8888);
//终端打印如下信息
Console.log ('Server running at http://127.0.0.1:8888/')
```

图 8-9 使用 Node.js 创建 Web 服务器

8.5 智慧物业服务项目案例

智慧物业服务项目案例

参考文献

[1] 中华人民共和国住房和城乡建设部. GB 50314—2015 智能建筑设计标准[S]. 北京：中国计划出版社，2015.

[2] 中国国家标准化管理委员会. GB/T 33863—2017 OPC 统一架构[S]. 北京：中国标准出版社，2017.

[3] 中国国家标准化管理委员会. GB/T 195821—2008 基于 Modbus 协议的工业自动化网络规范[S]. 北京：中国标准出版社，2008.

[4] 中华人民共和国国家发展和改革委员会. 变电站通信网络和系统（DL/Z860-2004）[DB/OL]：https：//download.csdn.net/download/wumiaoslz/8244627，2014.

[5] Echelon.iLON-700preliminarydatasheet[DB/OL]:https://www.echelon.com/，2018.

[6] Echelon.IzoT-Server-stack-datasheet[DB/OL]:https://www.echelon.com/，2018.

[7] Echelon.FT6000-Smart-Transceiver-IzoT-datasheet[DB/OL]:https://www.echelon.com/，2018.

[8] Echelon.LumewaveBaseStationDatasheet[DB/OL]:https://www.echelon. com/，2018.

[9] Echelon.BuildingAutomationOpenSystemDesignGuide[DB/OL]：https：//www.echelon.com/，2018.

[10] IEC TC65/SC65E.OPC unified architecture (IEC62541 Ed.2)[S]. https://webstore.iec.ch/，2018.

[11] IEC TC57.POWER SYSTEMS management and associated information exchange (IEC61850 Ed.2)[S]. https：//webstore.iec.ch/，2018.

[12] 董春桥，江亿. 开放楼宇信息交换（OBIX）标准及其应用探讨[C]. 全国暖通空调制冷 2008 年会，2008.

[13] 张公忠. 智能建筑物联网应用[J]. 现代建筑电气，2011，2（3）：1-9.

[14] 张公忠. 智慧城市与智能建筑物联网应用[J]. 智能建筑与城市信息，2012（2）：14-18.

[15] 金飞. 智能建筑集成技术及发展趋势[J]. 中国仪器仪表，2009（11）：32-35.

[16] 龚崇权. 智能楼宇集成技术的分析与比较[J]. 低压电器，2007（10）：5-11.
[17] 李锋博. 基于 Web 的智能建筑系统集成的设计与应用[J]. 电气应用，2009，28（7）：38-41.
[18] 吴建云，王燕. Lon Works 技术在智能建筑系统集成中的应用[J]. 低压电器，2006（7）：30-33+61.
[19] 李冬辉，贾巍. 基于 OPC 协议的智能建筑信息集成系统的设计[J]. 低压电器，2005（6）：22-25.
[20] Toby Considine. Web Services For Building Controls：At A Crossroads[J]. Engineered Systems，May 2005，22（5）：20-24.
[21] OASIS /CABA. OBIX Specification（V1.0）[DB/OL]. http：//sourceforge.net/projects/OBIX.
[22] ROBIN SUTTELL. The ‘X’ factor[J]. Buildings，2004，98（7）：48-53.
[23] KEN SINCLAIR. SPELLING Success：XML&OBIX：Two separate important industry[J].Engineered Systems，2004：40.
[24] KEN SINCLAIR.XML/OBIX Demo at Builconn. Engineered Systems. May2005：pp28.
[25] OASIS/CABA.Open Building Information Exchange's Announcements[EB/OL]. [2015-09-14].https：//www.oasis-open.org/committees/tc_home.php.
[26] NEUGSCHWANDTNER，MATTHIASNEUGSCHWANDTNER，GEORGKASTNER. Web Services in Building Automation：Mapping KNX to OBIX[J]. Wolfgang，2007：87-92.
[27] JARVINEN，HANNULITVINOV，ANDREYVUORIMAA.Integration platform for home and building automation systems[M]. 5th IEEE Workshop on Personalized Networks，2011.
[28] 章云，许锦标. 建筑智能化系统[M]. 北京：清华大学出版社，2007.
[29] 董春桥. 智能建筑自控网络[M]. 北京：清华大学出版社，2008.
[30] 王首顶. IEC608705 系列协议应用指南[M]. 北京：中国电力出版社，2008.
[31] 杜明芳. 智能建筑系统集成[M]. 北京：中国建筑工业出版社，2009.
[32] 王勇，王毅，乐宇日，等. 智慧建筑[M]. 北京：清华大学出版社，2012.
[33] 张亚男. 智能建筑系统 OBIX 集成技术的研究[D]. 武汉：华中科技大学，2007.
[34] AlexRodriguez. 基于 REST 的 Web 服务[EB/OL].[2008-12-22].https：//www.ibm.com/developerworks/cn/webservices/ws-restful/.
[35] Portable Network Graphics（PNG）Specification（Second Edition），D. Duce，

Editor，W3C Recommendation，10 November 2003.

[36] Bradner，S.. Key words for use in RFCs to Indicate Requirement Levels. BCP 14，RFC 2119，March 1997.

[37] A. Thompson and B. N. Taylor，The NIST Guide for the use of the International System of Units（SI），NIST Special Publication 811，2008 Edition.

[38] Jonathan Borden，Tim Bray，eds. Resource Directory Description Language（RDDL）2.0. January 2004.

[39] Fielding，R.T..Architectural Styles and the Design of Network-based Software Architectures，Dissertation，University of California at Irvine，2000.

[40] Y. Doi. EXI Messaging Requirements，IETF Internet-Draft，2013.

[41] Berners-Lee，T.，Fielding，R.，Masinter，L.. Uniform Resource Identifier（URI）: Generic Syntax[M].STD 66，RFC 3986，2005.

[42] IANA Time Zone Database，24 Septembdioer 2013（latest version）.

[43] Use of Camel Case for Naming XML and XML-Related Components，OASIS Technology Report，December 29，2005.

[44] OBIX Version 1.1.Edited by Craig Gemmill.14 September 2015.OASIS Committee Specification 01.

[45] Encodings for OBIX: Common Encodings Version 1.0. Edited by Markus Jung. 14 September 2015.OASIS Committee Specification 01.

[46] Bindings for OBIX： REST Bindings Version 1.0. Edited by Craig Gemmill and Markus Jung. 14September 2015.OASIS Committee Specification 01.

[47] Bindings for OBIX：SOAP Bindings Version 1.0. Edited by Markus Jung. 14 September 2015. OASIS Committee Specification 01..

[48] Bindings for OBIX: WebSocket Bindings Version 1.0. Edited by Matthias Hub. 14 September 2015. OASIS Committee Specification 01..

[49] Nottingham，M. Hammer-Lahav，E..Defining Well-Known Uniform Resource Identifiers（URIs）RFC 5785，April 2010.

[50] XML Linking Language（XLink）Version 1.1，S. J. DeRose，E. Maler，D. Orchard，N. Walsh，Editors，W3C Recommendation，6 May 2010.

[51] XML Schema Part 2：Datatypes Second Edition，P.V.Biron，A. Malhotra，Editors，W3C Recommendation，28 October 2004

[52] Efficient XML Interchange（EXI）Format 1.0（Second Edition），J. Schneider，T. Kamiya，D. Peintner，R.，Editors，W3C Proposed Edited Recommendation

(work in progress), 22 October 2013.

[53] Crockford, D..The application/json Media type for JavaScript Object Notation (JSON) . RFC 4627, July 2007.

[54] 陈丹，张彬. B/S 模式在智能建筑系统集成中的应用研究[J]. 电气应用，2011，30（2）：32-33.

[55] 高攀祥. 物联网技术在智能建筑系统集成中的应用[J]. 现代建筑电气，2014，5（4）：31-34.

[56] 吴吉义，李文娟，黄剑平，等. 移动互联网研究综述[J]. 中国科学：信息科学，2015，45：45-69.

[57] 杨勇，邝宇锋，魏骞. 移动互联网终端应用开发技术[J]. 中兴通讯技术，2013，19（6）：19-23.

[58] 黄丹华. Node. js 开发实战详解[M]. 北京：清华大学出版社，2014.

[59] 菜鸟教程. Node.js 教程[DB/OL].http：//www.runoob.com/nodejs/nodejs-tutorial.html，2019.